Hochwassergefährdete Siedlungsgebiete

Europäische Hochschulschriften

Publications Universitaires Européennes
European University Studies

Reihe II
Rechtswissenschaft

Série II Series II
Droit
Law

Bd./Vol. 4561

PETER LANG
Frankfurt am Main · Berlin · Bern · Bruxelles · New York · Oxford · Wien

Wolfgang Fendt

Hochwassergefährdete Siedlungsgebiete

Grenzen und Pflichten kommunaler Bauleitplanung

Berücksichtigung von Hochwasserrisiken in Genehmigungsverfahren

PETER LANG
Internationaler Verlag der Wissenschaften

Bibliografische Information der Deutschen Nationalbibliothek
Die Deutsche Nationalbibliothek verzeichnet diese Publikation in der Deutschen Nationalbibliografie; detaillierte bibliografische Daten sind im Internet über <http://www.d-nb.de> abrufbar.

Zugl.: Augsburg, Univ., Diss., 2007

Layout:
www.kumpernatz-bromann.de

D 384
ISSN 0531-7312
ISBN 978-3-631-56668-8

www.peterlang.de

Für meine Eltern
und Maren

Vorwort

Die vorliegende Arbeit entstand zwischen November 2005 und August 2006 in Haldenwang und wurde von der Juristischen Fakultät der Universität Augsburg im Februar 2007 als Dissertation angenommen. Rechtsprechung, die nach dem August 2006 erging, konnte nicht mehr eingearbeitet werden. Entsprechendes gilt für Gesetzesänderungen.

Mein Dank gilt Herrn Prof. Dr. Ulrich M. Gassner für die stets herzliche und konstruktive Betreuung der Arbeit sowie Herrn Prof. Dr. Johannes Masing für die Erstellung des Zweitgutachtens.

Besonders danken möchte ich meiner Ehefrau Maren, die mir durch ihre Kritik, ihren zahlreichen Anregungen, dem Korrekturlesen der Arbeit, vor allem aber durch ihre liebevolle Unterstützung eine große Hilfe war.

Haldenwang, im Februar 2007 *Wolfgang Fendt*

Inhaltsübersicht

Inhaltsverzeichnis

Abkürzungsverzeichnis

Abs.	Absatz
a.E.	am Ende
a.F.	alter Fassung
Alt.	Alternative
ARGEBAU	Arbeitsgemeinschaft der für Städtebau, Bau- und Wohnungswesen zuständigen Minister und Senatoren
Art.	der/ die Artikel
Aufl.	Auflage
BADK-Information	hrsg. von der Bundesarbeitsgemeinschaft Deutscher Kommunalversicherer (Jahr und Seite)
BauGB	Baugesetzbuch vom 1.1.1977 i.d.F. d.B.v. 23.9.2004 (BGBl. I S. 2414), zuletzt geändert durch Gesetz vom 21.6.2005 (BGBl. I S. 1818) m.W.v. 1.7.2005
BauNVO	Baunutzungsverordnung, Verordnung über die bauliche Nutzung der Grundstücke i.d.F. d.B.v. 23.1.1990 (BGBl. I S. 132), zuletzt geändert durch Art. 3 des Investitionserleichterungs- und Wohnbaulandgesetzes vom 22.4.1993 (BGBl. I S. 466)
BauR	Baurecht (Zeitschrift für das gesamte öffentliche und zivile Baurecht) (Jahr und Seite)
BauROG	Bau- und Raumordnungsgesetz 1998. Gesetz zur Änderung des Baugesetzbuchs und zur Neuregelung des Rechts der Raumordnung vom 9.5.1998 (GVBl. 1998 S. 242)
BayBO	Bayerische Bauordnung in der Fassung vom 4.8.1997, zuletzt geändert am 10.3.2006 (GVBl. 2006 S. 120)
BayGTZeitung	Bayerischer Gemeindetag (Zeitung) (Jahr und Seite)
BayGVBl.	Bayerisches Gesetz- und Verordnungsblatt
BayLplG	Bayerisches Landesplanungsgesetz in der Fassung vom 27.12.2004 (GVBl. 2004 S. 521)
BayVBl.	Bayerische Verwaltungsblätter (Jahr und Seite)
BayVGH	Bayerischer Verwaltungsgerichtshof
BayVwVfG	Bayerisches Verwaltungsverfahrensgesetz (BayRS II S. 213), zuletzt geändert am 24.12.2002 (GVBl 2002 S. 975)
BayWG	Bayerisches Wassergesetz i.d.F. d.B.v. 19.7.1994 (GVBl. 1994, S. 822), zuletzt geändert am 26.7.2005 (GVBl. 2005, S. 287)
BGB	Bürgerliches Gesetzbuch i.d.F. d.B.v. 2.1.2002 (BGBl. I S. 42, ber. S. 2909, 2003 S. 738), zuletzt geändert durch Gesetz vom 19.4.2006 (BGBl. I S. 866) m.W.v. 25.4.2006
BGH	Bundesgerichtshof

BGHZ	Entscheidung des Bundesgerichtshofs in Zivilsachen (Band, Seite)
BImSchG	Bundes-Immissionsschutzgesetz. Gesetz zum Schutz vor schädlichen Umwelteinwirkungen durch Luftverunreinigungen, Geräusche, Erschütterungen und ähnliche Vorgänge i.d.F. d.B.v. 26.9.2002 (BGBl. I S. 3830), zuletzt geändert am 25.6.2005 (BGBl. I S. 1865)
BMVBW	Bundesministerium für Verkehr, Bau und Stadtentwicklung
BNatSchG	Bundesnaturschutzgesetz vom 25.3.2002 (BGBl. I S. 1193), zuletzt geändert durch Art. 40 des Gesetzes vom 21.6.2005 (BGBl. I S. 1818)
BRS	Baurechtssammlung (Band und Nummer)
BT-Drucks.	Bundestagsdrucksache
Buchst.	Buchstabe
BV	Verfassung des Freistaates Bayern vom 2.12.1946 i.d.F. d.B.v. 15.12.1998 (GVBl. S. 991), zuletzt geändert durch Gesetze vom 10.11.2003 (GVBl. S. 817)
BVerfG	Bundesverfassungsgericht
BVerfGE	Entscheidungssammlung des Bundesverfassungsgerichts (Band und Seite)
BVerwG	Bundesverwaltungsgericht
BVerwGE	Entscheidungssammlung des Bundesverwaltungsgerichts (Band und Seite)
DÖV	Deutsche Öffentliche Verwaltung (Jahr und Seite)
DVBl.	Deutsches Verwaltungsblatt (Jahr und Seite)
EAG-Bau	Gesetz zur Anpassung des Baugesetzbuchs an EU-Richtlinien (Europarechtsanpassungsgesetz Bau – EAG Bau) vom 24.6.2004 (BGBl. 2004 I S. 1359)
f.	folgende
ff.	fortfolgende
FN	Fußnote
FStBay 2005	Fundstelle Bayern
gem.	gemäß
GG	Grundgesetz für die Bundesrepublik Deutschland in der im BGBl. III, Gliederungsnummer 100-1, veröffentlichten bereinigten Fassung, zuletzt geändert durch Art. 1 des Gesetzes vom 26.7.2002 (BGBl. I S. 2863)
GMBl.	Gemeinsames Ministerialblatt (amtliches Bekanntmachungsmedium der Bundesregierung und der Bundesministerien, hrsg. vom Bundesministerium des Innern) (Jahr und Seite)
Halbs.	Halbsatz
Hamb.	Hamburg (hamburgisch)

HQ 100	100-jährliches Hochwasser
i.d.F. d.B.v.	in der Fassung der Bekanntmachung vom
i.S.d.	im Sinne des
i.S.v.	im Sinne von
i.V.m.	in Verbindung mit
KommPraxis-BY	Kommunalpraxis Bayern. Fachzeitschrift für Kommunalverwaltungen und für Verwaltungspraktiker (Jahr und Seite)
KStZ	Kommunale Steuerzeitschrift (Jahr und Seite)
LAWA	Länderarbeitsgemeinschaft Wasser
LplG	Bayerisches Landesplanungsgesetz vom 27.12.2004 (GVBl. S. 521, BayRS 230-1-W))
LWG	Landeswassergesetz
m.W.v.	mit Wirkung vom
MKRO	Ministerkonferenz für Raumordnung
Nds.	Niedersachsen (niedersächsisch)
NJ	Neue Justiz (Zeitschrift) (Jahr und Seite)
NJW	Neue Juristische Wochenschrift (Jahr und Seite)
NN	Normalnull (Höhenbezugsfläche für normal-orthometrische Höhen)
Nr., Nrn.	Nummer, Nummern
NRW	Nordrhein-Westfalen
NuR	Natur und Recht (Zeitschrift) (Jahr und Seite)
NVwZ	Neue Zeitschrift für Verwaltungsrecht (Jahr und Seite)
NVwZ-RR	Rechtsprechungsreport der Neue Zeitschrift für Verwaltungsrecht (Jahr und Seite)
NWVBl.	Nordrhein-Westfälische Verwaltungsblätter (Zeitschrift) (Jahr und Seite)
OLGR	OLG-Reporte (Ort, Jahr und Seite)
OVG	Oberverwaltungsgericht
PlanzVO	Planzeichenverordnung. Verordnung über die Ausarbeitung der Bauleitpläne und die Darstellung des Planinhalts vom 18.12.1990 (BGBl. 1991 I S. 58)
Rdn.	Randnummer
Rheinl.-Pf.	Rheinland-Pfalz
RL	Richtlinie
ROG	Raumordnungsgesetz vom 18.8.1997 (BGBl. I S. 2081, 2102), zuletzt geändert durch Art. 3 des Gesetzes vom 25.6.2005 (BGBl. I S. 1746)
S.	Seite / Satz
sog.	sogenannt(e/n/r)
std. Rspr.	ständige Rechtsprechung

u.a.	unter anderem
UPR	Umwelt und Planungsrecht (Zeitschrift) (Jahr und Seite)
v.	vom / von
VersR	Versicherungsrecht. Zeitschrift für Versicherungsrecht, Haftungs- und Schadensrecht (Jahr und Seite)
VGH	Verwaltungsgerichtshof
vgl.	vergleiche
VwGO	Verwaltungsgerichtsordnung i.d.F. d.B.v. 19.3.1991 (BGBl. I S. 686), zuletzt geändert durch Art. 2 des Gesetzes vom 22.8.2005 (BGBl. I S. 2482)
VwVfG	Verwaltungsverfahrensgesetz i.d.F. d.B.v. 23.1.2003 (BGBl. I S. 102), geändert durch Art. 4 Abs. 8 des Gesetzes vom 5.5.2004 (BGBl. I S. 718)
WHG	Wasserhaushaltsgesetz i.d.F. d.B.v. 19.8.2002 (BGBl. I S. 3245), zuletzt geändert durch Art. 2 des Gesetzes vom 25.6.2005 (BGBl. I S. 1746)
ZfW	Zeitschrift für Wasserrecht (Jahr und Seite)
ZUR	Zeitschrift für Umweltrecht (Jahr und Seite)

Wegen weiterer verwendeter **Abkürzungen** wird verwiesen auf:

Kirchner, Hildebert / *Butz*, Cornelie: Abkürzungsverzeichnis der Rechtssprache, 5. Aufl., Berlin, New York 2003

Einleitung

Die Günzburger Zeitung berichtete am 1. Juni 2006 auf Seite 3 Folgendes:

> „Nur ein einziger roter Punkt fand sich gestern Nachmittag auf der Hochwasserkarte Bayerns: An der Aisch in Mittelfranken herrschte Meldestufe 3 (die höchste Stufe ist 4). Noch am Sonntag war dies anders gewesen: In Oberfranken richteten extrem starke Regenfälle Millionenschäden an, sogar das Gelände der Landesgartenschau in Marktredwitz wurde teilweise überflutet. Hochwasser – ein alltägliches Phänomen in Bayern. Es wird den Freistaat in Zukunft noch häufiger beschäftigen. ‚Die Jahrhundertereignisse kommen immer schneller und werden umfangreicher', sagt Wolfgang Seiler, Chef des Instituts für Meteorologie und Klimaforschung in Garmisch-Partenkirchen. Auf einem Hochwasser-Symposium der Bayerischen Versicherungskammer in München gab der Klimaforscher gestern folgende Prognose ab: Die globale Erwärmung um zwei bis sechs Grad in den nächsten 100 Jahren wird in Südbayern dazu führen, dass im Sommer die Trockenheit, im Winter aber die Niederschläge zunehmen. Die Hochwassergefahr steigt also.
>
> Sie ist bereits gestiegen. Ein Jahrhunderthochwasser, das eigentlich nur einmal in 100 Jahren auftreten sollte, hat Südbayern in den letzten sieben Jahren gleich dreimal heimgesucht."

Der Begründung der Kommission der Europäischen Gemeinschaft zum Entwurf der Richtlinie des Europäischen Parlaments und des Rates über die Bewertung und Bekämpfung von Hochwasser (sog. Hochwasserschutzrichtlinie) vom 18. Januar 2006 ist zu entnehmen, dass es allein zwischen 1998 und 2004 in Europa über 100 größere Hochwasserereignisse insbesondere entlang der Flüsse Donau und Elbe gab. Dabei forderten die Katastrophen rund 700 Menschenleben und verursachten Sachschäden in Höhe von mindestens 25 Milliarden Euro. Hinzukommen noch die Schäden, die das Hochwasser im Sommer 2005 in Österreich, Bulgarien, Frankreich, Deutschland und Rumänien verursachte.

In Deutschland sind das Pfingsthochwasser von 1999, das Hochwasser von August 2002 und das Sommerhochwasser 2005 noch in leidvoller Erinnerung. Allein das Pfingsthochwasser verursachte in Bayern einen Sachschaden in Höhe von 337 Millionen Euro.

Hochwasser ist ein natürliches Phänomen, mit dem die Bewohner von Flusstälern schon immer konfrontiert wurden. Infolge eines Klimawandels werden in der Zukunft der Umfang und die Häufigkeit von Hochwasser aber noch zunehmen. Dadurch wird sich das Risiko für die in der Vergangenheit in hochwassergefährdeten Gebieten entstandenen Siedlungen noch verschärfen.

Da die meisten der von Hochwasser bedrohten Flusseinzugsgebiete zu verschiedenen Ländern gehören, ist der Hochwasserschutz in erster Linie eine überregionale Aufgabe. Dementsprechend bedarf es eines länderübergreifenden einvernehmlichen Konzepts. Dies ist sowohl auf Staaten als auch auf die Bundesländer untereinander bezogen. Hiervon unabhängig können die Gemeinden einen wesentlichen Beitrag zur Hochwasservorsorge leisten, indem sie Gebiete, die für den Hochwasserabfluss bzw. den Hochwasserrückhalt benötigt werden, im Rahmen ihrer Planungshoheit von weiterer Bebauung freihalten bzw. bereits vorgesehene unverträgliche Nutzungen in diesen Bereichen zurücknehmen.

Im Rahmen dieser Arbeit soll schwerpunktmäßig untersucht werden, ob und – wenn ja – unter welchen Voraussetzungen Gemeinden trotz der beschriebenen Risiken neue Baugebiete in Überschwemmungsgebieten ausweisen können. Dies wird für den Bebauungsplan in Abschnitt 2, für den Flächennutzungsplan in Abschnitt 3 dargestellt.

Daneben soll in Abschnitt 4 untersucht werden, welche rechtlichen Konsequenzen eine Gemeinde zu ziehen hat, wenn in der Vergangenheit Siedlungen entstanden, die nicht ausreichend vor Hochwasser geschützt werden. Dabei soll insbesondere in den Fokus gestellt werden, ob die Gemeinde durch erstmalige Aufstellung eines Bebauungsplans, bzw. durch Änderung oder Aufhebung eines bestehenden Bebauungsplans, tätig werden muss, um der Hochwassergefahr sachgerecht zu begegnen. Daneben soll untersucht werden, ob die Gemeinde Privaten gegenüber verpflichtet ist, Siedlungsgebiete nachträglich durch bauliche Hochwasserschutzanlagen zu schützen.

Gerade für die in Abschnitt 4 aufgeworfenen Fragestellungen ist von erheblicher Bedeutung, ob Belange des Hochwasserschutzes in Genehmigungsverfahren berücksichtigt werden können. Da dieser letzte Aspekt für viele der im Rahmen dieser Arbeit aufgeworfenen Problemstellungen von Bedeutung ist, wird dieser den sonstigen Ausführungen in Abschnitt 1 vorangestellt. Neben dem Baugenehmigungsverfahren sollen auch die wasserrechtlichen Anlagengenehmigungen einer näheren Betrachtung unterzogen werden.

Zum Schutz vor Hochwasser kann es notwendig werden, bestehende Baurechte einzuschränken oder Grundstücke mit fremdnützigen Festsetzungen, wie z.B. für Flächen für Hochwasserschutzanlagen, zu überplanen. Damit sind für den Betroffenen aber häufig Werteinbußen verbunden. Im Rahmen des letzten Abschnitts wird dargestellt, ob und – wenn ja – unter welchen Voraussetzungen die Gemeinde hierfür Entschädigungen zu leisten hat.

Abschnitt 1

Die Berücksichtigung von Belangen des Hochwasserschutzes in Genehmigungsverfahren

A. Vorbemerkung

Die Realisierung eines Bauvorhabens in einem Überschwemmungsgebiet kann sowohl für den Bauherrn als auch für Dritte schwerwiegende Folgen haben. Abgesehen davon, dass die in diesem Bereich lebenden Menschen an Leib und Leben gefährdet werden, kommt hinzu, wie die Hochwasserkatastrophen der letzten Jahre belegen, dass Gebäude, die infolge des Hochwassers in Mitleidenschaft gezogen werden, so stark beschädigt werden können, dass diese abgerissen werden müssen. Aber selbst wenn „nur" Keller voll laufen, sind die Folgen für den Betroffenen und die Umwelt gravierend. So muss man sich nur die Konsequenzen vergegenwärtigen, wenn ein im Keller befindlicher Öltank aufschwemmt und Öl austritt. Die Realisierung eines Bauvorhabens hat zwangsläufig auch zur Konsequenz, dass Retentionsraum verloren geht. Dies kann im Ergebnis zur Folge haben, dass nicht der Bauherr selbst, falls er hochwasserangepasst gebaut hat, Schäden erleidet, sondern Dritte, weil sich der verloren gehende Retentionsraum bei ihnen auswirkt. Dem kann, sofern es das jeweilige Genehmigungsverfahren zulässt, präventiv entgegengewirkt werden.

Wie bereits ausgeführt, ist es für die Beantwortung der Frage, ob eine Gemeinde einen Bebauungsplan erstmalig aufzustellen, einen bestehenden zu ändern oder gar aufzuheben hat, von erheblicher Bedeutung, ob Belange des vorbeugenden Hochwasserschutzes in einer der Sache angemessenen Weise Berücksichtigung in Genehmigungsverfahren finden können. Im Rahmen dieses Abschnitts wird deshalb dargestellt, ob und in welchem Umfang Gesichtspunkte des Hochwasserschutzes in ein Genehmigungsverfahren einfließen können. Bereits vorab ist aber darauf hinzuweisen, dass diese Frage nicht pauschal beantwortet werden kann. So muss für jeden Einzelfall geklärt werden, welches Genehmigungsverfahren durchzuführen ist, sei es z.B. ein Baugenehmigungsverfahren oder ein wasserrechtliches Verfahren gemäß den Art. 59 und 61 BayWG.

Im Rahmen dieser Genehmigungsverfahren werden häufig folgende Aspekte eine entscheidungserhebliche Bedeutung haben:

- Soll das Vorhaben im Geltungsbereich eines Bebauungsplans, im Innen- oder im Außenbereich realisiert werden?
- Liegt das Baugrundstück innerhalb eines durch eine Rechtsverordnung amtlich festgesetzten Überschwemmungsgebiets oder ist dieses zumindest vorläufig gesichert worden i.S.d. § 31 b Abs. 5 S. 1 WHG?

- Soll das Bauvorhaben in einem Bereich realisiert werden, der die Merkmale eines Überschwemmungsgebiets i.S.d. § 31 b Abs. 1 WHG erfüllt, aber weder vorläufig gesichert noch förmlich festgesetzt wurde (sog. faktische Überschwemmungsgebiete)?
- Wird die Anlage in oder an einem Gewässer gem. Art. 59 Abs. 2 BayWG realisiert?

B. Baugenehmigungsverfahren

Einer Baugenehmigung bedarf, so Art. 62 BayBO, grundsätzlich die Errichtung, die Änderung oder die Nutzungsänderung einer baulichen Anlage.

I. Prüfungsumfang im Baugenehmigungsverfahren

Gem. Art. 72 Abs. 1 S. 1 BayBO darf die Erteilung einer Baugenehmigung nur versagt werden, wenn das Vorhaben öffentlich-rechtlichen Vorschriften widerspricht, die im bauaufsichtlichen Genehmigungsverfahren zu prüfen sind. Dies sind grundsätzlich[1] alle öffentlich-rechtlichen Vorschriften, die für das Vorhaben relevant sind, insbesondere die bauplanungs- und bauordnungsrechtlichen Vorschriften, aber auch etwa straßen-, denkmalschutz-, wasser- und naturschutzrechtliche Vorschriften. Dies gilt allerdings nur für Sonderbauten gem. Art. 2 Abs. 4 S. 2 BayBO. Von Sonderbauten abgesehen, prüft die Bauaufsichtsbehörde nur noch die in Art. 73 Abs. 1 BayBO abschließend aufgezählten Prüfkriterien, d.h.

1. die Übereinstimmung mit den Vorschriften über die Zulässigkeit der baulichen Anlagen nach den §§ 29–38 BauGB mit den örtlichen Bauvorschriften und mit den Abstandsvorschriften der Art. 6 und 7 BayBO,
2. die Baugestaltung (Art. 11 BayBO),
3. die Übereinstimmung mit den Vorschriften der Art. 52 und 53 BayBO,
4. bei baulichen Anlagen für gewerbliche und industrielle Zwecke, außer bei einfachen baulichen Anlagen, die Anforderungen des baulichen Arbeitsschutzes,
5. andere öffentlich-rechtliche Anforderungen, soweit wegen der Baugenehmigung eine Entscheidung nach anderen öffentlich-rechtlichen Vorschriften entfällt oder ersetzt wird.

Vorschriften, die diesem Pflichtprüfprogramm nicht unterliegen, sind von der Baugenehmigungsbehörde im Rahmen des Genehmigungsverfahrens nicht zu beachten. Art. 73 BayBO konkretisiert insoweit für das vereinfachte Genehmigungsverfahren den Umfang der öffentlich-rechtlichen Vorschriften, die im bauaufsichtlichen Genehmigungsverfahren zu prüfen sind (Art. 72 BayBO). Die Einhaltung von Vorschriften außerhalb dieses Pflichtprüfprogramms fällt allein

---

[1] Zu den Einschränkungen der Sachentscheidungs- bzw. Prüfungskompetenz vgl. beispielhaft *Schwarzer/König*, Art. 72 BayBO Rdn. 10 ff.

in die Verantwortlichkeit und Haftung des Bauherrn und der anderen am Bau Beteiligten[2]. Sofern nicht etwa die baurechtliche Genehmigung gem. Art. 73 Abs. 1 Nr. 5 BayBO i.V.m. Art. 59 Abs. 7 BayWG eine wasserrechtliche Genehmigung ersetzt, können deshalb Belange des Hochwasserschutzes nur dann Berücksichtigung finden, wenn diese unter die Vorschriften des Pflichtprüfprogramms subsumiert werden können.

II. Das Bauplanungsrecht

Für die Genehmigungsfähigkeit eines Bauvorhabens ist häufig von entscheidender Bedeutung, ob dieses innerhalb des Geltungsbereichs eines Bebauungsplans, im Innen- oder im Außenbereich realisiert werden soll. Insoweit sind die Vorschriften der §§ 29 ff. BauGB maßgebend.

Bei Sonderbauten gehören diese zu den öffentlich-rechtlichen Vorschriften, die gem. Art. 72 BayBO im bauaufsichtlichen Genehmigungsverfahren zu prüfen sind. Im vereinfachten Genehmigungsverfahren gehören diese Vorschriften gem. Art. 73 Abs. 1 Nr. 1 BayBO zum Pflichtprüfprogramm.

1. Bebauungsplan

Bevor auf die Berücksichtigung des Hochwasserschutzes innerhalb des Geltungsbereichs eines Bebauungsplans eingegangen wird, ist zunächst darauf hinzuweisen, dass Vorhaben, die innerhalb des Geltungsbereichs eines qualifizierten bzw. vorhabenbezogenen Bebauungsplans realisiert werden sollen, nicht immer einer Baugenehmigung bedürfen. So entfällt die Baugenehmigungspflicht unter den in Art. 64 BayBO genannten Voraussetzungen:

> „Keiner Genehmigung bedürfen im Geltungsbereich eines Bebauungsplans im Sinn von §§ 12 und 30 Abs. 1 des Baugesetzbuchs (BauGB) die Errichtung oder Änderung von
>
> 1. Vorhaben geringer Schwierigkeit im Sinn des Art. 2 Abs. 4 Satz 1 Nrn. 2 und 3,
> 2. eingeschossigen gewerblichen Lagergebäuden mit freien Stützweiten von nicht mehr als 12 m und mit Grundflächen von nicht mehr als 500 m², soweit sie keine Sonderbauten sind,
> 3. in Gewerbe- und Industriegebieten eingeschossigen handwerklich oder gewerblich genutzten Gebäuden mit freien Stützweiten von nicht mehr als 12 m und mit Grundflächen von nicht mehr als 500 m², soweit sie keine Sonderbauten sind,
> 4. Gebäuden mittlerer Höhe, die ausschließlich zu Wohnzwecken oder neben einer Wohnnutzung teilweise oder ausschließlich freiberuflich oder gewerblich im Sinn des § 13 BauNVO genutzt werden,

---

2 Vgl. BayVGH v. 18.7.2002 – 1 B 98.2945 –, BayVBl. 2003, 503, 505.

einschließlich ihrer Nebengebäude und Nebenanlagen, wenn

a) das Vorhaben den Festsetzungen des Bebauungsplans und örtlichen Bauvorschriften nicht widerspricht,
b) die Erschließung im Sinn des Baugesetzbuchs gesichert ist und
c) die Gemeinde nicht innerhalb der Frist nach Abs. 2 Satz 1 erklärt, dass das Genehmigungsverfahren durchgeführt werden soll."

D.h., wenn der Vorhabenträger mit seinem Projekt diese Vorgaben einzuhalten vermag, so besteht nur dann die Pflicht, eine Baugenehmigung einzuholen, wenn die Gemeinde die Durchführung eines Genehmigungsverfahrens gem. Art. 64 Abs. 1 S. 1 Nr. 4 c BayBO wünscht und dies innerhalb der Frist des Art. 64 Abs. 2 BayBO erklärt. Klarstellend ist aber darauf hinzuweisen, dass, auch wenn ein Vorhaben nicht der Genehmigungspflicht unterliegt, dieses nicht von der Verpflichtung zur Einhaltung der Anforderungen, die durch öffentlich-rechtliche Vorschriften an die baulichen Anlagen gestellt werden, entbunden ist. Die Einhaltung dieser Vorschriften obliegt gem. Art. 64 Abs. 6 BayBO i.V.m. Art. 63 Abs. 6 BayBO der Eigenverantwortung des Bauherrn, die jedoch gegebenenfalls im Wege der Eingriffsverwaltung eingefordert werden kann.

Innerhalb des Geltungsbereichs eines qualifizierten Bebauungsplans richtet sich die bauplanungsrechtliche Zulässigkeit ausschließlich nach den Festsetzungen des Bebauungsplans (§ 30 Abs. 1 BauGB). Entsprechendes gilt für den vorhabenbezogenen Bebauungsplan i.S.d. § 30 Abs. 2 BauGB[3].

Nur soweit die innerhalb des Bebauungsplans getroffenen Festsetzungen der Hochwasserproblematik Rechnung tragen, findet der Hochwasserschutz in einem gegebenenfalls durchzuführenden Baugenehmigungsverfahren Berücksichtigung.

Dem steht nicht entgegen, dass § 15 Abs. 1 S. 2 BauNVO bestimmt, dass Vorhaben auch dann unzulässig sein können, wenn

a) von ihnen Belästigungen oder Störungen ausgehen können, die nach der Eigenart des Baugebiets im Baugebiet selbst oder in dessen Umgebung unzumutbar sind oder
b) wenn sie solchen Belästigungen oder Störungen ausgesetzt werden.

Hierunter können keine Gesichtspunkte des vorbeugenden Hochwasserschutzes subsumiert werden. *Knopp*[4] und *März*[5] sind zwar der Auffassung, dass das Rücksichtnahmegebot, das seinen gesetzlichen Niederschlag in § 15 BauNVO gefunden hat, es ermögliche, im Interesse des Hochwasserschutzes über die Festsetzungen eines Bebauungsplans hinausgehend weitergehende Anforderungen an ein Bauvorhaben zu stellen. So könne ein Vorhaben im Einzelfall unzulässig oder nur unter besonderen Auflagen und Bedingungen zulässig sein, wenn seiner Verwirk-

---

3 Vgl. *Stüer*, Der Bebauungsplan, Rdn. 1166.

4 Vgl. *Knopp*, in: Sieder/Zeitler/Dahme, § 32 WHG a.F. Rdn. 38.

5 Vgl. *März*, KommPraxis-BY 2001, 244, 248.

lichung konkrete und überwiegende Gesichtspunkte des Schutzes Dritter entgegenstehen. Dies soll, so *Knopp*, beispielsweise dann der Fall sein, wenn ein Nachbargrundstück nur deshalb unzumutbar überschwemmt wird, weil durch die Neuerrichtung eines Gebäudes die Abflussverhältnisse verändert werden.

Dem kann nicht zugestimmt werden. *Knopp* und *März* überdehnen mit ihrer Auslegung den Regelungsbereich des § 15 BauNVO. Diese Vorschrift schließt den Abschnitt in der Baunutzungsverordnung ab, der sich mit Fragestellungen im Zusammenhang mit der Art der zulässigen baulichen Nutzung in einem Baugebiet befasst. Dementsprechend bezieht sich Absatz 1 nur auf die §§ 2–14 BauNVO. Steuerungswirkung kann der § 15 Abs. 1 BauNVO deshalb auch nur entfalten, soweit Problemgestaltungen, die in den beiden Alternativen des Absatzes 1 Satz 2 angesprochen werden, die Art der baulichen Nutzung betreffen[6]. Die Berücksichtigung von Hochwasserrisiken scheidet damit aus.

Ergänzend ist noch auf Folgendes hinzuweisen: Bebauungspläne, die nicht die Voraussetzungen an einen qualifizierten Bebauungsplan erfüllen (sog. einfache Bebauungspläne), haben im Vergleich zu diesem nur eine begrenzte Steuerungsfunktion. Innerhalb ihres Geltungsbereichs richtet sich die bauplanungsrechtliche Zulässigkeit zwar ebenfalls nach den in den Bebauungsplan aufgenommenen Planfestsetzungen. Insoweit gelten dieselben Maßstäbe wie bei qualifizierten Bebauungsplänen, d.h., das Vorhaben darf den Festsetzungen nicht widersprechen. Im Übrigen beurteilt sich die bauplanungsrechtliche Zulässigkeit aber nach den Maßgaben der §§ 34 bzw. 35 BauGB. § 34 BauGB findet Anwendung, wenn das Baugrundstück dem Innenbereich zuzuordnen ist, ansonsten greift § 35 BauGB. Ob das Risiko, dass ein Grundstück im Falle eines Hochwassers überschwemmt wird, sich als Genehmigungshindernis erweist, bestimmt sich dann nach Maßgabe der nachfolgenden Ausführungen.

2. *Innenbereich*

Wenn ein Vorhaben innerhalb eines im Zusammenhang bebauten Ortsteils realisiert werden soll, beurteilt sich die planungsrechtliche Genehmigungsfähigkeit anhand der Vorgaben des § 34 BauGB. Hiernach ist maßgeblich, ob sich die bauliche Anlage nach Art und Maß der baulichen Nutzung, der Bauweise und der Grundstücksfläche, die überbaut werden soll, in die Eigenart der näheren Umgebung einfügt. Sofern die Eigenart der näheren Umgebung einem der Baugebiete, die in der Baunutzungsverordnung bezeichnet sind, entspricht (sog. faktisches Baugebiet[7]), bestimmt sich die bauplanungsrechtliche Zulässigkeit des Vorhabens, beschränkt allerdings auf die Art der baulichen Nutzung, allein da-

6 Vgl. *Kuschnerus*, Das zulässige Bauvorhaben, Rdn. 58; BVerwG v. 16.3.1995 – 4 C 3.94 –, DVBl. 1995, 754, 755; *Fickert/Fieseler*, BauNVO, § 15 – 8.1; *Ziegler*, in: Brügelmann, § 15 BauNVO Rdn. 7 und 74.

7 Vgl. *Kuschnerus*, Das zulässige Bauvorhaben, Rdn. 291.

nach, ob das Vorhaben nach der Baunutzungsverordnung in dem Baugebiet allgemein zulässig wäre (§ 34 Abs. 2 S. 1 BauGB)[8]. Im Übrigen verbleibt es bei der Prüfung des § 34 Abs. 1 BauGB[9].

Vom Wortlaut des Gesetzes ausgehend ist für die Beantwortung der Frage, ob ein Vorhaben im Innenbereich planungsrechtlich zulässig ist, ihre Klärung entscheidend, ob sich das zur Genehmigung gestellte Vorhaben „einfügt". Die Vorgehensweise bei dieser Prüfung ist seit dem Grundsatzurteil des Bundesverwaltungsgerichts vom 26. Mai 1978[10] geklärt. Hinsichtlich der zu beachtenden Prüfschritte darf auf dieses Urteil und beispielhaft auf die Ausführungen von *König*[11] verwiesen werden. Hiervon ausgehend kann – auf das hier Erforderliche beschränkt – gesagt werden, dass sich ein Vorhaben in die Eigenart der Umgebung des Grundstücks grundsätzlich einfügt, wenn es sich hinsichtlich jeden Tatbestandsmerkmals im Rahmen des Vorhandenen hält und es diesen Rahmen nicht überschreitet. Wie bereits das Wort „grundsätzlich" andeutet, gilt dies jedoch nur für den Regelfall. Auch wenn ein Vorhaben den ermittelten Rahmen einhält, ist dieses Ergebnis im Rahmen einer Gesamtabwägung noch einmal zur Disposition zu stellen. Dieses kann ausnahmsweise unzulässig sein, wenn es sich gegenüber der Nachbarbebauung als rücksichtslos erweist (Prüfung des Gebots der Rücksichtnahme). Umgekehrt kann ein Bauvorhaben, auch wenn es den Rahmen überschreitet, ausnahmsweise genehmigungsfähig sein, sofern durch das Vorhaben keine bodenrechtlichen Spannungen ausgelöst werden.

Hiervon unabhängig darf ein Vorhaben nur genehmigt werden, wenn die nachfolgenden Genehmigungsvoraussetzungen ebenfalls erfüllt sind:

- Ist die Erschließung gesichert?
- Sind gesunde Wohn- und Arbeitsverhältnisse gewahrt[12]?
- Wird das Ortsbild beeinträchtigt?

Diese Kriterien stellen – bezogen auf die planungsrechtliche Zulässigkeit – abschließend fest, ob ein Vorhaben genehmigt werden kann[13]. Es muss deshalb näher untersucht werden, ob Belange des Hochwasserschutzes unter die durch § 34 Abs. 1 BauGB vorgegebenen Tatbestandsmerkmale subsumiert werden können.

Bereits begrifflich sind lediglich zwei Merkmale diskussionswürdig: Wie oben bereits dargestellt, darf ein Vorhaben, selbst wenn es den vorgegebenen Rahmen

---

[8] Einem Vorhaben, das hiernach allgemein zulässig ist, kann zwar ausnahmsweise gem. § 15 BauNVO unzulässig sein. Wie bereits in Abschnitt 1 unter B. II. 1. dargestellt, können Hochwasserbelange aber nicht in die Prüfung des § 15 BauNVO einfließen und damit ein planungsrechtliches Hindernis begründen.

[9] Vgl. BVerwG v. 15.12.1994 – 4 C 19/93 –, NVwZ 1995, 897, 898.

[10] Vgl. BVerwG v. 26.5.1978 – 4 C 9.77 –, DVBl. 1978, 815, 820; *Dürr/König*, Rdn. 171.

[11] Vgl. *Dürr/König*, Rdn. 171 ff.

[12] Vgl. *Kuschnerus*, Das zulässige Bauvorhaben, Rdn. 245 u. 246.

[13] Z.B. *Stüer*, NVwZ 2004, 814, 817.

einhält, nur dann genehmigt werden, wenn es sich nicht gegenüber der Nachbarbebauung als rücksichtslos erweist. Zum Zweiten ist erwägenswert, ob der Hochwasserbelang im Rahmen der Prüfung „Sind gesunde Wohn- und Arbeitsverhältnisse gewahrt" berücksichtigt werden kann.

a) Das Gebot der Rücksichtnahme

Belange des Hochwasserschutzes können nicht in das Gebot der Rücksichtnahme einbezogen werden. Sowohl *März*[14] als auch *Knopp*[15] vertreten zwar die Auffassung, dass das Gebot der Rücksichtnahme verletzt sein könne, wenn durch die Baumaßnahme die Abflussverhältnisse zu Lasten eines Nachbargrundstücks beeinträchtigt werden. Dem kann aber nicht zugestimmt werden. Das Gebot der Rücksichtnahme ist kein dem Bauplanungsrecht vorgegebener allgemeiner Grundsatz, der die Genehmigungsbehörden verpflichtet, alle durch das konkrete Vorhaben betroffenen, öffentlichen und privaten Belange bei der Erteilung einer Genehmigung zu berücksichtigen. Vielmehr wird das Rücksichtnahmegebot aus bestimmten Tatbestandsmerkmalen der §§ 30 ff. BauGB und des § 15 BauNVO abgeleitet, die im Einzelnen seinen Inhalt und Umfang bestimmen[16]. Ob ein Vorhaben damit gegen das Gebot der Rücksichtnahme verstößt, ist deshalb ausschließlich anhand der Kriterien zu prüfen, die § 34 Abs. 1 BauGB vorgibt[17]. Da dies bereits begrifflich ausscheidet, können Belange des Hochwasserschutzes nicht unter die in § 34 Abs. 1 S. 1 BauGB genannten Rechtsbegriffe subsumiert werden[18].

b) Gesunde Wohn- und Arbeitsverhältnisse

Strittig ist auch die Frage, ob die Belange des präventiven Hochwasserschutzes über das Tatbestandsmerkmal „gesunde Wohn- und Arbeitsverhältnisse" i.S.d. § 34 Abs. 1 S. 2 BauGB in die Prüfung Eingang finden.

März[19] vertritt die Auffassung, dass Ziel dieser Vorschrift ausschließlich sei, städtebaulichen Missständen entgegenzuwirken. Hierzu könnten Hochwasserrisiken allerdings nicht gezählt werden. Damit scheide, so *März*, die Berücksichtigung dieses Belangs aus. Eine Begründung für diese Auffassung fehlt aber.

Soweit der Bayerische Verwaltungsgerichtshof in einer Entscheidung vom 6. Juni 2002[20] ausführt, dass sich aus § 34 Abs. 1 S. 2 BauGB keine Schutzansprü-

---

14 Vgl. *März*, KommPraxis-BY 2001, 244, 248.
15 Vgl. *Knopp*, in: Sieder/Zeitler/Dahme, § 32 WHG a.F. Rdn. 38.
16 Vgl. BayVGH v. 6.6.2002 – 14 B 99.2545 –, BauR 2003, 683.
17 Vgl. *Bracher*, in: Gelzer/Bracher/Reidt, Rdn. 2092.
18 Vgl. BayVGH v. 6.6.2002 – 14 B 99.2545 –, BauR 2003, 683, 684.
19 Vgl. *März*, KommPraxis-BY 2001, 244, 248.
20 Vgl. BayVGH v. 6.6.2002 – 14 B 99.2545 –, BauR 2003, 683, 684.

che für den Nachbarn ableiten ließen und zwar unabhängig davon, ob dem Hochwasserschutz Rechnung getragen sei, so ist dies für die Beantwortung der aufgeworfenen Rechtsfrage nicht hilfreich, zumal die Entscheidung nicht zwingend so verstanden werden darf, dass das Gericht damit zum Ausdruck bringen wollte, dass der Hochwasserbelang nicht zu prüfen sei. Diese Ausführungen sind nur Ausdruck des Umstands, dass eine Anfechtungsklage nicht bereits dann erfolgreich ist, wenn der angegriffene Verwaltungsakt, in diesem Fall die Baugenehmigung, rechtswidrig ist. Eine Anfechtungsklage ist, wie dem § 113 Abs. 1 S. 1 VwGO entnommen werden kann, nur begründet, wenn hinzukommt, dass der Kläger auch in eigenen Rechten verletzt wird. Die Ausführungen des Bayerischen Verwaltungsgerichtshofs dürfen vor diesem Hintergrund deshalb wohl nur dahingehend verstanden werden, dass das Gericht der Auffassung ist, dass § 34 Abs. 1 S. 2 BauGB – entsprechend der heute vertretenen Schutznormtheorie – dem Nachbarn kein subjektives und damit einklagbares Recht einräume, auf welches er sich berufen könne.

Das Bundesverwaltungsgericht ist der Auffassung, dass der Hochwasserschutz gewährleistet sein müsse, da anderenfalls keine gesunden Wohn- und Arbeitsverhältnisse i.S.d. § 34 Abs. 1 S. 2 BauGB gewährleistet seien. So hebt das Gericht in einer Entscheidung vom 22. Juli 2004[21] Folgendes hervor:

> „Bauliche Vorhaben innerhalb eines im Zusammenhang bebauten Ortsteils sind nur zulässig, wenn die Anforderungen an gesunde Wohn- und Arbeitsverhältnisse gewahrt bleiben (§ 34 Abs. 1 BauGB). Soll ein Bauvorhaben im natürlichen Überschwemmungsgebiet eines Gewässers verwirklicht werden, wird seine Genehmigung auch ohne ein rechtlich festgesetztes Überschwemmungsgebiet regelmäßig an dieser Voraussetzung scheitern."

Dieser Auffassung ist beizupflichten, auch wenn das Gericht leider nicht begründet, wie es zu dieser Überzeugung gelangt.

Als Ausgangspunkt für die Beantwortung dieser Rechtsfrage ist zunächst festzuhalten, dass § 34 Abs. 1 S. 2 BauGB unstrittig nur zum Tragen kommt, wenn städtebauliche Missstände, etwa i.S.d. § 136 Abs. 3 Nr. 1 BauGB, abgewehrt werden sollen[22]. Insoweit kann *März* noch zugestimmt werden. Der Anwendungsbereich dieser Vorschrift ist in der Vollzugspraxis deshalb sehr eingeschränkt, da ein Vorhaben, das sich „einfügt", selten diese Grenze überschreiten wird. Zur Anwendung wird diese Vorschrift deshalb in der Regel[23] nur dann kommen können, wenn ein unter gesundheitlichen Aspekten zu missbilligendes Vorhaben auf eine Umgebung trifft, die ihrerseits bereits keine gesunden Wohn-

---

21 Vgl. BVerwG v. 22.7.2004 – 7 CN 1.04 –, DVBl. 2004, 1558, 1560.

22 Vgl. *Bracher*, in: Gelzer/Bracher/Reidt, Rdn. 2059; *Kuschnerus*, Das zulässige Bauvorhaben, Rdn. 286; BVerwG v. 18.6.1997 – 4 B 238.96 –, BauR 1997, 807, 808.

23 Zu weiteren Anwendungsalternativen vgl. *Söfker*, in: Ernst/Zinkahn/Bielenberg, § 34 BauGB Rdn. 66.

und Arbeitsverhältnisse aufweist, d.h. wenn ein bereits bestehendes Konfliktpotenzial perpetuiert wird[24]. Anderenfalls fügt sich, da erst durch das Hinzutreten des neuen Vorhabens die Schwelle zu einem städtebaulich nicht hinnehmbaren Missstand überschritten wird, dieses nicht in die Umgebung ein[25].

Sofern der Hochwasserschutz unter § 34 Abs. 1 S. 2 BauGB subsumiert werden kann, wird § 34 Abs. 1 S. 2 BauGB zum maßgeblichen Entscheidungskriterium werden, da Hochwasser nicht nur die bereits bestehenden Gebäude in Mitleidenschaft zieht, sondern eben und gerade auch die zur Lückenschließung anstehenden Baulücken.

Zunächst ist festzuhalten, dass im Baugesetzbuch nicht definiert wurde, was unter „gesunden Wohn- und Arbeitsverhältnissen" zu verstehen ist. Allerdings haben die verheerenden Hochwasserkatastrophen der vergangenen Jahre verdeutlicht, dass Hochwasser für die Bewohner bzw. Nutzer der Gebäude in überschwemmungsgefährdeten Gebieten sehr gefährlich sein kann, und zwar nicht nur für deren Eigentum, sondern auch für deren Leib und Leben.

Gleichwohl ist kritisch zu hinterfragen, ob Hochwasserrisiken in diese unbestimmten Rechtsbegriffe einfließen können, zumal der Bund, der das Baugesetzbuch auf der Grundlage der Art. 74 Abs. 1 Nr. 18 i.V.m. 72 Abs. 2 GG im Wege der konkurrierenden Gesetzgebung erlassen hat, zumindest auf der Grundlage dieser Zuständigkeitsnorm lediglich befugt ist, das Bodenrecht zu regeln. So wäre es durchaus überlegenswert, ob nicht der Hochwasserschutz abschließend Regelungsgegenstand des Wasserhaushaltsgesetzes und der diesen Rahmen ausfüllenden landesrechtlichen Vorschriften ist.

Eine vergleichbare Fragestellung wurde von den Gerichten bei der Auslegung des § 35 Abs. 3 S. 1 Nr. 6 BauGB aufgeworfen. So vertrat ein Gericht[26] die Auffassung, dass diese Vorschrift nur einen bloßen Verweis auf landesrechtliche Regelungen enthalte, und zwar auf die den Schutz der Wasserwirtschaft im Detail regelnden Vorschriften des jeweiligen Landeswassergesetzes, die zur Ausfüllung und Ausführung des als Rahmenrecht des Bundes erlassenen Wasserhaushaltsgesetzes ergangen seien und auf die hierzu flankierenden untergesetzlichen Normen. § 35 Abs. 3 S. 1 Nr. 6 BauGB könne deshalb nur insoweit angewendet werden, als § 35 Abs. 3 S. 1 Nr. 6 BauGB einen über das Landesrecht hinausgehenden Regelungsgehalt habe. Nach Auffassung dieses Gerichts sei nur bei dieser Auslegung ein Konflikt zwischen der Gesetzgebungszuständigkeit des Bundes und des jeweiligen Landes zu vermeiden.

---

24 Vgl. *Bracher*, in: Gelzer/Bracher/Reidt, Rdn. 2059.

25 Vgl. *Krautzberger*, in: Battis/Krautzberger/Löhr, § 34 BauGB Rdn. 24.

26 Vgl. hierzu BVerwG v. 20.10.1972 – IV C 1.70 –, DÖV 1973, 203, das sich in seinen Urteilsgründen mit der Auffassung des Gerichts auseinandersetzt.

Würde man diese Auffassung auf die Auslegung der unbestimmten Rechtsbegriffe des § 34 Abs. 1 S. 2 BauGB übertragen, hätte dies zur Konsequenz, dass Hochwasserrisiken, die auch zu Gesundheitsgefährdungen führen können, nicht im Rahmen des § 34 Abs. 1 S. 2 BauGB berücksichtigt werden könnten.

Die Ansicht des Gerichts vermag bei genauerer Betrachtung aber nicht zu überzeugen. Bezogen auf § 35 Abs. 3 S. 1 Nr. 6 BauGB hat das Bundesverwaltungsgericht[27] diese Auffassung zutreffend mit der Begründung abgelehnt, dass mit dem § 35 Abs. 3 S. 1 Nr. 6 BauGB der Bundesgesetzgeber einen vom jeweiligen Landesrecht unabhängigen unmittelbaren bundesrechtlichen Schutz gewähren wollte, der unberührt davon bestehe, ob eine entsprechende landesrechtliche Regelung existiere. Eine andere Auslegung verkenne nach Auffassung des Gerichts auch, dass es sich bei § 35 BauGB um eine bodenrechtliche und als Bodenrecht bundesrechtlich zulässige Regelung handele, die in ihrem dritten Absatz auf bestimmte Belange lediglich Rücksicht nähme. Eine solche Rücksichtnahme sei aber unabhängig davon zulässig, ob dem Bundesgesetzgeber die Kompetenz zustehe, die fraglichen Belange einer Detailregelung zu unterwerfen.

Hiervon unabhängig hat der Bund jedenfalls auf der Grundlage des Art. 75 Abs. 1 Nr. 4 GG die Befugnis, eine entsprechende Regelung zu treffen. So kann dem Art. 75 Abs. 2 GG entnommen werden, dass der Bund, obgleich auf Ausnahmefälle beschränkt, nicht daran gehindert ist, Detailregelungen zu erlassen, die unmittelbar anwendbar sind. Dem steht nicht entgegen, dass der Bund in erster Linie zur Regelung des Wasserhaushalts das Wasserhaushaltsgesetz erlassen hat. Für die Rechtmäßigkeit einer Vorschrift ist allein entscheidend, dass sich der Bund auf eine ihm durch das Grundgesetz (vgl. Art. 30, 70) zugewiesene Befugnis berufen kann. Es steht ihm frei zu entscheiden, in welches Gesetz er die Regelung einfügt[28].

Damit kann festgehalten werden, dass jedenfalls keine kompetenzrechtlichen Hindernisgründe bestehen, die einer Auslegung entgegenstehen, wonach auch Hochwasserrisiken dem Tatbestandsmerkmal „gesunde Wohnverhältnisse" unterliegen können.

Auch wenn der Bund eine entsprechende Kompetenz hat, ist zwar noch nicht zwingend, dass Hochwasserrisiken städtebauliche Missstände begründen und damit den Tatbestand des § 34 Abs. 1 S. 2 BauGB erfüllen. Da weder dem Wortlaut des Gesetzes noch dem Sachzusammenhang, in dem die Regelung steht, aber Anhaltspunkte entnommen werden können, die darauf hindeuten, dass Hochwasserrisiken von § 34 Abs. 1 S. 2 BauGB nicht erfasst werden sollen, würde eine einschränkende Auslegung in unzulässiger Weise den Regelungsgehalt des § 34

---

27 Vgl. BVerwG v. 20.10.1972 – IV C 1.70 –, DÖV 1973, 203.

28 Vgl. *Stüer*, NuR 2004, 415 ff., 415.

Abs. 1 S. 2 BauGB verkürzen. Es ist deshalb davon auszugehen, dass Hochwasserrisiken bei der Gefährdungsabschätzung zu berücksichtigen sind[29].

Damit kann als Zwischenergebnis festgehalten werden, dass hochwasserbedingte Schadensszenarien geeignet sind, städtebauliche Missstände zu begründen.

Verfehlt wäre es jedoch, jegliches Hochwasserrisiko als städtebaulichen Missstand zu betrachten. Vielmehr muss weiter untersucht werden, ob im konkreten Einzelfall drohendes Hochwasser ein so hohes Gefährdungspotenzial aufweist, dass nicht mehr von der Wahrung gesunder Wohn- und Arbeitsverhältnisse gesprochen werden kann.

Soweit in diesem Zusammenhang häufiger auf eine Entscheidung des Bundesverwaltungsgerichts aus dem Jahre 1997[30] abgestellt und hieraus der Schluss gezogen wird, dass es einer konkreten Gefährdungslage bedürfe[31], ist dies nicht zutreffend und wird vom Bundesverwaltungsgericht – zumindest ausdrücklich – so auch nicht vertreten. Der Entscheidung des Bundesverwaltungsgerichts lag (verkürzt) folgender Sachverhalt zugrunde:

> Der Bauwerber begehrte einen Bauvorbescheid für die Errichtung eines Einfamilienhauses auf einem nicht überplanten Grundstück im Innenbereich, das an ein Waldgelände angrenzt. Der Antrag wurde mit der Begründung abgelehnt, dass das Vorhaben wegen Unterschreitung des Mindestabstandes zum Waldrand nicht genehmigungsfähig sei.

Das Bundesverwaltungsgericht war der Auffassung, dass eine abstrakte Baumwurfgefahr es allein nicht rechtfertige, von einem städtebaulichen Missstand i.S.d. § 34 Abs. 1 S. 2 BauGB zu sprechen. Bäume seien vielmehr durchaus üblich und könnten städtebaulich sogar erwünscht sein.

Aus den Entscheidungsgründen kann allenfalls der Schluss gezogen werden, dass das Gericht der Auffassung ist, dass abstrakte Gefährdungstatbestände nicht geeignet seien zu begründen, dass ein Bauvorhaben wegen Verstoßes gegen § 34

29 Hierzu tendiert wohl auch der Bundesgerichtshof (vgl. hierzu Urteil des BGH v. 18.2.1999 – III ZR 272/96 –, BGHZ 140, 380, 383): „Anders als in den Altlastenfällen geht hier eine mögliche Gefahr für Leben und Gesundheit nicht von der Beschaffenheit des dem Kläger gehörenden Grund und Boden aus, sondern kann sich aus dem aus den Weinbergen unkontrolliert ablaufenden Niederschlagswasser ergeben. Ob die Drittgerichtetheit der Amtspflicht [...] allein mit der Erwägung verneint werden könnte, durch das Eindringen von Wasser auf das Grundstück des Klägers habe keine konkrete Gefährdung für Leben oder Gesundheit bestanden, erscheint zweifelhaft." In diesem Sinne auch *Beyer*, NWVBl. 2004, 48, 49, die – bezogen auf § 1 Abs. 6 Nr. 1 BauGB – der Ansicht ist, dass die Zielsetzung, Bauen nur dann zuzulassen, wenn die Anforderungen an gesunde Wohn- und Arbeitsverhältnisse gewahrt sind, nicht weniger berührt sei, wenn die Gefährdung von außen auf das Baugrundstück einwirke und nicht nur, wie bei der Altlastenproblematik, von Grund und Boden.

30 Vgl. BVerwG v. 18.6.1997 – 4 B 238.96 –, BauR 1997, 807–809.

31 Vgl. *Gelzer*, in: Gelzer/Bracher/Reidt, Rdn. 2062.

Abs. 1 S. 2 BauGB generell unzulässig sei. Zu der Frage, ob es einer konkreten Gefahr im Sinne des Polizeirechts bedarf, hat sich – auch wenn dies nahe liegen mag – das Gericht dagegen nicht ausdrücklich geäußert.

Der Bundesgerichtshof[32] ist der Auffassung, dass unter Würdigung der örtlichen Verhältnisse und der tatsächlichen Gegebenheiten die Schwelle, ab der nicht mehr von gesunden Wohn- und Arbeitsverhältnissen gesprochen werden könne, nicht allzu weit unterhalb der Grenze der Polizeigefahr liege.

Beide Auffassungen sind jedoch nur bedingt geeignet, die hier aufgeworfene Rechtsfrage zu beantworten. Von einer konkreten Gefahr im Sinne des Polizei- und Sicherheitsrechts kann gesprochen werden, wenn nach verständiger, auf allgemeiner Lebenserfahrung beruhender Beurteilung, in näherer Zukunft, bei ungehindertem Ablauf des objektiv zu erwartenden Geschehens, der Eintritt eines Schadens für die öffentliche Sicherheit und/ oder Ordnung erwarten werden kann[33]. Gerade diese Definition macht deutlich, dass die zu § 34 Abs. 1 S. 2 BauGB erarbeiteten obergerichtlichen Kriterien zur Bestimmung der Schwelle, ab der gesunde Wohn- und Arbeitsverhältnisse nicht mehr gewahrt sind, für die Praxis im Zusammenhang mit Überschwemmungsrisiken nur wenig Hilfestellung bieten kann. Die Definition einer polizeilichen Gefahr setzt zwar nicht voraus, dass sich diese bereits realisiert hat. Auch ist es nicht zwingend erforderlich, dass deren Realisierung unmittelbar bevorsteht. Für Hochwasserkatastrophen ist es aber kennzeichnend, dass sich diese möglicherweise nur alle Jahrzehnte, wenn nicht gar erst nach Jahrhunderten wiederholen, dann allerdings mit verheerenden Folgen.

Ob die „Anforderungen an gesunde Wohn- und Arbeitsverhältnisse" letztlich zu einer Ablehnung eines beantragten Genehmigungsbescheides führen bzw. das Vorhaben nur unter Beifügung von Nebenbestimmungen, wie z.B. von Auflagen, genehmigt werden kann, hängt – wie es insbesondere in der Entscheidung des Bundesgerichtshofs anklingt – von den Umständen des Einzelfalls ab. Eine sachgerechte Entscheidung kann die Genehmigungsbehörde nur treffen, wenn sie sich zunächst darüber Klarheit verschafft, mit welcher Häufigkeit damit gerechnet werden muss, dass ein Grundstück überflutet wird. Des Weiteren muss auch geklärt sein, mit welchen Wasserständen zu rechnen ist.

Die Rechtsprechung geht im Regelfall davon aus, dass ein Hochwasser, das statistisch seltener als alle 100 Jahre vorkommt (sog. HQ 100) als rechtlich zu beachtender Risikofaktor einem Vorhaben nicht entgegengehalten werden kann[34]. Von drohenden städtebaulichen Missständen kann jedenfalls für diesen Fall nicht gesprochen werden. Sollten dagegen – zumindest statistisch – häufiger

32 Vgl. BGH, Urteil. v. 10.5.1990 – III ZR 84/89 –, BauR 1990, 715, 718.

33 Vgl. *Knemeyer*, Rdn. 87.

34 Ausführlich hierzu Abschnitt 2 unter B. I. 2.

Überflutungen drohen, dann können sachgerechte Ergebnisse erzielt werden, wenn man sich zunächst die Funktion des § 34 Abs. 1 S. 2 Halbs. 1 BauGB im verfassungsrechtlichen Wertegefüge in Erinnerung ruft. Hiernach setzt diese Vorschrift als Inhalts- und Schrankenbestimmung i.S.d. Art. 14 Abs. 1 S. 2 GG der Bebaubarkeit des Grundstücks eine äußerste Grenze[35]. Inhalts- und Schrankenbestimmungen sind aber selbst auch Schranken unterworfen; insbesondere darf der Vollzug der Vorschrift nicht zur Konsequenz haben, dass der Betroffene unverhältnismäßig in seinem Eigentum betroffen wird. Zielrichtung der Anwendung des § 34 Abs. 1 S. 2 Halbs. 1 BauGB muss deshalb sein, mit verhältnismäßigen Mitteln städtebaulichen Missständen entgegenzuwirken. Hierfür stehen der mit dem Vollzug dieser Norm beauftragten Behörde grundsätzlich zwei Möglichkeiten zur Verfügung. Sie kann entweder die Erteilung der beantragten Genehmigung ablehnen, um die Anforderungen an gesunde Wohn- und Arbeitsverhältnisse zu wahren. Sie kann aber auch über Nebenbestimmungen i.S.d. Art. 36 BayVwVfG sicherstellen, dass keine städtebaulichen Missstände entstehen. Diese Möglichkeiten stehen der Behörde allerdings nicht alternativ zur Verfügung. Vielmehr gebietet es der Grundsatz der Verhältnismäßigkeit, dass z.B. eine Baugenehmigung nur dann versagt werden darf, wenn entgegenstehenden öffentlichen Interessen oder betroffenen Rechten Dritter nicht durch Nebenbestimmungen hinreichend Rechnung getragen werden kann[36]. Dementsprechend ist eine Baugenehmigung zu erteilen, wenn durch Nebenbestimmungen sichergestellt werden kann, dass keine städtebaulichen Missstände entstehen.

Die Prüfung darf sich aber nicht darauf beschränken, Missständen auf dem Baugrundstück entgegenzuwirken; vielmehr muss in die Betrachtung mit eingestellt werden, welche Konsequenzen die Realisierung des Vorhabens für die Anlieger hat. Es muss deshalb ebenfalls geklärt sein, welche Folgen der mit dem Bau des Vorhabens zwangsläufig verbundene Verlust an Retentionsraum hat. Dies wird zur Folge haben können, dass, sofern über Nebenbestimmungen sichergestellt werden kann, dass der Bauherr selbst vor Hochwasser geschützt wird, er zusätzlich den verloren gehenden Retentionsraum auszugleichen hat. Sollte dies nicht möglich sein, muss eine beantragte Genehmigung versagt werden.

Zusammenfassend kann damit festgehalten werden, dass Belange des Hochwasserschutzes im Innenbereich über § 34 Abs. 1 S. 2 Halbs. 1 BauGB Berücksichtigung zu finden haben.

3. *Außenbereich*

Im Gegensatz zu § 34 BauGB, der den tendenziell bebaubaren Innenbereich regelt, bestimmt § 35 BauGB, ob im sog. Außenbereich, der grundsätzlich einer

---

35 Vgl. *Söfker*, in: Ernst/Zinkahn/Bielenberg, § 34 BauGB Rdn. 66; BVerwG v. 12.12.1990 – 4 C 40/87 –, DVBl. 1991, 810, 812.

36 Vgl. *Kopp/Ramsauer*, § 36 VwVfG Rdn. 2.

Bebauung nicht zugänglich ist, ausnahmsweise ein Vorhaben realisiert werden darf[37]. Zum Außenbereich gehören die Flächen, die sich außerhalb des räumlichen Geltungsbereichs eines qualifizierten Bebauungsplans i.S.v. § 30 Abs. 1 BauGB, eines vorhabenbezogenen Bebauungsplans i.S.v. § 30 Abs. 2 BauGB oder eines im Zusammenhang bebauten Ortsteils i.S.v. § 34 Abs. 1 S. 1 BauGB befinden[38]. Von weichenstellender Bedeutung bei der Prüfung, ob ein Bauantrag Erfolg haben kann, ist zunächst die Frage, ob das Vorhaben als privilegiert i.S.d. § 35 Abs. 1 BauGB gesehen werden kann oder ob es sich um ein sog. sonstiges Vorhaben i.S.d. § 35 Abs. 2 BauGB handelt. Privilegierte Vorhaben sind, wenn die Erschließung gesichert ist, bereits dann genehmigungsfähig, wenn keine öffentlichen Belange entgegenstehen. So können beispielsweise Regenrückhaltebecken auf der Grundlage des § 35 Abs. 1 Nr. 3 BauGB („Vorhaben, das der Abwasserwirtschaft dient") im Regelfall im Außenbereich genehmigt werden, ohne dass es beispielsweise der Aufstellung eines Bebauungsplans bedarf. Demgegenüber scheidet eine Genehmigung für ein sog. sonstiges Vorhaben bereits aus, wenn dieses lediglich öffentliche Belange beeinträchtigt.

a) Öffentliche Belange

Was unter öffentlichen Belangen zu verstehen ist, kann § 35 Abs. 3 BauGB entnommen werden, selbst wenn diese Aufzählung, worauf das Wort „insbesondere" hinweist, nicht abschließend ist. Im Rahmen dieses Abschnitts wird dargestellt, ob Belange des Hochwasserschutzes in die Prüfung der Nrn. 2, 3 und 6 des § 35 Abs. 3 BauGB, bzw. in das Gebot der Rücksichtnahme, einfließen können.

aa) § 35 Abs. 3 S. 1 Nr. 2 BauGB

§ 35 Abs. 3 S. 1 Nr. 2 BauGB spricht zwar davon, dass eine Beeinträchtigung öffentlicher Belange auch dann vorliegt, wenn ein Vorhaben Plänen des Wasserrechts widerspricht. Von dieser Regelung werden im Regelfall jedoch nur Pläne i.S.d. §§ 36 und 36 b WHG erfasst. Im Unterschied hierzu sind weder amtlich festgesetzte Überschwemmungsgebiete noch die sog. faktischen Überschwemmungsgebiete Pläne in diesem Sinne. Faktische Überschwemmungsgebiete scheiden bereits per se aus, weil sie eben nur die tatsächliche Situation vor Ort wiedergeben und gerade nicht Ausdruck einer planerischen Konzeption sind. Aber auch amtlich festgesetzte Überschwemmungsgebiete nach Art. 61 BayWG sind keine Pläne in diesem Sinne. Die Verordnung, mit der das Überschwemmungsgebiet amtlich festgesetzt wird, gehört vielmehr zu den Vorschriften, die

37 Vgl. *Kuschnerus*, Das zulässige Bauvorhaben, Rdn. 324.
38 Vgl. *Bracher*, in: Gelzer/Bracher/Reidt, Rdn. 2102.

unmittelbar gelten und dementsprechend, wie § 29 Abs. 2 BauGB klarstellend feststellt[39], vom Städtebaurecht unberührt bleiben[40].

bb) § 35 Abs. 3 S. 1 Nr. 3 BauGB

Gem. § 35 Abs. 3 S. 1 Nr. 3 BauGB zählen zu den öffentlichen Belangen, die einem Vorhaben entgegengehalten werden können, auch schädliche Umwelteinwirkungen.

In der Literatur[41] wurden – wenn auch ohne Begründung – vereinzelt Stimmen laut, die unter diesen unbestimmten Rechtsbegriff Hochwasserrisiken subsumieren möchten. Dem kann allerdings nicht beigepflichtet werden. Von der Legaldefinition in § 3 Abs. 1 BImSchG ausgehend, sind schädliche Umwelteinwirkungen Immissionen, die nach Art, Ausmaß oder Dauer geeignet sind, Gefahren, erhebliche Nachteile oder erhebliche Belästigungen für die Allgemeinheit oder die Nachbarschaft herbeizuführen. Immissionen sind wiederum auf Menschen, Tiere und Pflanzen, den Boden, das Wasser, die Atmosphäre sowie Kultur- und sonstige Sachgüter einwirkende Luftverunreinigungen, Geräusche, Erschütterungen, Licht, Wärme, Strahlen und ähnliche Umwelteinwirkungen (vgl. § 3 Abs. 2 BImSchG). Auch wenn diese Definitionen zwingend nur dem Vollzug des Bundesimmissionsschutzgesetzes zugrunde gelegt werden muss („Schädliche Umwelteinwirkungen im Sinne dieses Gesetzes") bietet es sich an, im Interesse der Einheit der Rechtsordnung die Begriffsbestimmung auf den Bereich des Baurechts zu übertragen[42]. Hochwassereinwirkungen können damit aber nicht unter den Begriff „schädliche Umwelteinwirkungen“ subsumiert werden, da von ähnlichen Umwelteinwirkungen nur dann gesprochen werden kann, wenn sie ihrem Wesen und ihrer Wirkungsweise nach den ausdrücklich genannten Einwirkungen vergleichbar sind[43].

cc) § 35 Abs. 3 S. 1 Nr. 6 BauGB

Wie gerade § 29 Abs. 2 BauGB[44] entnommen werden kann, bleiben sonstige öffentlich-rechtliche Vorschriften in ihrer Anwendung durch die planungsrechtlichen Vorschriften unberührt. Dies gilt nicht nur für die Rechtsverordnungen, die förmlich ein Überschwemmungsgebiet festsetzen, sondern auch für § 31 b

---

39 Vgl. *Krautzberger*, in: Ernst/Zinkahn/Bielenberg, § 29 BauGB Rdn. 57 zum Bauordnungsrecht.

40 Vgl. BVerwG v. 12.4.2001 – 4 C 5/00 –, NVwZ 2001, 1048, 1050.

41 Vgl. z.B. *März*, KommPraxis-BY 2001, 244, 248.

42 Vgl. beispielhaft BVerwG v. 28.10.1993 – 4 C 5/93 –, BauR 1994, 354, 358; *Bracher*, in: Gelzer/ Bracher/ Reidt, Rdn. 2169; *Söfker*, in: Ernst/ Zinkahn/ Bielenberg, § 35 BauGB Rdn. 88.

43 Vgl. *Kutscheidt*, in: Landmann/Rohmer, § 3 BImSchG Rdn. 20 n.

44 Vgl. hierzu auch den Abschnitt 1 unter C. I.

Abs. 5 und 6 S. 1 WHG. Dementsprechend können Überschwemmungsgebiete selbst dann, wenn diese noch nicht amtlich festgesetzt wurden, ein zusätzliches Genehmigungshindernis begründen. Wie bereits ausgeführt, ist es eine Frage des jeweiligen Genehmigungsverfahrens, ob dieses Zulässigkeitshindernis dem jeweiligen Genehmigungsraster unterliegt und dementsprechend im Genehmigungsverfahren berücksichtigt werden kann. Sofern dies der Fall ist, kann dahinstehen, ob der Hochwasserbelang auch im Rahmen der Prüfung des § 35 Abs. 3 S. 1 Nr. 6 BauGB eine eigenständige Bedeutung hat.

Wenn ein Genehmigungsverfahren nach Art. 72 BayBO durchzuführen ist, d.h. bei Sonderbauten i.S.d. Art. 2 Abs. 4 S. 2 BayBO, dann hat die Genehmigungsbehörde auch zu prüfen, ob das Bauvorhaben innerhalb eines Bereichs realisiert werden soll, der einem Überschwemmungsrisiko ausgesetzt ist. Dies gilt unabhängig davon, ob das Gebiet amtlich als Überschwemmungsgebiet festgesetzt ist oder ob es sich nur um ein sog. faktisches Überschwemmungsgebiet i.S.d. § 31 b Abs. 6 S. 1 WHG handelt. Für amtlich festgesetzte Überschwemmungsgebiete ergibt sich dies aus Art. 61 Abs. 2 S. 3 BayWG. Zur Sicherstellung des Bestandsschutzes faktischer Überschwemmungsgebiete hat der Gesetzgeber zwar kein gesondertes Genehmigungsverfahren eingeführt. Allerdings gehört der unmittelbar anwendbare § 31 b Abs. 6 S. 1 WHG zu den öffentlich-rechtlichen Vorschriften, die im bauaufsichtlichen Genehmigungsverfahren zu prüfen sind[45].

Letzteres gilt allerdings nicht, wenn „nur" ein vereinfachtes Genehmigungsverfahren gem. Art. 73 BayBO durchzuführen ist. In diesem Verfahren sind die amtlich festgesetzten Überschwemmungsgebiete zu berücksichtigen; vgl. Art. 73 Abs. 1 Nr. 5 BayBO i.V.m. Art. 61 Abs. 2 S. 3 BayWG.

Wenn im Rahmen des Genehmigungsverfahrens zu berücksichtigen ist, dass das Vorhaben auf einem Grundstück innerhalb eines Überschwemmungsgebiets errichtet werden soll, so wird im Regelfall die Entscheidung der Baugenehmigungsbehörde maßgeblich von dem Ergebnis der Prüfung dieses Belangs bestimmt sein. Häufig wird die Erteilung einer Genehmigung dann ausscheiden.

Wenn dies allerdings nicht der Fall ist, muss geklärt werden, ob letztlich § 35 Abs. 3 Nr. 6 BauGB der Erteilung einer Genehmigung entgegensteht. Hiervon ist auszugehen, wenn durch das Vorhaben die Wasserwirtschaft oder der Hochwasserschutz gefährdet wird.

(1) Gefährdung der Wasserwirtschaft

Wie bereits zu § 34 Abs. 1 S. 2 BauGB erläutert, war durchaus strittig, ob § 35 Abs. 3 S. 1 Nr. 6 BauGB im Verhältnis zu den wasserrechtlichen Vorschriften eine eigenständige Bedeutung haben kann. Zwischenzeitlich wird aber wohl

---

45 Vgl. *Lechner*, in: Simon/Busse, Art. 72 BayBO Rdn. 208.

einhellig die Auffassung vertreten, dass § 35 Abs. 3 S. 1 Nr. 6 BauGB eine selbstständige Bedeutung zukommt[46].

Je nach dem, ob es sich um ein sog. privilegiertes Vorhaben oder um ein sonstiges Vorhaben i.S.d. § 35 Abs. 2 BauGB handelt, ist der öffentliche Belang „Gefährdung der Wasserwirtschaft" zwar im unterschiedlichen Maße zu berücksichtigen. Letztlich wird aber häufig auch bei privilegierten Vorhaben eine Genehmigung ausscheiden. Gem. § 35 Abs. 1 BauGB ist ein privilegiertes Vorhaben zwar dann zu genehmigen, wenn diesem keine öffentlichen Belange entgegenstehen. Insoweit bedarf es einer Abwägung zwischen dem beabsichtigten Vorhaben und den von diesem berührten öffentlichen Belangen. Auch wenn im Rahmen dieser Abwägung zu berücksichtigen ist, dass der Gesetzgeber privilegierte Vorhaben grundsätzlich dem Außenbereich zuweist, wird sich im Regelfall der entgegenstehende öffentliche Belang, d.h. die Wasserwirtschaft, durchsetzen. In den Belang der Wasserwirtschaft werden die Vorgaben des § 31 b Abs. 6 S. 1 WHG einzufließen haben, d.h., ein Vorhaben ist nur dann genehmigungsfähig, soweit die Gründe, die für das Vorhaben sprechen, der Erhaltung des Überschwemmungsgebiets in seiner Funktion als Rückhaltefläche vorgehen und rechtzeitig die notwendigen Ausgleichsmaßnahmen getroffen werden[47].

(2) Gefährdung des Hochwasserschutzes

Durch das Gesetz zur Verbesserung des vorbeugenden Hochwasserschutzes vom 3. Mai 2005 ist in die Nr. 6 noch ausdrücklich als öffentlicher Belang der Hochwasserschutz aufgenommen worden. Da dieser aber bereits auf der Grundlage der bisherigen Rechtslage zu berücksichtigen war, ist die Neuregelung eher von klarstellender Bedeutung[48].

dd) Gebot der Rücksichtnahme

Die Erteilung einer Baugenehmigung muss auch dann versagt werden, wenn das Vorhaben nicht die gebotene Rücksicht auf schutzwürdige Interessen Dritter nimmt. Das Gebot der Rücksichtnahme wurde vom Gesetzgeber zwar nicht explizit in den Katalog des § 35 Abs. 3 BauGB aufgenommen, seine Qualität als öffentlicher Belang ist aber in der Rechtsprechung seit langem anerkannt[49].

Der bereits dargestellte § 35 Abs. 3 S. 1 Nr. 3 BauGB ist eine gesetzliche Ausprägung des Gebots der Rücksichtnahme. Allerdings beschränkt sich das Gebot der Rücksichtnahme nicht auf die Abwehr von schädlichen Umwelteinwirkun-

---

46 Vgl. statt vieler *Söfker*, in: Ernst/Zinkahn/Bielenberg, § 35 BauGB Rdn. 102; *Bracher*, in: Gelzer/Bracher/Reidt, Rdn. 2195; BVerwG v. 20.10.1972 – IV C 1.70 –, DÖV 1973, 203.

47 Vgl. *Knopp*, in: Sieder/Zeitler/Dahme, § 32 WHG a.F. Rdn. 38; *März*, KommPraxis-BY 2001, 244, 248.

48 Vgl. *Bröll/Jäde*, Teil 4/4.6.5., S. 8 Rdn. 17.

49 Vgl. hierzu BVerwG v. 18.11.2004 – 4 C 1.04 –, NuR 2005, 248 ff., 249.

gen im Sinne des Bundesimmissionsschutzgesetzes; vielmehr geht das Gebot der Rücksichtnahme über diesen Regelungsgehalt hinaus und erfasst auch sonstige nachteilige Auswirkungen[50].

Deshalb können Dritte in einem Rechtsbehelfsverfahren selbst einem privilegierten Vorhaben Hochwasserrisiken als öffentlichen Belang mit Erfolg entgegenhalten, wenn infolge der Realisierung des Vorhabens und des damit verbundenen Verlustes an Retentionsraum das Risiko, durch Hochwasser geschädigt zu werden, erhöht wird und dies weder durch Auflagen noch Bedingungen verhindert werden kann[51]. So kommt eine Rechtsverletzung beispielsweise dann in Betracht, wenn sich eine neue Scheune samt Aufschüttungen im Umfeld des Gebäudes als signifikantes Abflusshindernis erweist und dadurch bedingt Nachbargrundstücke durch Hochwasser in Mitleidenschaft gezogen werden[52].

b) § 35 Abs. 4 Nr. 3 BauGB

Gerade die Flutkatastrophen der letzten Jahre haben gezeigt, mit welcher zerstörerischen Kraft Hochwasser Schäden an Gebäuden verursachen kann. Sollte infolge eines Hochwassers ein Gebäude abgerissen werden müssen, bzw. wurde das Gebäude bereits durch das Hochwasser selbst zerstört, dann wird sich für die Geschädigten auch die Frage stellen, ob sie an gleicher Stelle einen Ersatzbau errichten dürfen[53].

Zunächst ist darauf hinzuweisen, dass der Betroffene nicht allein deshalb einen Anspruch auf Erteilung einer Baugenehmigung hat, nur weil an gleicher Stelle bereits ein Gebäude stand. Sobald die Schäden am Gebäude ein Ausmaß erreicht haben, dass durch die Wiederherstellungsarbeiten ein im Wesentlichen neues Gebäude errichtet wird, kommt dem ursprünglichen Gebäude kein Bestandsschutz mehr zu[54]. Ein hierüber hinausgehender Bestandsschutz ist in der Eigentumsgarantie nicht angelegt.

Wenn aber die Genehmigungsfrage für eine Neuerrichtung vollkommen neu aufgeworfen werden muss, dann wird im Regelfall eine Genehmigung – unabhängig von dem Hochwasserrisiko – wegen Beeinträchtigung öffentlicher Belange ausscheiden. Vor diesem Hintergrund hat sich der Gesetzgeber zwar dazu entschieden, bestimmte Vorhaben zu begünstigen, indem die in § 35 Abs. 4 S. 1

---

50 Vgl. BVerwG v. 18.11.2004 – 4 C 1.04 –, NuR 2005, 248, 249; *Bracher*, in: Gelzer/Bracher/Reidt, Rdn. 2171.

51 Vgl. *Knopp*, in: Sieder/Zeitler/Dahme, § 32 WHG a.F. Rdn. 38.

52 Vgl. BayVGH v. 30.4.1997 – 27 ZS 97.984 –, BayVBl. 1997, 569, 570.

53 Angesichts der Grundstückspreise in einigen Regionen wird den Betroffenen aus rein wirtschaftlichen Gründen ein Ausweichen auf andere, erst noch zu erwerbende Grundstücke nicht möglich sein.

54 Vgl. BayVGH v. 13.2.2001 – 20 B 00.2213 –, BauR 2001, 1248 f., 1248; *Staupe*, NJ 2002, 505, 508.

BauGB enumerativ aufgezählten öffentlichen Belange einem sonstigen Vorhaben nicht entgegengehalten werden können. Darstellungen in einem Flächennutzungsplan oder in einem Landschaftsplan, die Beeinträchtigung der natürlichen Eigenart der Landschaft oder die Befürchtung, dass eine Splittersiedlung entsteht, sich verfestigt oder erweitert, können deshalb einem Bauvorhaben nicht entgegengehalten werden. Zu den in diesem Sinne begünstigten Vorhaben zählt gem. § 35 Abs. 4 Nr. 3 BauGB die alsbaldige Neuerrichtung eines zulässigerweise errichteten, durch Brand, Naturereignisse oder andere außergewöhnliche Ereignisse zerstörten, gleichartigen Gebäudes an gleicher Stelle. Zu den Naturereignissen in diesem Sinne zählen auch Überschwemmungen[55]. Die nicht genannten öffentlichen Belange müssen jedoch geprüft werden. Dies stellt das Gesetz durch die Formulierung klar, dass die Vorhaben „im Übrigen außenbereichsverträglich im Sinne des Absatzes 3“ sein müssen[56]. Damit ist aber der Hochwasserschutz innerhalb der bereits dargestellten Grenzen in vollem Umfange zu berücksichtigen. Eine Genehmigung wird deshalb häufig ausscheiden.

III. Bauordnungsrecht

Gem. Art. 4 Abs. 1 Nr. 1 BayBO darf ein Gebäude nur dann errichtet werden, wenn das Grundstück nach Lage, Form, Größe und Beschaffenheit für die beabsichtigte Bebauung geeignet ist. *März* vertritt hierzu die Auffassung – allerdings auch hier ohne nähere Begründung –, dass der Hochwasserschutz hierunter nicht subsumiert werden könne. Diese Auffassung überrascht, zumal in der einschlägigen Kommentarliteratur[57] einhellig die Auffassung vertreten wird, dass Hochwasserrisiken zur Konsequenz haben können, dass die Eignung als Baugrundstück ausscheidet. Gerade der sehr weit gefasste Gesetzeswortlaut spricht gegen die von *März* vertretene Auffassung, wonach Hochwasserrisiken nicht unter Art. 4 Abs. 1 Nr. 1 BayBO subsumiert werden können. Auch wenn deshalb vieles dafür spricht, Hochwasserrisiken in die Prüfung des Art. 4 Abs. 1 Nr. 1 BayBO einfließen zu lassen, kann auf eine dezidierte Untersuchung verzichtet werden, welcher Auffassung beigetreten werden sollte, denn letztlich ist die Beantwortung dieser Frage im Rahmen von Genehmigungsverfahren von eher theoretischer Bedeutung.

Befindet sich das Baugrundstück innerhalb eines amtlich festgesetzten Überschwemmungsgebiets, ist der Hochwasserschutz bei Sonderbauten gem. Art. 61 Abs. 2 S. 3 Halbs. 2 BayWG in das baurechtliche Genehmigungsverfahren gem.

---

55 Vgl. *Bracher*, in: Gelzer/Bracher/Reidt, Rdn. 2242.

56 Vgl. *Bracher*, in: Gelzer/Bracher/Reidt, Rdn. 2221; *Krautzberger*, in: Battis/Krautzberger/Löhr, § 35 BauGB Rdn. 80.

57 Vgl. *Dirnberger*, in: Jäde/Dirnberger/Bauer/Weiß, Art. 4 BayBO Rdn. 14; *Lechner*, in: Simon/Busse, Art. 4 BayBO Rdn. 141, 142, 469 u. 470; *Knopp*, in: Sieder/Zeitler/Dahme, § 32 WHG a.F. Rdn. 38.

Art. 72 BayBO integriert, im Übrigen durch Art. 73 Abs. 1 Nr. 5 BayBO. Deshalb kann offen bleiben, ob Art. 4 BayBO neben den Vorschriften über Überschwemmungsgebiete eine eigenständige Bedeutung besitzt[58], da die Messlatte für die Zulässigkeit des Bauvorhabens bei amtlich festgesetzten Überschwemmungsgebieten höher liegt, weil ohne konkrete Gefährdung von Rechtsgütern die Genehmigung wegen einer Beeinträchtigung der wasserwirtschaftlichen Belange abgelehnt werden kann[59].

Außerhalb von amtlich festgesetzten Überschwemmungsgebieten findet der Umstand, dass das Vorhaben innerhalb eines faktischen Überschwemmungsgebiets realisiert werden soll, zwar nur nach Maßgabe der bereits dargestellten Vorgaben Eingang in das Genehmigungsverfahren. Sofern nach diesen Grundsätzen der Hochwasserschutz nicht dem Prüfungsprogramm unterliegt, wird, auch wenn man der Auffassung ist, dass grundsätzlich Hochwasserrisiken die mangelnde Eignung eines Baugrundstücks begründen können, dies jedoch keine Auswirkungen auf die Genehmigungsfähigkeit des Vorhabens haben. Auch Art. 4 Abs. 1 Nr. 1 BayBO unterliegt nicht dem Pflichtprüfprogramm. Die Einhaltung der Vorgaben des § 31 b Abs. 6 S. 1 WHG als auch der des Art. 4 Abs. 1 Nr. 1 BayBO kann grundsätzlich[60] nur im Wege der Eingriffsverwaltung sichergestellt werden.

C. Die wasserrechtlichen Anlagengenehmigungen

Die baurechtlichen Genehmigungsvoraussetzungen werden durch spezifische wasserwirtschaftliche Belange ergänzt, wenn ein Vorhaben in oder an einem Gewässer oder etwa in einem förmlich festgesetzten Überschwemmungsgebiet realisiert werden soll. Zur Sicherstellung der Einhaltung dieser Vorgaben sehen die Art. 59 und 61 BayWG und § 31 b Abs. 4 S. 4 WHG eigenständige Genehmigungsverfahren vor. Häufig werden diese Verfahren aber in das baurechtliche Genehmigungsverfahren integriert sein.

I. Das Verhältnis des Bauplanungsrechts zu sonstigen öffentlich-rechtlichen Vorschriften

§ 29 Abs. 2 BauGB bestimmt, dass die Vorschriften des Bauordnungsrechts sowie andere öffentlich-rechtliche Vorschriften durch die Regelungen der §§ 30–37 BauGB unberührt bleiben. Um diese Vorschrift zu verstehen, ist zunächst der

---

58 *Schwarzer/König*, Art. 4 BayBO Rdn. 2 ist der Auffassung, dass Art. 4 Abs. 1 Nr. 1 BayBO nur solche Anforderungen erfasst, die sich nicht bereits aus anderen, insoweit spezielleren Vorschriften ergeben.

59 Vgl. *Knopp*, in: Sieder/Zeitler/Dahme, § 32 WHG a.F. Rdn. 38.

60 Sofern nicht ausnahmsweise die Erteilung der Genehmigung versagt werden kann, weil dem Antragsteller das Sachbescheidungsinteresse im Hinblick auf die mangelnde Eignung des Grundstücks abgesprochen werden kann.

verfassungsrechtliche Hintergrund dieser Vorschrift näher zu beleuchten. Das Bauplanungsrecht, welches gem. Art. 74 Abs. 1 Nr. 18 GG der konkurrierenden Gesetzgebungskompetenz des Bundes unterliegt, regelt abschließend die planungsrechtliche Zulässigkeit eines Vorhabens. Die Länder sind deshalb nicht befugt, Normen zu erlassen, die bauplanungsrechtlicher Natur sind. Dies gilt sowohl für das Bauordnungsrecht als auch für sonstiges öffentliches Recht[61].

Dies bedeutet aber nicht, dass alle Normgeber, die zur Rechtsetzung befugt sind, gehindert wären, im Rahmen der ihnen zustehenden Gesetzgebungskompetenzen Regelungen zu erlassen, die zusätzliche Anforderungen an die Anlage stellen[62]. Wenn der Gesetzgeber die ihm obliegenden verfassungsrechtlichen Grenzen beachtet hat, beansprucht die dann in zulässiger Weise erlassene Rechtsnorm Gültigkeit. Insoweit stellt § 29 Abs. 2 BauGB lediglich deklaratorisch fest, dass die Vorschriften des Bauordnungsrechts und andere öffentlich-rechtliche Vorschriften durch §§ 30–37 BauGB unberührt bleiben.

Hiervon unabhängig ist aber näher zu beleuchten, ob der Vollzug dieser Vorschrift auch zur Konsequenz haben kann, die Genehmigungsfähigkeit eines Vorhabens auszuschließen oder ob sich die Vorschriften darauf beschränken müssen, Maßstäbe an die inhaltliche Ausgestaltung des Projekts vorzugeben.

Krautzberger[63] vertritt unter Bezugnahme auf eine Entscheidung des Bundesverwaltungsgerichts vom 12. Juni 1970[64] die Auffassung, dass § 29 Abs. 2 BauGB nicht dahin verstanden werden dürfe, dass sonstige öffentlich-rechtliche Vorschriften von §§ 30 ff. BauGB vollkommen unberührt bleiben. So könne ein Vorhaben, welches die Vorgaben des § 34 BauGB einzuhalten vermag, über sonstige öffentlich-rechtliche Vorschriften, wie z.B. eine Landschaftsschutzverordnung, allenfalls in den Einzelheiten seiner Ausführung beeinflusst, nicht hingegen als solches verhindert werden.

Wenn *Krautzberger* so verstanden werden möchte, dass sonstige öffentlich-rechtliche Vorschriften generell lediglich Ausführungsmodalitäten vorgeben, aber das Vorhaben als solches nicht zu Fall bringen könne, so ist dies nicht zutreffend.

Unabhängig davon, ob eine Verordnung ein Naturschutzgebiet, ein Wasserschutzgebiet oder ein Überschwemmungsgebiet festsetzt, allen ist gemeinsam, dass sie als Inhalts- und Schrankenbestimmungen i.S.d. Art. 14 Abs. 1 S. 2 GG zu qualifizieren sind.

Inhalts- und Schrankenbestimmungen und Enteignungen i.S.d. Art. 14 Abs. 3 GG sind zwei selbstständige Rechtsinstitute, die nach der Konstruktion des Art. 14 GG

---

61 Vgl. *Kuschnerus*, Das zulässige Bauvorhaben, Rdn. 25.
62 Vgl. *Kuschnerus*, Das zulässige Bauvorhaben, Rdn. 25.
63 Vgl. *Krautzberger*, in: Ernst/Zinkahn/Bielenberg, § 29 BauGB Rdn. 59.
64 Vgl. BVerwG v. 12.6.1970 – IV C 77.68 –, NJW 1970, 1939, 1941.

nicht ineinander übergehen können. Die Abgrenzung erfolgt nicht nach Intensität oder Qualität des Eingriffs, sondern allein nach Form und Intention. Während die Inhalts- und Schrankenbestimmung generell und abstrakt Rechte und Pflichten am Eigentum ausgestaltet, erfasst die Enteignung nur den zielgerichteten, staatlichen Zugriff auf das Eigentum des Betroffenen. D.h., eine Enteignung i.S.d. Art. 14 Abs. 3 GG ist nur der zielgerichtete vollständige oder teilweise staatliche Entzug einer konkreten Rechtsposition i.S.d. Art. 14 GG. Wenn ein Gebiet durch eine Rechtsverordnung förmlich als Überschwemmungsgebiet festgesetzt wird, hat dies aber gerade nicht zur Konsequenz, dass eine Eigentumsposition dem Betroffenen entzogen wird. In dieser Konstellation scheidet bereits per se die Annahme einer Enteignung aus, und zwar unabhängig von der Intensität des Eingriffs. Selbst eine „drastische" Begrenzung bisheriger Nutzungsmöglichkeiten ist keine Enteignung, sondern eine Inhalts- und Schrankenbestimmung[65].

Selbstverständlich ist eine Inhalts- und Schrankenbestimmung aber nicht schrankenlos möglich. Neben den formellen verfassungsrechtlichen Vorgaben an die Rechtmäßigkeit eines Gesetzes – hier ist in erster Linie die Zuständigkeit und das Gesetzgebungsverfahren hervorzuheben – muss das Gesetz insbesondere auch verhältnismäßig sein.

Bei einer Inhalts- und Schrankenbestimmung ist diese Prüfung dadurch gekennzeichnet, dass Art. 14 GG selbst das Spannungsfeld für die Abwägung zwischen den widerstreitenden Interessen aufgebaut hat. So muss auf der einen Seite jede Inhalts- und Schrankenbestimmung als Kernaussage zwei wesentliche Strukturelemente des Privateigentums beachten, nämlich den substanziellen Gehalt der Privatnützigkeit des Eigentums und die grundsätzliche Verfügungsbefugnis über den Eigentumsgegenstand[66]. Auf der anderen Seite bestimmt Art. 14 Abs. 2 GG, dass mit dem Eigentum auch Pflichten verbunden sind. So soll sein Gebrauch auch dem Wohl der Allgemeinheit dienen.

Ob letztlich eine gesetzliche Regelung verhältnismäßig ist, hängt zunächst von der Intensität, der Schwere und der Tragweite der Eigentumsbeeinträchtigung ab[67], wobei die Intensität der Beeinträchtigung des Eigentums – hier des Grundstücks – durch dessen Situationsgebundenheit mitbestimmt wird. So wird jedes Grundstück gerade durch seine Lage und Beschaffenheit sowie seine Einbettung in die Umwelt geprägt[68].

In der von *Kautzberger* zitierten Entscheidung hebt das Bundesverwaltungsgericht eben diese Situationsgebundenheit hervor und kommt für den konkreten Einzelfall zu dem Ergebnis, dass durch den Erlass einer Landschaftsschutzver-

---

65 Vgl. BVerwG v. 30.9.1996 – 4 NB 31/96 –, NVwZ 1997, 887, 889.
66 Vgl. BVerwG v. 30.9.1996 – 4 NB 31/96 –, NVwZ 1997, 887, 889.
67 Vgl. *Jarass*, in: Jarass/Pieroth, Art. 14 GG Rdn. 40.
68 Vgl. *Jarass*, in: Jarass/Pieroth, Art. 14 GG Rdn. 41.

ordnung ein Bauvorhaben nicht verhindert werden könne. Würde eine Landschaftsschutzverordnung weitergehende Forderungen stellen – sprich ein Bauvorhaben im Innenbereich generell verbieten –, dann wäre die Verordnung als solche nichtig, weil sie eben den Grundsatz der Verhältnismäßigkeit verletzt. Konkret führte das Bundesverwaltungsgericht Folgendes aus:

> „Das Landschaftsschutzrecht kann als das dem Planungsrecht gedanklich nachgeordnete und ihm im Range unterlegene Recht nicht eine Landschaft unter Schutz stellen, ohne dabei gebührend zu berücksichtigen, was das Planungsrecht für diese Landschaft nicht nur zulässt, sondern vorsieht. Wenn § 34 BBauGB Vorhaben innerhalb der im Zusammenhang bebauten Ortsteile für zulässig erklärt, sofern sie der vorhandenen Bebauung nicht widersprechen, liegt darin nicht nur eine planungsrechtliche Regelung der Bebauung, sondern zugleich eine in den Rechtsbereich des Landschaftsschutzes hinüberwirkende Aussage darüber, was innerhalb eines derartigen Ortsteiles ‚Landschaft' ist. Eine Landschaftsschutzverordnung, die das nicht berücksichtigt, verletzt § 34 BBauGB. Sie wäre darüber hinaus auch verfassungsrechtlich bedenklich. Denn der Landschaftsschutz ist zwar Ausdruck der Sozialbindung des Eigentums ..., aber er ist dies doch nur nach Maßgabe der ‚Situationsgebundenheit', d.h. unter der Voraussetzung, daß mit seiner Anordnung wirklich nur ‚Bindungen geltend' gemacht werden, ‚die sich aus der naturgegebenen Lage des Grundstücks in der Landschaft ergeben' [...] Davon kann aber nicht oder zumindest nicht allgemein bei Grundstücken die Rede sein, die nach § 34 BBauGB ‚unbedenklich' bebaut werden dürfen."

Der hierin zum Ausdruck kommende verfassungsrechtliche Argumentationsansatz kann ohne weiteres auf Verordnungen übertragen werden, die förmlich Überschwemmungsgebiete festsetzen. Auch diese können nur dann als verfassungsgemäß angesehen werden, wenn sie den Ausgleich zwischen dem substanziellen Gehalt der Privatnützigkeit des Eigentums auf der einen Seite und dem Gebot des Art. 14 Abs. 2 GG, dass mit dem Eigentum auch Pflichten verbunden sind, in einer sachgerechten Weise vornimmt. Ob der Erlass einer Verordnung, die sich letztlich als absolutes Zulassungshindernis für ein an sich planungsrechtlich zulässiges Vorhaben erweist, diesen Vorgaben genügt, wird im Besonderen von der Situationsgebundenheit des Baugrundstücks geprägt sein. Im Einzelfall kann, so auch das Bundesverwaltungsgericht in einer Entscheidung vom 22. Juli 2004[69], dies ein Bauverbot rechtfertigen:

> „Der Hochwasserschutz ist eine Gemeinwohlaufgabe von hohem Rang. Sie rechtfertigt einschränkende Regelungen im Sinne des Art. 14 Abs. 1 Satz 1 GG. Das grundsätzliche Bauverbot im Überschwemmungsgebiet ist geeignet und erforderlich, den Zweck des § 32 Abs. 1 Satz 2 WHG, § 88 Abs. 1 LWG zu erfüllen, die natürlichen Rückhalteflächen zu erhalten und dadurch

69 Vgl. BVerwG v. 22.7.2004 – DVBl. 2004, 1558, 1559; *Knopp*, in: Sieder/Zeitler/Dahme, § 31 b WHG, Rdn. 61.

den schadlosen Abfluss des Hochwassers sicherzustellen. Das Bauverbot belastet den Eigentümer nicht übermäßig. § 89 Abs. 2 LWG und § 4 Abs. 2 der angegriffenen Rechtsverordnung lassen Ausnahmen von ihm zu. Eine Ausnahme kann freilich nicht genehmigt werden, wenn und soweit durch die Verwirklichung des Vorhabens der Wasserabfluss, die Höhe des Wasserstandes oder die Wasserrückhaltung beeinflusst werden können. Muss das Grundstück aus Gründen des Hochwasserschutzes von der beabsichtigten Nutzung freigehalten und deshalb eine Ausnahme versagt werden, wird damit nur aus Gründen der Gefahrenvorsorge eine Gefahr erhöhende Nutzung unterbunden. Ein Überschwemmungsgebiet kann nur für solche Grundstücke festgesetzt werden, die tatsächlich bei Hochwasser überschwemmt werden. Eine Änderung ihrer Nutzung, insbesondere ihre Bebauung, verringert bisher vorhandene natürliche Rückhalteflächen. Sie erhöht dadurch die Gefahr, dass sich das Hochwasser auf bisher nicht betroffene Bereiche ausweitet. Zugleich setzt sich eine Bebauung des Grundstücks der Gefahr aus, selbst durch Hochwasser beeinträchtigt zu werden. Das Bauverbot knüpft an die natürliche Lage des Grundstücks an einem Gewässer und in dessen natürlichem Überschwemmungsgebiet an. Unabhängig von der rechtlichen Festsetzung eines Überschwemmungsgebiets legt diese Lage Beschränkungen in der Nutzung nicht nur vernünftigerweise nahe, sondern gebietet sie auch."

Hiervon ausgehend zeigt § 31 b Abs. 4 S. 4 WHG einen Weg auf, wie der Ausgleich zwischen den in Art. 14 GG vorgegebenen widerstreitenden Interessen in einer dem Verhältnismäßigkeitsgrundsatz Rechnung tragenden Weise vorgenommen werden kann. Hiernach darf eine Genehmigung für ein Bauvorhaben in einem amtlich festgesetzten Überschwemmungsgebiet nur dann erteilt werden – auch wenn dieses z.B. innerhalb des Geltungsbereichs eines qualifizierten Bebauungsplans realisiert werden soll –, wenn die Hochwasserrückhaltung nicht oder nur unwesentlich beeinträchtigt und der Verlust von verloren gehendem Rückhalteraum zeitgleich ausgeglichen wird, der Wasserstand nicht nachteilig verändert, der bestehende Hochwasserschutz nicht beeinträchtigt und das Vorhaben als solches hochwasserangepasst ausgeführt wird.

Als Ergebnis kann festgehalten werden, dass der Hochwasserschutz als Gemeinwohlaufgabe von hohem Rang einschränkende Regelungen i.S.d. Art. 14 Abs. 1 S. 2 GG rechtfertigen kann. Je nach Situationsgebundenheit des Baugrundstücks kann dies ein Zulassungshindernis für ein Bauvorhaben begründen, auch wenn dieses planungsrechtlich zulässig ist.

II. Art. 59 BayWG

Gem. Art. 59 Abs. 1 BayWG dürfen Anlagen in oder an Gewässern[70] erster oder zweiter Ordnung, die nicht der Benutzung, der Unterhaltung oder dem Ausbau dienen, insbesondere Gebäude, Brücken, Stege und Fähren, Überführungen, Unterführungen, Hafen- und Ländeanlagen, Bade-, Wasch- und Bootshäuser einer wasserrechtlichen Genehmigung. Entsprechendes gilt für Gewässer dritter Ordnung, wenn die Regierungen gem. Art. 59 Abs. 2 BayWG eine entsprechende Genehmigungspflicht durch Rechtsverordnung begründet haben.

Nach Art. 59 Abs. 7 BayWG bedarf es keiner Anlagengenehmigung, wenn das Vorhaben zugleich der Baugenehmigungspflicht unterliegt. Dies hat aber nur zur Konsequenz, dass die nachfolgenden Prüfungskriterien in dem durchzuführenden Baugenehmigungsverfahren zu berücksichtigen sind. Für Sonderbauten i.S.d. Art. 2 Abs. 4 S. 2 BayBO ergibt sich dies bereits unmittelbar aus Art. 72 BayBO i.V.m. Art. 59 Abs. 7 S. 1 BayWG; für Vorhaben, die dem sog. vereinfachten Genehmigungsverfahren unterliegen, gem. Art. 73 Abs. 1 Nr. 5 BayBO.

Die Genehmigung kann versagt, an Bedingungen und Auflagen geknüpft oder widerrufen werden, soweit das Wohl der Allgemeinheit dies erfordert. Als exemplarische Beispiele für das Wohl der Allgemeinheit nennt das Gesetz zunächst die Wasserwirtschaft, wobei es insoweit wiederum zwischen der Unterhaltung, dem Ausbau und der Gewässerökologie differenziert, und zum anderen die öffentliche Sicherheit, den öffentlichen Verkehr und den Schutz des Lebens, die Gesundheit und das Eigentum.

Vor allem die Punkte „Wasserwirtschaft" und „Schutz von Leben, Gesundheit oder Eigentum" werden im jeweiligen Genehmigungsverfahren eine zentrale Bedeutung erlangen, wenn das Baugrundstück dem Risiko ausgesetzt ist, im Falle eines Hochwassers überschwemmt zu werden, das statistisch mindestens alle 100 Jahre einmal eintritt.

1. Die Wasserwirtschaft

Die Wasserwirtschaft hat zum Ziel, menschliche Einwirkungen auf oberirdische Gewässer und das Grundwasser einer sachgerechten Ordnung zu unterwerfen[71]. Dabei sind auch Gesichtspunkte des Hochwasserschutzes, wobei auf ein HQ 100 abzustellen ist, in die Betrachtung einzustellen[72]. Dementsprechend ist beispielsweise eine entlang eines Ufers eines Flusses verlaufende Mauer als nicht genehmigungsfähig anzusehen, wenn diese den Hochwasserabfluss behindert

70 Anlagen an Gewässern sind solche, die weniger als 60 Meter von der Uferlinie entfernt sind, und andere Anlagen, die die Unterhaltung oder den Ausbau beeinträchtigen können oder die in eingedeichten Gebieten errichtet werden.

71 Vgl. *Knopp*, in: Sieder/Zeitler, Art. 59 BayWG Rdn. 116.

72 Vgl. *Knopp*, in: Sieder/Zeitler, Art. 59 BayWG Rdn. 116.

und deshalb im Falle eines Hochwassers zu Gefährdungen Dritter oder von Sachwerten führt[73].

Soweit ersichtlich musste sich die Rechtsprechung bisher aber noch nicht mit der Frage beschäftigen, ob die in § 31 b WHG enthaltenen dezidierten Vorgaben an den Hochwasserschutz inhaltsgleich in den Bedeutungsgehalt des Begriffs „Wasserwirtschaft" des Art. 59 BayWG einfließen. Dies ist deshalb von erheblicher Bedeutung, da z.B. § 31 b Abs. 6 S. 1 Halbs. 2 WHG Eingriffe in den Bestandsschutz[74] von Überschwemmungsgebieten nur zulässt, wenn die den Eingriff tragenden Gründe dem Ziel der Erhaltung eines Überschwemmungsgebiets in seiner Funktion als Rückhaltefläche vorgehen. Wenn der Begriff „Wasserwirtschaft" in diesem Sinne auszulegen wäre, hätte dies zur Konsequenz, dass, selbst wenn dem Hochwasserrisiko unter Sicherheitsaspekten an sich Rechnung getragen werden könnte, eine Genehmigung nur in Betracht käme, wenn zusätzlich für das Vorhaben überwiegende Gründe des Gemeinwohls streiten. *März*[75] vertrat zu § 32 Abs. 2 WHG a.F., der inhaltlich dem jetzigen § 31 b Abs. 6 S. 1 WHG entsprach, die Auffassung, dass die Wertung des § 32 Abs. 2 S. 1 WHG a.F. in die Prüfung des Begriffs „Wasserwirtschaft" Eingang zu finden habe und dementsprechend ein Vorhaben jedenfalls nur dann genehmigt werden könne, wenn auch dessen Voraussetzungen erfüllt seien. Dem ist beizupflichten. Wie gerade dem neu gefassten § 31 a Abs. 1 S. 2 WHG entnommen werden kann, gehört es zu den Grundsätzen des Hochwasserschutzes, gerade Gebiete, die bei Hochwasser überschwemmt werden, auch nach Maßgabe des § 31 b Abs. 6 S. 1 WHG zu schützen. Dementsprechend hat sich eine Auslegung des Begriffs „Wasserwirtschaft" an den unmittelbar geltenden Vorgaben des § 31 b Abs. 6 S. 1 WHG auszurichten. Ein Vorhaben kann damit nur genehmigt werden, wenn überwiegende Gründe des Wohles der Allgemeinheit der Erhaltung des Überschwemmungsgebiets in seiner Funktion als Rückhaltefläche entgegenstehen und rechtzeitig die notwendigen Ausgleichsmaßnahmen getroffen werden. Es bietet sich ebenfalls an, die Vorgaben des § 31 b Abs. 4 S. 3 Nr. 2 und 3 WHG als weitere Orientierungshilfe zur Konkretisierung des Begriffs „Wasserwirtschaft" heranzuziehen. D.h., durch die bauliche Anlage darf der Wasserstand und der Abfluss bei Hochwasser nicht nachteilig verändert werden. Auch sollte der bestehende Hochwasserschutz nicht beeinträchtigt werden.

2. *Schutz von Leben, Gesundheit und Eigentum*

Wie einleitend bereits dargestellt, ist Zielsetzung des Wohles der Allgemeinheit i.S.d. Art. 59 Abs. 4 bzw. Abs. 7 BayWG auch der Schutz des Lebens, der Gesundheit und des Eigentums. Eine Genehmigung ist deshalb, zumindest wenn

---

73 Vgl. *Knopp*, in: Sieder/Zeitler, Art. 59 BayWG Rdn. 116.

74 Vgl. hierzu ausführlich Abschnitt 2 unter B. III. 3.

75 Vgl. *März*, KommPraxis-BY 2001, 244, 247 allerdings zu § 32 Abs. 2 WHG a.F.

die Sicherheit z.B. eines Gebäudes nicht gewährleistet werden kann, zu versagen. Aus Gründen der Verhältnismäßigkeit ist vor einer Ablehnung eines Antrages zunächst zu prüfen, ob nicht durch Auflagen oder Bedingungen das Eigentum vor Zerstörung, Beschädigung oder sonstigen Beeinträchtigung durch Überschwemmungen geschützt werden kann[76]. Soweit *März* deshalb fordert, dass das Vorhaben höher als das umliegende Gelände errichtet werden müsse, so ist dies zwar ein erster Schritt in die richtige Richtung, im Ergebnis aber nicht ausreichend. Es muss im jeweiligen Einzelfall gesichert sein, dass das Vorhaben so ausgeführt wird, dass es im Falle eines hundertjährigen Hochwassers keinen Schaden erleidet. Dementsprechend wird regelmäßig von einer Höhenquote für ein HQ 100 auszugehen sein. Im Ergebnis wird dies häufig zur Konsequenz haben, dass Keller, Tiefgaragen usw. ausscheiden.

Zusammenfassend kann deshalb festgehalten werden, dass eine Genehmigung nach Maßgabe des Art. 59 BayWG dann in Betracht kommt, wenn

1. überwiegende Gründe des Wohles der Allgemeinheit für das Einzelvorhaben sprechen,
2. die Hochwasserrückhaltung nicht oder nur unwesentlich beeinträchtigt und der Verlust von verloren gehendem Rückhaltraum zeitgleich ausgeglichen wird,
3. der Wasserstand und der Abfluss bei Hochwasser nicht nachteilig verändert werden,
4. der bestehende Hochwasserschutz nicht beeinträchtigt wird und
5. das Vorhaben hochwasserangepasst ausgeführt wird.

III. Art. 61 Abs. 2 BayWG

Nach Art. 61 Abs. 2 S. 1 BayWG ist es verboten, in Überschwemmungsgebieten Anlagen und Anpflanzungen, die nicht der Benutzung, der Unterhaltung oder dem Ausbau dienen, zu errichten, durchzuführen oder wesentlich zu ändern. Die Kreisverwaltungsbehörde kann allerdings unter den erforderlichen Bedingungen und Auflagen Ausnahmen genehmigen, wenn und soweit der Wasserabfluss, die Höhe des Wasserstands, die Wasserrückhaltung oder die Gewässerbeschaffenheit nicht nachteilig beeinflusst werden können.

1. Tatbestandliche Genehmigungsvoraussetzungen

Zunächst zu klären, ob Art. 61 Abs. 2 BayWG nur auf durch Rechtsverordnungen festgesetzte Überschwemmungsgebiete anwendbar ist oder ob auch faktische Überschwemmungsgebiete i.S.d. § 31 b Abs. 6 S. 1 WHG dem Anwendungsbereich unterfallen.

---

76 Vgl. *Knopp*, in: Sieder/Zeitler, Art. 59 BayWG Rdn. 122.

Diese Frage wird in Literatur und Rechtsprechung kontrovers diskutiert. *Zeitler*[77] und *Knopp*[78] sind der Auffassung, ohne ihre Auffassung allerdings näher zu begründen, dass die Genehmigungspflicht des Art. 61 Abs. 2 S. 2 BayWG zur Voraussetzung habe, dass ein Überschwemmungsgebiet amtlich festgesetzt wurde bzw. nach Maßgabe des Art. 61 Abs. 1 S. 2 BayWG als solches fortgelte. Solange dieses nicht förmlich festgesetzt worden sei, verbleibe der Behörde nur die Möglichkeit, auf der Grundlage des Art. 59 oder 62 BayWG Anordnungen zu erlassen.

Der Bayerische Verwaltungsgerichtshof hat demgegenüber in einem Beschluss vom 30. April 1997[79] ausgeführt, allerdings ohne seine Auffassung zu begründen, dass Anordnungen nach Art. 61 Abs. 2 BayWG auch zum Schutz der Anlieger in nicht amtlich festgesetzten Überschwemmungsgebieten getroffen werden können.

Die Auffassung des Bayerischen Verwaltungsgerichtshofs vermag jedoch nicht zu überzeugen. *Zeitler* geht zwar von einem unzutreffenden Verständnis zur Vorgängerversion des jetzigen § 31 b Abs. 6 S. 1 WHG aus. So ist er der Auffassung, dass der bisherige § 32 Abs. 2 S. 1 WHG a.F. nicht unmittelbar anwendbar sei, sondern lediglich eine an die Länder gerichtete Gesetzgebungsrichtlinie[80]. Faktische Überschwemmungsgebiete würden deshalb noch keinen rechtlichen Schutz genießen. Aus seiner Sicht konsequent kommt er deshalb zu dem Ergebnis, dass Art. 61 Abs. 2 BayWG voraussetzte, dass ein Überschwemmungsgebiet amtlich festgesetzt sein müsse. Diese Auffassung ist nicht haltbar[81]. So wird von der Rechtsprechung und in Teilen der Literatur zutreffend die Auffassung vertreten, dass sowohl § 32 Abs. 2 S. 1 WHG a.F. als auch § 31 b Abs. 6 S. 1 WHG unmittelbar anwendbar seien. So kann dem Art. 75 Abs. 2 GG entnommen werden, dass der Bundesgesetzgeber im Ausnahmefall unmittelbare geltende Regelungen erlassen kann. Im Ergebnis ist ihm und *Knopp* aber zu folgen. Bereits der Aufbau des Art. 61 BayWG macht deutlich, dass die Anwendung des Art. 61 BayWG zur Voraussetzung hat, dass ein Überschwemmungsgebiet amtlich festgesetzt ist. Zunächst besagt Art. 61 Abs. 1 BayWG, dass Überschwemmungsgebiete von den Kreisverwaltungsbehörden durch Rechtsverordnung festgesetzt werden. Dieser Regelung unmittelbar folgend, gleichsam hierauf aufbauend, normiert Art. 61 Abs. 2 S. 2 BayWG, dass in Überschwemmungsgebieten Ausnahmegenehmigungen erteilt werden können. Insoweit nimmt Art. 61 Abs. 2 S. 2 BayWG auf Abs. 1 Bezug und nimmt diesen in seinen Anwendungsbereich mit auf.

---

77 Vgl. *Zeitler*, in: Sieder/Zeitler, Art. 61 BayWG Rdn. 18.

78 Vgl. *Knopp/Schröder*, S. 127.

79 Vgl. BayVGH v. 30.4.1997 – 27 ZS 97.984 –, BayVBl. 1997, 569.

80 Vgl. *Zeitler*, in Sieder/Zeitler, Art. 61 BayWG Rdn. 1.

81 Hierzu ist auf die Ausführungen unter Abschnitt 2 unter B. III. 2. zu verweisen.

Als Zwischenergebnis kann festgehalten werden, dass die Genehmigungspflicht des Art. 61 Abs. 2 S. 2 BayWG voraussetzt, dass das Vorhaben in einem förmlich festgesetzten Überschwemmungsgebiet verwirklicht werden soll. Die bloße Möglichkeit, dass ein Baugrundstück überschwemmt werden kann, reicht nicht aus.

Hiervon unabhängig kann eine Ausnahme durch die Kreisverwaltungsbehörde nur dann zugelassen werden, wenn und soweit dadurch der Wasserabfluss, die Höhe des Wasserstands, die Wasserrückhaltung oder die Gewässerbeschaffenheit nicht nachteilig beeinflusst wird bzw. dies durch Bedingungen oder Auflagen verhindert werden kann. Ob diese Vorgaben eingehalten werden können, wird maßgeblich durch die Stellungnahme des Wasserwirtschaftsamtes bestimmt werden, zumal die Behörde als amtlicher Sachverständiger tätig wird.

2. *Ermessen*

Auch wenn die genannten tatbestandlichen Voraussetzungen vorliegen, steht – so der an sich eindeutige Wortlaut der gesetzlichen Regelung – die Entscheidung im pflichtgemäßen Ermessen der Behörde.

Eine vergleichbare Regelung enthält allerdings § 35 Abs. 2 BauGB. Hiernach kann im Einzelfall ein Vorhaben zugelassen werden, wenn seine Ausführung oder Benutzung öffentliche Belange nicht beeinträchtigt und die Erschließung gesichert ist. Gleichwohl vertritt das Bundesverwaltungsgericht zu § 35 Abs. 2 BauGB die Auffassung, dass die Behörden keinen Ermessensspielraum haben. Vielmehr sei die Formulierung „können [...] zugelassen werden" so zu verstehen, als hieße es „sind [...] zuzulassen". Als Begründung führt das Gericht an, dass das Gesetz auf die Beantwortung der Frage, ob die Ausführung oder Benutzung des betreffenden Vorhabens öffentliche Belange beeinträchtige, jeweils nur eine richtige Antwort zulasse. Beeinträchtige das Vorhaben keine öffentlichen Belange, so wäre es mit dem verfassungsmäßig gewährleisteten Eigentum unvereinbar, wenn das Vorhaben dennoch nicht zugelassen werde. Gesichtspunkte, die in Wahrheit mit der Wahrung öffentlicher Belange nichts zu tun haben, dürften für die Verwaltung bei ihrer Entscheidung über die Zulassung des Vorhabens keine Rolle spielen und müssten deshalb auch bei einer Ermessensentscheidung außer Betracht bleiben. Wenn aber schon bei der Subsumtion des Sachverhalts unter den unbestimmten Gesetzesbegriff alle rechtlich relevanten Gesichtspunkte geprüft werden, verbleibe kein Raum für die Ausübung von Ermessen[82].

Zeitler ist der Auffassung, dass dies nicht auf Art. 61 Abs. 2 BayWG übertragbar sei. Überschwemmungsgebiete seien im Unterschied zum Außenbereich Gebiete, die einer besonderen natürlichen Situationsgebundenheit unterworfen seien. Die Eigentumsfreiheit im Rahmen des Art. 14 GG könne hier schon we-

[82] Vgl. BVerwG v. 29.4.1964 – I C 30/62 –, NJW 1964, 1973; *Zeitler*, in: Sieder/Zeitler, Art. 61 BayWG Rdn. 28.

gen der natürlichen Gegebenheiten, d.h. wegen der Überschwemmungsgefahr, nicht in dem Maße zum Zuge kommen wie in anderen Fällen. Im Übrigen soll über die Genehmigungspflicht nicht nur sichergestellt werden, dass Dritte infolge weiterer Bebauung nicht in Mitleidenschaft gezogen werden, auch der Vorhabenträger selbst soll vor künftig auftretenden Gefahren geschützt und damit Fehlinvestitionen vorgebeugt werden. Im Unterschied zu § 35 Abs. 2 BauGB wäre deshalb noch Raum für die Ausübung pflichtgemäßen Ermessens.

Auch wenn im Ergebnis *Zeitler* zugestimmt werden kann, so ist seine Argumentation aber nicht in allen Punkten stichhaltig. Nach Art. 61 Abs. 2 S. 2 BayWG kann eine Ausnahme von dem Verbot des Art. 61 Abs. 2 S. 1 BayWG nur dann erteilt werden, wenn und soweit der Wasserabfluss, die Höhe des Wasserabflusses, die Höhe des Wasserstandes, die Wasserrückhaltung oder die Gewässerbeschaffenheit nicht nachteilig beeinflusst wird. Der Schutz von Eigentümern nahe gelegener Grundstücke ist damit bereits Teil der tatbestandlich zu prüfenden Genehmigungsvoraussetzungen. Sofern diese nicht zumindest durch Auflagen oder Bedingungen geschützt werden, scheidet bereits aus zwingenden Rechtsgründen die Erteilung einer Genehmigung aus.

Dies gilt allerdings nicht für den Schutz des Bauherrn. Ob dieser letztlich selbst vor Hochwasser geschützt ist, kann nur im Rahmen der Ausübung pflichtgemäßen Ermessens berücksichtigt werden. Dem steht auch nicht entgegen, dass die Behörde ihr Ermessen gem. Art. 40 BayVwVfG entsprechend dem Zweck der Ermächtigung auszuüben und die gesetzlichen Grenzen des Ermessens einzuhalten hat. Der Schutz des Vorhabenträgers darf deshalb in die Ermessenserwägungen nur dann eingestellt werden, wenn dies zugleich Ziel des Art. 61 Abs. 2 BayWG ist[83]. Dies ist im Ergebnis aber zu bejahen. Auch wenn im Wortlaut der gesetzlichen Regelung diese Zielsetzung nicht anklingt, so ergibt sich dies zumindest aus der mit der Norm verfolgten Intention. Es ist zwar sicherlich das Hauptanliegen des Gesetzgebers, einer weiteren Zuspitzung der Hochwassergefahr durch Bodenversiegelungen, einer nicht standortgerechten Bodennutzung und dem stetigen Verlust natürlicher Überschwemmungsgebiete entgegenzuwirken. Daneben wird aber auch die Absicht verfolgt, Betroffene auf das Hochwassergefährdungspotenzial aufmerksam zu machen und damit sicherzustellen, dass diese keine hochwasserbedingten Schäden erleiden, wenn sie ausnahmsweise im Überschwemmungsgebiet bauen dürfen.

Als Zwischenergebnis kann damit festgehalten werden, dass die Entscheidung über einen Genehmigungsantrag im pflichtgemäßen Ermessen der Behörde steht. Nur Gesichtspunkte, die nicht dem Hochwasserschutz dienen, müssen unberücksichtigt bleiben[84].

---

83 Vgl. *Kopp/Ramsauer*, § 40 VwVfG Rdn. 48.

84 Vgl. *Czychowski/Reinhardt*, § 32 WHG Rdn. 33.

3. *Verhältnis zu § 31 b Abs. 4 S. 3 WHG*

Gem. § 31 b Abs. 4 S. 3 WHG bedürfen in Überschwemmungsgebieten nach § 31 b Abs. 2 S. 3 und 4 WHG die Errichtung und Erweiterung einer baulichen Anlage nach §§ 30, 34 und 35 des Baugesetzbuchs der Genehmigung durch die zuständige Behörde. Diese darf gem. § 31 b Abs. 4 S. 4 WHG nur dann erteilt werden, wenn – kumulativ – ein Vorhaben[85]

1. die Hochwasserrückhaltung nicht oder nur unwesentlich beeinträchtigt und der Verlust von verloren gehendem Rückhalteraum zeitgleich ausgeglichen wird,
2. der Wasserstand und der Abfluss bei Hochwasser nicht nachteilig verändert wird,
3. der bestehende Hochwasserschutz nicht beeinträchtigt wird und
4. dieses hochwasserangepasst ausgeführt wird

oder wenn die nachteiligen Auswirkungen durch Auflagen oder Bedingungen ausgeglichen werden können.

§ 31 b Abs. 4 WHG ist zwar Teil des Wasserhaushaltsgesetzes. Die Zuständigkeit zum Erlass dieser Norm oblag dem Bundesgesetzgeber aber nicht auf der Grundlage der Rahmenkompetenz des Art. 75 Abs. 1 Nr. 4 GG; vielmehr stützt sie sich auf Art. 74 Abs. 1 Nr. 18 GG. Soweit *Blasberg*[86] ausführt, dass sich die Bundesregierung beim Erlass des Gesetzes zur Verbesserung des vorbeugenden Hochwasserschutzes vor allem auf Art. 75 Abs. 1 Nr. 4 GG gestützt habe, so ist dies, zumindest soweit es den § 31 b Abs. 4 WHG betrifft, nicht zutreffend. Die amtliche Begründung zum Entwurf des Gesetzes zur Verbesserung des vorbeugenden Hochwasserschutzes[87] weist explizit darauf hin, dass der Bundesgesetzgeber Art. 74 Abs. 1 Nr. 18 GG als Kompetenzgrundlage ansah. Dies ist auch nicht zu beanstanden, da der Schwerpunkt der Regelung des § 31 b Abs. 4 WHG im Bereich des Städtebaurechts liegt[88].

Dem steht auch nicht entgegen, dass die Vorschrift in das Wasserhaushaltsgesetz und nicht in das Baugesetzbuch eingefügt wurde. Für die Rechtmäßigkeit einer Vorschrift ist allein entscheidend, dass sich der Bund auf eine ihm durch das Grundgesetz (vgl. Art. 30, 70) zugewiesene Befugnis berufen kann. Es steht ihm frei zu entscheiden, in welches Gesetz er die Regelung einfügt[89].

Wie gerade der Formulierung in § 31 b Abs. 4 S. 3 WHG zu entnehmen ist, soll die Genehmigung durch die „zuständige" Behörde erteilt werden. Durch diese

---

85 Vgl. *Knopp*, in: Sieder/Zeitler/Dahme, § 31 b WHG Rdn. 79.

86 Vgl. *Blasberg*, NWVBl. 2005, 205, 207.

87 Abgedruckt in BT-Drucks. 15/3168, S. 14.

88 Vgl. *Stüer*, Handbuch des Bau- und Fachplanungsrechts, Rdn. 3457; insoweit zutreffend *Blasberg*, NWVBl. 2005, 205 ff., 206.

89 Vgl. *Stüer*, NuR 2004, 415, 415.

Formulierung wurde den Ländern die Entscheidung überlassen, ob sie die Prüfung der in § 31 b Abs. 4 S. 4 WHG genannten Voraussetzungen zum Gegenstand eines Baugenehmigungsverfahrens machen möchten oder ob sie diese in ein eigenständiges Wasserrechtsverfahren integrieren wollen[90]. Bislang ist aber weder die Bayerische Bauordnung noch das Bayerische Wassergesetz an die Vorgaben des unmittelbar geltenden § 31 b Abs. 4 S. 4 WHG angepasst. Bis das jeweilige Landesrecht angepasst ist, bietet es sich sicherlich an, die Vorgaben des § 31 b Abs. 4 S. 4 WHG in die Genehmigung nach Art. 61 Abs. 2 BayWG einfließen zu lassen.

Wie gerade dargestellt, steht der Kreisverwaltungsbehörde bei der Entscheidung über die Erteilung einer Genehmigung nach Art. 61 Abs. 2 S. 2 BayWG Ermessen zu. Dementsprechend können die Vorgaben des § 31 b Abs. 4 S. 4 WHG in diese Entscheidung einfließen. Mit anderen Worten, die Behörde darf die Genehmigung nur dann erteilen, wenn die genannten Voraussetzungen erfüllt sind.

IV. § 31 b Abs. 4 S. 3 WHG

Wie gerade dargestellt, überlässt der Bundesgesetzgeber dem Freistaat Bayern die Entscheidung, ob es die aus § 31 b Abs. 4 S. 3 WHG resultierende Genehmigungspflicht in die Bayerische Bauordnung oder in das Bayerische Wassergesetz integriert. Da die Regelung aber der konkurrierenden Gesetzgebungskompetenz des Bundes unterliegt und dieser insoweit eine abschließende Regelung getroffen hat, ist das jeweilige Bundesland gem. Art. 72 Abs. 1 GG gehindert, abweichende Regelungen in seinem jeweiligen Landesrecht vorzusehen.

Gem. § 31 b Abs. 4 S. 3 WHG bedürfen die Errichtung und die Erweiterung einer baulichen Anlage nach den §§ 30, 34 und 35 des Baugesetzbuchs in Überschwemmungsgebieten nach Abs. 2 S. 3 und 4 der Genehmigung durch die zuständige Behörde.

Durch die Bezugnahme auf Abs. 2 S. 3 und 4 wird klargestellt, dass die Genehmigungspflicht nur dann greift, wenn ein Überschwemmungsgebiet entweder amtlich festgesetzt oder dieses zumindest vorläufig gesichert wurde i.S.d. § 31 b Abs. 5 WHG. D.h., wie bei Art. 62 Abs. 2 BayWG löst allein der Umstand, dass ein Vorhaben innerhalb eines Bereichs realisiert werden soll, der überschwemmt werden kann, die Genehmigungspflicht nicht aus.

1. Bauliche Anlage

Der Begriff der baulichen Anlage ist im Wasserhaushaltsgesetz nicht definiert. Allerdings ist ein Rückgriff, wie von *Knopp*[91] angedeutet, auf das jeweilige

---

[90] Vgl. *Jekel*, ZUR 2005, 393, 397; *Knopp*, in: Sieder/Zeitler/Dahme, § 31 b WHG Rdn. 76.
[91] Vgl. *Knopp*, in: Sieder/Zeitler/Dahme, § 31 b WHG Rdn. 77.

Landesrecht nicht möglich. Hieran vermag auch der Umstand nichts zu ändern, dass es sich bei § 31 b Abs. 4 S. 3 und 4 WHG um eine baurechtliche Regelung handelt. Die Bayerische Bauordnung definiert in Art. 2 Abs. 1 zwar, was unter einer baulichen Anlage zu verstehen ist. Vor dem Hintergrund, dass Art. 2 BayBO sich aber nur auf die dem Freistaat Bayern zustehende landesrechtliche Gesetzgebungskompetenz stützt, kann diese Norm mit verbindlicher Wirkung nicht zur inhaltlichen Ausgestaltung des Begriffs der Anlage i.S.d. § 31 b Abs. 4 WHG herangezogen werden.

Der Anlagenbegriff muss deshalb, auch wenn sich dieser im Ergebnis sicherlich häufig mit dem bauordnungsrechtlichen Anlagenbegriff überschneiden wird, für das Wasserhaushaltsgesetz eigenständig definiert werden. Diese Vorgehensweise ist beispielsweise bezüglich des in § 29 BauGB verwendeten Anlagenbegriffs unstrittig. So verlangt das Bundesverwaltungsgericht bezüglich des Bauplanungsrechts zusätzlich, dass die bauliche Anlage von bodenrechtlicher Relevanz sein muss[92]. In Anlehnung an die Forderung des Bundesverwaltungsgerichts zum Anlagenbegriff i.S.d. § 29 BauGB ist deshalb zu fordern, dass eine bauliche Anlage i.S.d. § 31 b Abs. 4 WHG relevante Auswirkungen auf die mit dem Gesetz zur Verbesserung des vorbeugenden Hochwasserschutzes verfolgten Zielvorgaben haben kann.

2. *Errichtung und Erweiterung einer baulichen Anlage*

Während von der Errichtung einer baulichen Anlage gesprochen werden kann, wenn eine neue bauliche Anlage errichtet wird, wobei hierunter auch der sog. Ersatzbau fällt, ist der unbestimmte Rechtsbegriff der Erweiterung einer baulichen Anlage nur dann erfüllt, wenn die äußere Gestalt der baulichen Anlage in einer Weise verändert wird, dass zusätzlicher Retentionsraum verloren geht. Soweit *Knopp*[93] diese Vorgabe bereits als erfüllt ansieht, wenn im Inneren der baulichen Anlage Veränderungen vorgenommen werden, die das Gefährdungspotenzial im Falle eines Hochwassers steigern, überdehnt dies den gesetzlich vorgegebenen Rahmen. *Knopp* verweist zur Untermauerung seiner Auffassung zwar auf die Kommentierung von *Krautzberger*, in: Ernst/Zinkahn/Bielenberg[94]. Dieser ist der Auffassung, dass der Begriff der „Änderung“ sowohl bei der äußerlichen Umgestaltung einer baulichen Anlage als auch bei Veränderungen der inneren baulichen Einrichtung erfüllt sein könne. Allerdings deckt die Erweiterung i.S.d. § 31 b Abs. 4 S. 3 WHG nur einen Teilbereich des Regelungsgehalts einer Änderung einer baulichen Anlage ab und ist damit enger auszulegen.

---

92 Vgl. *Löhr*, in: Battis/Krautzberger/Löhr, § 29 BauGB Rdn. 9.
93 Vgl. *Knopp*, in: Sieder/Zeitler/Dahme, § 31 b WHG Rdn. 78.
94 Vgl. *Krautzberger*, in: Ernst/Zinkahn/Bielenberg, § 29 BauGB Rdn. 38.

3. *Verhältnis des § 31 b Abs. 4 S. 4 WHG zu § 31 b Abs. 6 S. 1 WHG*

Gem. § 31 b Abs. 6 S. 1 Halbs. 2 WHG darf ein Vorhaben in einem faktischen Überschwemmungsgebiet nur dann genehmigt werden, wenn der Erhaltung des Überschwemmungsgebiets in seiner Funktion als Rückhaltefläche überwiegende Gründe des Wohles der Allgemeinheit entgegenstehen und die notwendigen Ausgleichsmaßnahmen rechtzeitig getroffen werden. Die Situation stellt sich – zumindest bei einer ersten Betrachtung – für den Antragsteller günstiger dar, wenn sich das Baugrundstück zugleich innerhalb eines amtlich festgesetzten Überschwemmungsgebiets nach § 31 b Abs. 2 S. 3 WHG befindet. § 31 b Abs. 4 WHG verdrängt in seinem Anwendungsbereich als insoweit speziellere gesetzliche Regelung den § 31 b Abs. 6 S. 1 WHG[95]. D.h., die Errichtung und die Erweiterung einer baulichen Anlage nach §§ 30, 34 und 35 BauGB darf in amtlich festgesetzten Überschwemmungsgebieten bereits unter den in § 31 b Abs. 4 S. 4 WHG genannten Voraussetzungen genehmigt werden.

Überwiegende Gründe des Wohles der Allgemeinheit, die für das Einzelvorhaben ansonsten sprechen müssen, werden aber, im Gegensatz zu § 31 b Abs. 6 S. 1 Halbs. 2 WHG, nicht verlangt.

Innerhalb des Geltungsbereichs eines Bebauungsplans, zumindest wenn dieser neueren Datums ist, wird dies in der Regel zu keinem abweichenden Ergebnis führen. Der bisherige § 32 Abs. 2 S. 1 WHG, der inhaltlich dem jetzigen § 31 b Abs. 6 S. 1 WHG gleicht, sah vor, dass ein Bebauungsplan nur dann erlassen werden kann, wenn die mit dem Bebauungsplan verfolgten Ziele sich auf überwiegende Gründe des Wohles der Allgemeinheit berufen können. Neue Bebauungspläne müssen sich an den Maßgaben des § 31 b Abs. 4 S. 2 WHG messen lassen. Dieser verzichtet zwar auf die Forderung, dass überwiegende Gründe des Gemeinwohls für das Vorhaben streiten müssen. Da aber § 31 b Abs. 4 Nr. 1 WHG u.a. verlangt, dass ein Bebauungsplan nur aufgestellt werden darf, wenn keine andere Möglichkeit der Siedlungsentwicklung besteht bzw. geschaffen werden kann, und dies grundsätzlich einen überwiegenden Grund des Allgemeinwohls begründen kann, wird im Ergebnis ein Vorhaben nur dann genehmigt werden können, wenn entsprechend gewichtige Gründe vorliegen.

§ 31 b Abs. 4 S. 1 und 2 WHG gilt allerdings nicht für den Innen- und Außenbereich. Abweichende Ergebnisse sind deshalb innerhalb dieser Planbereiche denkbar.

D. Beweislast und Hochwasserrisiken

Wenn ein Überschwemmungsgebiet amtlich festgesetzt wurde, hat dies zunächst zur Konsequenz, dass sich die mit dem Vollzug der Verordnung beauftragte Be-

---

95 So auch *Jekel*, ZUR 2005, 393, 397.

hörde hierauf berufen kann. D.h., die Behörde steht nicht vor der Notwendigkeit, jeweils konkret den Nachweis führen zu müssen, dass das zu errichtende Gebäude Hochwasserrisiken ausgesetzt ist. Vielmehr ist es Aufgabe des Antragstellers zu belegen, dass sein Vorhaben mit den Belangen des Hochwasserschutzes in Einklang steht. Innerhalb von sog. faktischen Überschwemmungsgebieten können die Hochwasserrisiken zwar auch zur Konsequenz haben, dass die Erteilung der beantragten Genehmigung ausscheidet. Dann obliegt der Behörde die Verpflichtung, nachweisen zu müssen, dass das Vorhaben nicht mit den Belangen des Hochwasserschutzes vereinbar ist. Die förmliche Festsetzung eines Überschwemmungsgebiets verschiebt damit die Verfahrenslast von der Behörde auf den Bürger. Gerade außerhalb von amtlich festgesetzten Überschwemmungsgebieten werden in der Praxis die Fälle häufig sein, dass zwar bestimmte Gebiete in der Vergangenheit überschwemmt wurden – bzw. im Hinblick auf die Topographie damit gerechnet werden kann –, es aber nicht zweifelsfrei feststeht, mit welcher Wahrscheinlichkeit das Gebiet überflutet wird. Hochwasser, das seltener als alle 100 Jahre ein Gebiet überschwemmt, kann rechtlich in Einzelgenehmigungsverfahren grundsätzlich unberücksichtigt bleiben.

Die Behörde hat die beantragte Genehmigung zu erteilen, wenn sie trotz aller zumutbaren Bemühungen um Sachverhaltsaufklärung[96] nicht belegen kann, dass das zur Genehmigung gestellte Vorhaben einem rechtlich relevanten Hochwasserrisiko ausgesetzt ist. Nach allgemeinen Beweislastgrundsätzen ist, sofern der Gesetzgeber nichts Abweichendes geregelt hat, demjenigen die Unerweislichkeit einer Tatsache anzulasten, der hieraus eine ihm günstige Tatsache herleiten möchte[97]. Dementsprechend hat bei Antragsverfahren der Antragsteller die rechtsbegründenden Tatsachen zu beweisen, die rechtshindernden dagegen die Behörde[98]. Ob Tatsachen in diesem Sinne rechtsbegründend oder rechtshindernd sind, bestimmt sich jedoch nicht allein nach der Fassung des materiellen Rechts. Maßgeblich ist vielmehr der Zweck der Regelung[99].

Die Erteilung der Genehmigung setzt als Anspruchsvoraussetzung zwar häufig voraus, dass hochwasserbedingt keine städtebaulichen Missstände entstehen. De facto wirkt sich die konkrete Regelung aber als Ausnahmevorschrift aus, die gleichsam rechtshindernd einen Anspruch zu Fall bringen kann. In diesem Sinne wirkt sich der Hochwasserbelang als Ausnahmevorschrift zu Lasten des Bürgers aus. Hierfür trägt aber die Behörde die Verfahrenslast[100].

96 Vgl. *Kopp/Ramsauer*, § 24 VwVfG Rdn. 39.
97 Vgl. *Kopp/Ramsauer*, § 24 VwVfG Rdn. 42; *Bosch/Schmidt*, § 3 II.
98 Vgl. *Kopp/Ramsauer*, § 24 VwVfG Rdn. 24.
99 Vgl. *Kopp/Ramsauer*, § 24 VwVfG Rdn. 43.
100 Vgl. hierzu BVerwG, Urteil v. 17.5.1961 – V C 45.60 –, BVerwGE 12, 247, 249 f.

E. Haftungsfreistellungserklärungen

Wenn im Rahmen eines Genehmigungsverfahrens der Belang „Hochwasserrisiko“ dem Prüfungsraster unterliegt und dieser nicht gelöst werden kann, dann wird in der Praxis häufig vom Antragsteller versucht, dieses Hindernis durch Abgabe einer sog. Haftungsfreistellungserklärung auszuräumen.

Die Abgabe dieser Erklärung ist jedoch nicht geeignet, die Genehmigungsfähigkeit herbeizuführen. Durch die Prüfung des Hochwasserbelangs soll nicht nur sichergestellt werden, dass das Leben und die Gesundheit der Gebäudebewohner geschützt wird, auch den bedrohten Rechtsgütern der Besucher soll Rechnung getragen werden. Durch die Abgabe einer Haftungserklärung wird allenfalls erreicht, dass die genehmigende Behörde vor eigenen Schadensersatzforderungen bewahrt wird. Es ist jedoch kein taugliches Mittel, das Problem zu lösen[101].

Im Übrigen bestehen auch ernste Zweifel an der Wirksamkeit einer solchen Haftungsfreistellungserklärung, da der die Erklärung Abgebende nicht befugt ist, z.B. über die Gesundheit Dritter zu disponieren. Deshalb ist eine solche Erklärung im Regelfall sittenwidrig und damit nichtig.

---

101 Vgl. VGH Mannheim v. 2.11.1989 – 3 S 1927/89 –, NuR 1990, 273, 275; *Knopp*, in: Sieder/Zeitler/Dahme, § 32 WHG a.F. Rdn. 38.

Abschnitt 2

Bebauungspläne in überschwemmungsgefährdeten Gebieten

A. Schranken der Bauleitplanung – Vorbemerkung

§ 1 Abs. 1 BauGB bestimmt, dass es Aufgabe der Bauleitplanung ist, die bauliche und sonstige Nutzung der Grundstücke in der Gemeinde nach Maßgabe des Baugesetzbuchs vorzubereiten und zu leiten. Damit bestimmt das Baugesetzbuch die Bauleitplanung zum zentralen städtebaulichen Gestaltungselement. Zur Umsetzung dieser Aufgabe dient gem. § 1 Abs. 2 BauGB der Flächennutzungsplan als vorbereitender Bauleitplan und der Bebauungsplan als verbindlicher Bauleitplan.

Grundsätzlich steht der Gemeinde bei der Entscheidung, ob sie einen Bebauungsplan aufstellen will, sowohl Entschließungs- als auch Gestaltungsermessen[102] zu. D.h., sowohl die Entscheidung über das „Ob" und „Wann" als auch über das „Wie" der Aufstellung des Bebauungsplans steht im planerischen Ermessen der Gemeinde. Entsprechendes gilt gem. § 1 Abs. 8 BauGB für die Änderung, Ergänzung oder Aufhebung eines Bebauungsplans. Die Ausübung dieses Ermessens durch die Gemeinde ist allerdings nicht schrankenlos. Vielmehr sieht das Baugesetzbuch ein umfangreiches Schrankensystem vor, welches bei der Aufstellung von Bebauungsplänen, aber auch bei Flächennutzungsplänen einzuhalten ist[103]. Sofern diese Schranken verletzt werden und dieser Fehler nicht gem. §§ 214, 215 BauGB unbeachtlich ist, hat der Bayerische Verwaltungsgerichtshof als zuständiges Gericht im Rahmen eines gegen einen Bebauungsplan eingeleiteten Normenkontrollverfahrens nach § 47 VwGO diesen für unwirksam zu erklären. Im ersten Teil dieses Abschnitts sollen die Absätze 1, 3 S. 1, 4 und 7 des § 1 BauGB in ihrer grundsätzlichen Bedeutung näher beleuchtet werden. Die hierbei gewonnenen Zwischenergebnisse werden den späteren Ausführungen im Rahmen dieser Arbeit zugrunde gelegt. Das Verständnis des Bedeutungsgehalts und der Wirkungsweise dieser Vorschriften erleichtert den Zugang zu den häufig sehr komplexen Fragen im Zusammenhang mit dem Problemkreis „Bebauungspläne in überschwemmungsgefährdeten Bereichen". In nachfolgenden eigenständigen Abschnitten soll u.a. vertieft auf das Verhältnis des Bebauungsplans zur Raumordnungsplanung und zu den Vorschriften des Wasserhaushaltsgesetzes und des Bayerischen Wassergesetzes eingegangen werden, soweit darin Aussagen zu Überschwemmungsrisiken getroffen werden.

---

102 Vgl. BVerwG v. 17.9.2003 – 4 C 14.01 –, BauR 2004, 443, 444.

103 Vgl. hierzu beispielhaft *Stüer*, NVwZ 2004, 814, 814.

I. Aufgabe der Bauleitplanung

Wie eingangs bereits angesprochen, verfolgt die Bauleitplanung das Ziel, eine geordnete städtebauliche Entwicklung zu gewährleisten[104]. Bauleitplänen, die nicht zumindest auch der Verwirklichung dieser Zielsetzung dienen, etwa wenn sie jeglichen städtebaulichen Bezug vermissen lassen, fehlt eine entsprechende bauplanungsrechtliche Legitimation durch das Baugesetzbuch und sind unwirksam[105]. § 1 Abs. 1 BauGB wirkt insoweit als negative Kompetenznorm[106]. Weitergehende Ausführungen hierzu sind im Rahmen dieser Arbeit nicht veranlasst, da eine Gemeinde, die mittels eines Bebauungsplans ein neues Baugebiet ausweisen möchte – unabhängig davon, ob sie die Überschwemmungsproblematik sachgerecht löst –, mit der von ihr verfolgten Planungskonzeption zumindest im Grundsatz anzuerkennende städtebauliche Ziele verfolgt. Ein Bebauungsplan, der neue Bauflächen ausweist, wird deshalb regelmäßig nicht an § 1 Abs. 1 BauGB scheitern.

II. Städtebauliche Erforderlichkeit

Die Gemeinden haben gem. § 1 Abs. 3 S. 1 BauGB Bauleitpläne aufzustellen, sobald und soweit es für die städtebauliche Entwicklung und Ordnung erforderlich ist. Durch diese Vorschrift wird die in § 1 Abs. 1 BauGB statuierte Planungsbefugnis der Gemeinde und das damit verbundene Planungsermessen rechtlich an den Maßstab der planungsrechtlichen Erforderlichkeit gebunden[107], und zwar in zweierlei Hinsicht.

1. Die Planungspflicht

§ 1 Abs. 3 S. 1 BauGB legt zunächst fest, wann eine Bauleitplanung rechtlich geboten ist. In diesem Fall verdichtet sich das nach § 1 Abs. 1 BauGB eröffnete Planungsermessen bei Vorliegen z.B. gravierender städtebaulicher Missstände zur Planungspflicht. Vergleichbar der aus dem allgemeinen Verwaltungsrecht bekannten Rechtsfigur der Ermessensreduktion auf Null auf der Rechtsfolgenseite eines Verwaltungsaktes verdichtet sich die – zunächst der Gemeinde nur als Recht eingeräumte – Planungsbefugnis zur Aufstellung eines Bauleitplans zu einer Planungspflicht.

Klarstellend ist aber auf Folgendes hinzuweisen: Von der Befugnis zur Planung kann schon Gebrauch gemacht werden, bevor die „Schwelle der Planungspflicht" erreicht ist. So kann die Gemeinde einen Bebauungsplan aufstellen, auch wenn noch kein zwingendes Bedürfnis für die Aufstellung eines Bebau-

---

104 Vgl. *Gierke*, in: Brügelmann, § 1 BauGB Rdn. 104k.
105 Vgl. BVerwG v. 5.7.1974 – IV C 50.72 –, BauR 1974, 311, 313.
106 Vgl. *Gierke*, in: Brügelmann, § 1 BauGB Rdn. 104k.
107 Vgl. *Gierke*, in: Brügelmann, § 1 BauGB Rdn. 148.

ungsplans besteht. Anderenfalls wäre die Bauleitplanung erst dann zulässig, wenn zugleich eine mit den Mitteln der Kommunalaufsicht durchsetzbare Pflicht zur Planung bestünde.

2. *Die Planungsbefugnis*

§ 1 Abs. 3 S. 1 BauGB regelt jedoch nicht nur, wann die Gemeinde bauleitplanerisch tätig werden muss. § 1 Abs. 3 S. 1 BauGB beschränkt auch das Planungsermessen, soweit es die positive Planungsbefugnis betrifft. Die Gemeinde darf nur dann einen Bebauungsplan aufstellen, sobald und soweit dies für die städtebauliche Entwicklung erforderlich ist. Wann dies allerdings der Fall ist, entscheidet die Gemeinde nach ihren eigenen städtebaupolitischen Vorstellungen[108]. D.h., sie legt im Rahmen ihres planerischen Ermessens zunächst fest, welche städtebaulichen Ziele sie verfolgt. Insoweit genügt es, wenn die von der Gemeinde verfolgte städtebauliche Konzeption vernünftigerweise geboten erscheint[109]. Ein Bebauungsplan darf dementsprechend aber auch nur dann beschlossen werden, wenn die planerische Konzeption der Gemeinde die Aufstellung eines Bebauungsplans auch bedingt[110]. Hieran fehlt es nach Auffassung des Bundesverwaltungsgerichts insbesondere in folgenden Fallgestaltungen[111]:

- Bebauungsplänen fehlt die notwendige Erforderlichkeit, wenn ihnen keine positive Planungskonzeption zugrunde liegt bzw. der Bebauungsplan der Förderung von Zielen dient, für deren Verwirklichung die Planungsinstrumente des Baugesetzbuchs nicht bestimmt sind. So ist beispielsweise eine reine Verhinderungsplanung[112] unzulässig.
- Ein Bebauungsplan, dessen Verwirklichung im Zeitpunkt seines In-Kraft-Tretens dauerhafte Hindernisse rechtlicher oder tatsächlicher Art entgegenstehen, ist unwirksam. Dem steht gleich, wenn die Gemeinde aus wirtschaftlichen Gründen nicht in der Lage ist, diesen in absehbarer Zeit umzusetzen[113].

---

108 Vgl. hierzu BVerwG v. 7.6.2001 – 4 CN 1.01 –, BVerwGE 114, 301, 304.

109 Vgl. *Moench*, DVBl. 2005, 676, 677.

110 Vgl. hierzu *Söfker*, in: Ernst/Zinkahn/Bielenberg, § 1 BauGB Rdn. 30 unter Bezugnahme auf die std. Rspr. des BVerwG.

111 Die Rspr. des BVerwG wird von *Moench*, DVBl. 2005, 676, 678 zusammenfassend dargestellt.

112 Von einer Verhinderungsplanung ist zu sprechen, wenn die Planung einzig das Ziel verfolgt, ein bestimmtes Bauvorhaben zu durchkreuzen. Nach *Reidt*, in: Gelzer/Bracher/Reidt, Rdn. 2297 ist zwischen der Verhinderungsplanung und der Negativplanung zu differenzieren. Die Negativplanung verfolgt zwar ebenfalls negative Planungsziele, d.h., es werden beispielsweise bestimmte Nutzungsarten in einem Baugebiet ausgeschlossen; im Unterschied zur Verhinderungsplanung kann dies aber durchaus städtebaulich gerechtfertigt sein.

113 Wie in Abschnitt 2 unter D. noch dargestellt wird, kann das Gebot der Konfliktbewältigung, das u.a. seine Wurzel in § 1 Abs. 7 BauGB hat, gebieten, dass z.B. ein neues Baugebiet nur dann ausgewiesen werden darf, wenn es durch bauliche Maßnahmen vor Hochwasser geschützt wird. Hierfür bedarf es gegebenenfalls der Errichtung von Deichen und Polderbecken, die oft nur mit einem Millionenaufwand gebaut werden können. Ein

In diesem Verständnis setzt § 1 Abs. 3 BauGB der Bauleitplanung dem Grunde nach, d.h. in grundsätzlicher Hinsicht, eine strikt bindende Schranke. Sie betrifft die generelle Erforderlichkeit der Planung, nicht hingegen die Einzelheiten einer konkreten planerischen Lösung. Dafür ist das Abwägungsgebot maßgeblich[114].

Zusammenfassend lässt sich damit festhalten, dass § 1 Abs. 3 BauGB das Planungsermessen im Sinne der dargestellten Planungspflicht mit dem Verbot, nicht erforderliche Planungen zu unterlassen[115], kombiniert.

Der Regelungsgehalt des § 1 Abs. 3 BauGB ist damit ein doppelter: So verbindet die Vorschrift

1. das Verbot nicht erforderlicher Planungen (Planungsbefugnis)[116] mit
2. dem Gebot erforderlicher Planungen (Planungspflicht).

Ergänzend ist noch darauf hinzuweisen, dass § 1 Abs. 3 S. 1 BauGB in dem gerade dargestellten Sinn nicht nur für die erstmalige Planung im Innen- oder Außenbereich gilt, sondern auch für die inhaltliche Änderung, Ergänzung oder Aufhebung eines bestehenden Bauleitplans[117]. Dies hat z.B. zur Konsequenz, dass sich eine Gemeinde nicht allein darauf beschränken kann, einen Bebauungsplan aufzuheben. Vielmehr hat sie zugleich darüber zu befinden, welches städtebauliche Konzept sie verwirklicht sehen möchte, wenn sie das dem bisherigen Bebauungsplan zugrunde liegende Konzept aufgibt[118]. Sie hat deshalb auch darüber zu befinden, ob die Regelungen der §§ 34 bzw. 35 BauGB, die zur Anwendung kommen, wenn ein Bebauungsplan aufgehoben wird, den aktuellen Erfordernissen der städtebaulichen Entwicklung und Ordnung genügt und ob dies ihrer planerischen Vorstellung entspricht[119].

Bebauungsplan setzt in diesem Fall nicht nur voraus, dass im Zeitpunkt des abschließenden Satzungsbeschlusses die parallele Planung für den Bau der Hochwasserschutzanlagen bereits so weit fortgeschritten ist, dass an ihrer Verwirklichung und damit an der Lösung sinnvoll nicht mehr gezweifelt werden kann. Weiter muss gefordert werden, dass die Gemeinde im Zeitpunkt der abschließenden Beschlussfassung über den Bebauungsplan davon ausgehen darf, dass ihr die erforderlichen Mittel zur Verfügung stehen, den Bau der Hochwasserschutzanlagen zu finanzieren (vgl. hierzu auch Nds. OVG v. 20.2.2002 – 1 K 3499/00 –, NuR 2003, 241–242 und ausführlich in Abschnitt 2 unter D. III. 3. a) aa).

114 Vgl. BVerwG v. 21.3.2002 – 4 CN 14.00 –, BayGTZeitung 2002, 414.

115 Vgl. *Gierke*, in: Brügelmann, § 1 BauGB Rdn. 168.

116 Vgl. *Gierke*, in: Brügelmann, § 1 BauGB Rdn. 149.

117 Vgl. BVerwG v. 17.9.2003 – 4 B 14/03 –, BauR 2004, 443, 444.

118 Zu den Vorgaben an die Aufhebung eines Bebauungsplans vgl. BADK-Informationen 2/2004, S. 52.

119 Vgl. NRW OVG v. 4.11.2002 – 7a D 141/00.NE –, BADK-Information 2004, 50, 52: Das Gericht hat in seinem Beschluss dargelegt, dass auch Satzungen über die Aufhebung eines Bebauungsplans mit einem Normenkontrollantrag angegriffen werden können. So bestehe grundsätzlich ein Anspruch auf Erhaltung der festgesetzten Art der baulichen Nutzung in einem Bebauungsplan. Sofern diese Festsetzung aufgehoben werde, können die hierdurch bisher Begünstigten sich nicht mehr gegen Vorhaben zur Wehr setzten, die mit der bisherigen festgesetzten Art der baulichen Nutzung nicht vereinbar waren.

III. Die Anpassung an Ziele der Raumordnung

Gem. § 1 Abs. 4 BauGB haben die Gemeinden ihre Bauleitpläne an die Ziele der Raumordnung anzupassen.

Der Vollzug dieser Vorschrift wirft eine Reihe von diffizilen Rechtsfragen auf, die auch für den Problemkreis „Hochwasser" von Interesse sind. Innerhalb dieses Teilabschnitts soll zunächst – auf das zwingend Erforderliche beschränkt – dargestellt werden, welche grundsätzlichen Rechtsfragen § 1 Abs. 4 BauGB aufwirft. Hierauf aufbauend wird in Abschnitt 2 unter C. „Bebauungspläne und Ziele und Grundsätze der Raumordnung" konkret herausgearbeitet, welche Antworten die überörtliche Raumplanung zur Lösung des Hochwasserschutzes bietet und wie sich dies konkret auf einen Bebauungsplan auswirken kann. Fragen, die sich im Verhältnis Raumordnungsplanung zum Flächennutzungsplan stellen, werden gesondert in Abschnitt 3 „Hochwassergefährdete Bauflächen in Flächennutzungsplänen" behandelt.

1. Die Ziele der Raumordnung

Wie der Legaldefinition in § 3 Nr. 2 ROG entnommen werden kann, sind Ziele der Raumordnung verbindliche Vorgaben in Form von räumlich und sachlich bestimmten oder bestimmbaren, von Trägern der Landes- oder Regionalplanung abschließend abgewogenen textlichen oder zeichnerischen Festlegungen in Raumordnungsplänen zur Entwicklung, Ordnung oder Sicherung des Raums. Hieraus kann entnommen werden, dass es für Ziele der Raumordnung kennzeichnend ist, dass sie auf einer abschließenden Abwägung des Trägers der Raumordnungsplanung für das Landesgebiet oder die Region beruhen. Gerade dieses Merkmal der abschließenden Abwägung stellt ein wesentliches Kriterium zur Abgrenzung von Grundsätzen dar[120]. Erforderlich, aber auch ausreichend ist, dass die Regelung in dem Sinne strikt ist, dass die Adressaten der Ziele der Raumordnung zwar je nach Aussageschärfe diese konkretisieren und ausgestalten können, sich aber über diese „Rahmenvorgaben" auch nicht im Wege der Abwägung hinwegsetzen können[121].

Demgegenüber sind gem. § 3 Nr. 3 ROG Grundsätze der Raumordnung allgemeine Aussagen zur Entwicklung, Ordnung und Sicherung des Raums in oder aufgrund von § 2 ROG als Vorgaben für nachfolgende Abwägungs- oder Ermessensentscheidungen. Im Unterschied zu Zielen stellen Grundsätze damit keine landesplanerischen Letztentscheidungen dar[122].

---

120 Vgl. *Hendler*, in: Koch/Hendler, § 3 Rdn. 22; BVerwG v. 20.11.2003 – 4 CN 6.03 –, BVerwGE 119, 217, 223.

121 Vgl. *Kuschnerus*, Der sachgerechte Bebauungsplan, Rdn. 135; BVerwG v. 20.11.2003 – 4 CN 6.03 –, BVerwGE 119, 217, 223.

122 Vgl. *Hoppe*, in Hoppe/Bönker/Grotefels, § 6 Rdn. 19.

In Bayern werden gem. Art. 3 Abs. 1 S. 2 BayLplG Ziele der Raumordnung in Raumordnungsplänen festgelegt. Hierzu zählen gem. Art. 1 Abs. 2 Nr. 1 BayLplG Landesentwicklungsprogramme und Regionalpläne. Landesentwicklungsprogramme werden von der Staatsregierung mit Zustimmung des Bayerischen Landtags als Rechtsverordnung beschlossen. Die Regionalpläne der 18 Regionen in Bayern werden von regionalen Planungsverbänden, die sich aus den dort ansässigen Städten, Gemeinden und Landkreisen zusammensetzen, erarbeitet[123].

2. *Das Gebot der Anpassung*

§ 1 Abs. 4 BauGB bestimmt, dass Bauleitpläne an die Ziele der Raumordnung anzupassen sind. Einen sachgerechten Zugang zu dieser Vorschrift findet man nur, wenn zwischen folgenden Fragestellungen differenziert wird:

1. Wann wurde das dem Bebauungsplan widersprechende Ziel der Raumordnung festgelegt? Vor Erlass des jeweiligen Bauleitplans oder diesem nachfolgend?
2. Geht der Impuls zur Aufstellung, Änderung oder Ergänzung eines Bebauungsplans von der Gemeinde aus, oder soll geprüft werden, ob die Gemeinde – gegebenenfalls aufsichtlich – angehalten werden kann, bauleitplanerisch tätig zu werden?

Wie bereits die Fragestellung 1 andeutet, rechtfertigt nicht allein der Umstand, dass ein Bebauungsplan, der Zielen der Raumordnung widerspricht, die Schlussfolgerung, dass dieser unwirksam ist. Vielmehr muss in jedem Einzelfall geprüft werden, welcher der sich inhaltlich widersprechenden Pläne zeitlich vor dem anderen wirksam wurde.

So werden wirksame Bebauungspläne durch nachträglich aufgestellte oder geänderte Ziele der Raumordnung weder automatisch („ipso iure") unwirksam noch geändert[124]. In diesen Fällen stellt sich dann aber die Frage, ob die Gemeinde tätig werden muss, um ihren Bebauungsplan an die Ziele der Raumordnung anzupassen. Die Beantwortung dieser Frage erfolgt unter der Fragestellung 2.

Als Zwischenergebnis kann festgehalten werden, dass die Pflicht zur Anpassung an Ziele der Raumordnung sich – sehr verkürzt – in eine generelle Unterlassungspflicht und in eine Handlungspflicht untergliedern lässt[125].

---

123 Vgl. *Dirnberger*, S. 52.

124 Vgl. *Gierke*, in: Brügelmann, § 1 BauGB Rdn. 426; *Runkel*, in: Ernst/Zinkahn/Bielenberg, § 1 BauGB Rdn. 69.

125 Vgl. hierzu *Runkel*, in: Ernst/Zinkahn/Bielenberg, § 1 BauGB Rdn. 63: *Runkel* spricht zwar noch in diesem Zusammenhang von einer allgemeinen Rücksichtnahmepflicht. Diese solle insbesondere dann greifen, wenn eine raumbedeutsame Planung oder Maßnahme sich nicht unmittelbar auf ein räumlich und sachlich bestimmtes Ziel bezieht, wohl aber daran angrenze und seinerseits negative Auswirkungen auf das Ziel haben könne. Da diese Fragestellung für die in dieser Arbeit angesprochene Problematik allenfalls untergeordnete Bedeutung hat, kann auf eine weitergehende Darstellung verzichtet werden.

a) Die Unterlassungspflicht

Ein Bebauungsplan, der nach der Aufstellung eines Ziels beschlossen wird und diesem inhaltlich widerspricht, ist unwirksam. Die Einhaltung dieser Vorschrift wird beim Flächennutzungsplan über § 6 Abs. 2 S. 1 BauGB sichergestellt. Bei Bebauungsplänen, die nach Maßgabe des § 10 Abs. 2 S. 1 BauGB der Genehmigungspflicht unterliegen, wird dies ebenfalls über § 6 Abs. 2 BauGB sichergestellt, da § 10 Abs. 2 S. 2 BauGB auch auf diesen verweist. Bebauungspläne, die aus dem Flächennutzungsplan entwickelt werden, unterliegen zwar nicht der Genehmigungspflicht, die Gemeinde hat aber selbstverständlich eigenverantwortlich zu prüfen, ob ihre Planung mit den Zielen der Raumordnung vereinbar ist.

Ebenso wie § 1 Abs. 3 S. 1 BauGB setzt § 1 Abs. 4 BauGB der gemeindlichen Bauleitplanung eine zwingende rechtliche Schranke, die ebenfalls dem Gebot pflichtgemäßer Abwägung i.S.d. § 1 Abs. 7 BauGB vorgelagert ist[126]. Bereits an dieser Stelle soll aber klarstellend darauf hingewiesen werden, dass dies gerade nicht bedeutet, dass der Gemeinde jeglicher Entscheidungsspielraum genommen ist. So ist der Gemeinde gerade nicht vorgegeben, Ziele identisch in die Bauleitpläne zu übernehmen[127]. Eine andere Auslegung wäre auch nicht mit der Grundstruktur des „mehrstufigen und auf Kooperation angelegten Systems der räumlichen Gesamtplanung" zu vereinbaren[128]. So sind Bauleitpläne zwar Teil eines hierarchisch gegliederten Systems aufeinander folgender Planungsstufen, wobei die höhere Stufe planbindend auf den nachgeordneten Plan einwirkt. Für Bayern bedeutet dies, dass eine hierarchische Struktur zwischen Landesentwicklungsprogramm, Regionalplan und letztlich dem Flächennutzungsplan bzw. dem Bebauungsplan der Gemeinde besteht. Da aber die übergeordnete Planung bereits im Hinblick auf die Maßstäblichkeit im Regelfall grobmaschiger sein muss[129], verbleibt – in Abhängigkeit von der Aussageschärfe der übergeordneten Planung[130] – der nachgeordneten Planungsstufe Raum, diesen Spielraum auszufüllen.

Außerhalb dieses Rahmens hat die Bindungskraft des § 1 Abs. 4 BauGB zur Konsequenz, dass die Gemeinde die entgegenstehenden Ziele strikt zu beachten hat, wenn sie sich dazu entschließt, einen Bauleitplan aufzustellen, zu ändern oder aufzuheben. Beachtet die Gemeinde die bindenden Vorgaben nicht und

---

126 Vgl. *Gierke*, in: Brügelmann, § 1 BauGB Rdn. 418

127 Hinweis: Insoweit unterscheidet sich die das Anpassungsgebot auch beispielsweise von der Pflicht der Gemeinde, Planungen und sonstige Nutzungsregelungen, die nach anderen gesetzlichen Vorschriften festgesetzt wurden, gem. § 5 Abs. 4 S. 1 BauGB bzw. § 9 Abs. 6 BauGB in den jeweiligen Bauleitplan nachrichtlich zu übernehmen. Ohne eigenständigen planerischen Willensakt werden diese in den Bauleitplan übernommen. Hierzu ist auf den Abschnitt 2 E. II. zu verweisen. Dort werden, soweit es das Thema dieser Arbeit betrifft, die relevanten Detailfragen gerade auch zur nachrichtlichen Übernahme dargestellt.

128 Vgl. BVerwG v. 17.9.2003 – 4 C 14.01 –, BauR 2003, 443, 449.

129 Vgl. *Runkel*, in: Ernst/Zinkahn/Bielenberg, § 1 BauGB Rdn. 68.

130 Vgl. *Gierke*, in: Brügelmann, § 1 BauGB Rdn. 420.

wird damit § 1 Abs. 4 BauGB verletzt, dann ist der Bauleitplan wegen Verstoßes gegen zwingendes Recht unwirksam[131].

b) Erstplanungs- bzw. Planänderungspflichten

Unter Fragestellung 2 werden im Wesentlichen drei Rechtsfragen aufgeworfen:

1. Kann eine Gemeinde, die noch keinen Bebauungsplan für das von einem Ziel der Raumordnung erfasste Plangebiet beschlossen hat, auf der Grundlage des Anpassungsgebots des § 1 Abs. 4 BauGB verpflichtet sein, erstmalig einen Bebauungsplan aufzustellen (sog. Erstplanungspflicht)?
2. Ist eine Gemeinde verpflichtet, einen bestehenden und auch rechtswirksamen Bebauungsplan aufzuheben, zu ändern bzw. zu ergänzen, um einen zwischenzeitlich aufgetretenen Widerspruch zu einem Ziel der Raumordnung aufzulösen?
3. Eine Gemeinde wird zwar aus eigenem Entschluss bauleitplanerisch tätig. Hier kann sich dann aber die Frage stellen, inwieweit die Gemeinde verpflichtet sein kann, konkrete Festsetzungen in ihren Bebauungsplan aufzunehmen, um Zielen der Raumordnung Geltung zu vermitteln.

aa) Die Erstplanungspflicht

Bisher war umstritten, ob sich aus § 1 Abs. 4 BauGB die Pflicht für eine Gemeinde herleiten lässt, einen Bebauungsplan erstmalig für ein Gebiet aufzustellen. Diejenigen[132], die eine Erstplanungspflicht ablehnten, stützten ihre Auffassung im Wesentlichen auf folgende Argumente:

Zunächst sei eine Erstplanungspflicht mit dem Wortlaut des § 1 Abs. 4 BauGB unvereinbar. Nicht die „Bauleitplanung", sondern die „Bauleitpläne“ seien anzupassen. Dementsprechend könne eine Planungspflicht nur dann zum Tragen kommen, wenn Pläne bereits vorliegen. Des Weiteren lasse sich eine Erstplanungspflicht auch nicht aus dem Grundsatz der Plankonkordanz ableiten, da auch dieser nicht durchgängig eine ständige Übereinstimmung von Planungen innerhalb der Planhierarchie verlange. So seien beispielsweise Bebauungspläne zwar gem. § 8 Abs. 2 BauGB aus dem Flächennutzungsplan zu entwickeln, dieses Gebot erfasse aber nur die einem Flächennutzungsplan nachfolgenden Pläne bzw. Planänderungen und -ergänzungen. Bestehende Bebauungspläne müssten dagegen an einen später aufgestellten bzw. geänderten Flächennutzungsplan nicht angepasst werden[133]

---

[131] Denkbar ist allerdings, dass der Verstoß gegen das Zielanpassungsgebot des § 1 Abs. 4 BauGB in einem ergänzenden Verfahren nach § 214 Abs. 4 BauGB geheilt werden kann. So sind gem. § 11 ROG i.V.m. Art. 29 BayLplG Abweichungen von Zielen denkbar, sofern die Abweichung unter raumordnerischen Gesichtspunkten vertretbar ist und die Grundzüge der Planung nicht berührt werden; vgl. hierzu beispielsweise BVerwG v. 18.9.2003 – 4 CN 20.02 –, BauR 2004, 280, 283.

[132] Vgl. hierzu beispielhaft *Gierke*, in: Brügelmann, § 1 BauGB Rdn. 435.

[133] Vgl. *Gierke*, in: Brügelmann, § 1 BauGB Rdn. 429.

Unabhängig davon, ob die ablehnende Auffassung überzeugt, ist festzuhalten, dass sich zumindest für die Praxis dieser Rechtsstreit wohl durch ein Urteil des Bundesverwaltungsgerichts vom 17. September 2003[134] erledigt hat. Das Bundesverwaltungsgericht bejahte eine Erstplanungspflicht und bestätigte insoweit die vorangegangene Entscheidung des Oberverwaltungsgerichts Rheinland-Pfalz vom 20. Januar 1998[135]. Es spricht vieles dafür, zumal das Gericht seine Rechtsauffassung überzeugend begründete, dass sich die mit dem Vollzug des Baurechts befassten Behörden und Gerichte dieser Argumentation zukünftig anschließen werden. Zur Begründung führte das Bundesverwaltungsgericht im Wesentlichen Folgendes an:

> „Dem Berufungsgericht ist ferner darin zuzustimmen, dass die Anordnung des Beklagten [...] auch in § 1 Abs. 4 BauGB eine Rechtsgrundlage findet.
>
> Diese Planungspflicht folgt aus der Grundstruktur des mehrstufigen und auf Kooperation angelegten Systems der räumlichen Gesamtplanung. Die vielfältigen Raumnutzungsansprüche bedürfen der Abstimmung auf verschiedenen Planungsebenen [...] In diesem mehrstufigen System ist die gemeindliche Bauleitplanung der Landes- und Regionalplanung nachgeordnet; sie stellt die unterste Ebene in der Planungshierarchie dar. [...] Die Ziele der Raumordnung bedürfen regelmäßig der planerischen Umsetzung [und Konkretisierung] durch nachgeordnete Planungsträger, um ihren Ordnungs- und Entwicklungsauftrag auch gegenüber dem einzelnen Raumnutzer erfüllen zu können. [...] Das arbeitsteilige System der räumlichen Gesamtplanung funktioniert daher nur, wenn die Entwicklung des gemeindlichen Planungsraums mit der des größeren Raums in Einklang gebracht wird. [...] Vor diesem Hintergrund liegt der Regelungszweck des § 1 Abs. 4 BauGB in der ‚Gewährleistung umfassender materieller Konkordanz' zwischen der übergeordneten Landesplanung und der gemeindlichen Bauleitplanung."

Von der Argumentation des Bundesverwaltungsgerichts ausgehend, soll im Folgenden zugrunde gelegt werden, dass den Gemeinden grundsätzlich eine Erstplanungspflicht obliegen kann, sofern dies zur Anpassung an die Ziele der Raumordnung erforderlich ist.

Dies darf aber nicht dahingehend verstanden werden, dass die Gemeinden alles zu unternehmen haben, um die Vorgaben der Ziele der Raumordnung in ihre Bauleitpläne zu integrieren. Auch wenn grundsätzlich von einer Erstplanungspflicht auszugehen ist, bedarf es gleichwohl im konkreten Einzelfall der Prüfung, ob die Umsetzung auch „erforderlich" ist[136]. Es müssen deshalb folgende Teilaspekte einer näheren Untersuchung unterzogen werden:

---

134 Vgl. BVerwG v. 17.9.2003 – 4 C 14.01 –, BauR 2004, 443 ff. (aufgenommen in Juris).

135 Vgl. Rheinl.-Pf. OVG v. 20.1.1998 – 1 B 10056/98.

136 Vgl. *Gierke*, in: Brügelmann, § 1 BauGB Rdn. 428; *Runkel*, in: Ernst/Zinkahn/Bielenberg, § 1 BauGB Rdn. 65 b.

1. Ist die Anpassung des Bebauungsplans in materieller Hinsicht erforderlich, um die mit den Zielen der Raumordnung verfolgte Intention zu erreichen? Hieran kann es beispielsweise fehlen, wenn den Zielen der Raumordnung, und zwar auch ohne Umsetzung über einen Bebauungsplan, aufgrund fachgesetzlicher Raumordnungsklauseln gegenüber öffentlichen und privaten Vorhaben eine Bindungswirkung zukommt[137].
2. Ist die Anpassung in zeitlicher Hinsicht sofort erforderlich oder verbleibt der Gemeinde noch die Möglichkeit, die Anpassung zurückzustellen?

Unabhängig davon, ob die Erforderlichkeit in dem hier dargestellten Sinn zu bejahen ist, darf nicht übersehen werden, dass die Gemeinde bei der Umsetzung von Zielen der Raumordnung nur die Gestaltungsmöglichkeiten besitzt, die ihr das Baugesetzbuch einräumt. Dementsprechend ist sie beispielsweise bei der Aufstellung eines Bebauungsplans darauf verwiesen, die Ziele der Raumordnung in Festsetzungen i.S.d. § 9 BauGB zu „übersetzen“[138].

bb) Die Pflicht zur Änderung, Ergänzung oder Aufhebung von Bebauungsplänen

Mit der Bejahung einer Erstplanungspflicht ist aber zugleich auch die Frage beantwortet, ob Gemeinden aktiv tätig werden müssen, wenn wegen nachträglich aufgestellter bzw. geänderter Ziele der Raumordnung ein Widerspruch zu bestehenden Bauleitplänen erstmalig auftritt. Zwar ist diese Frage bislang strittig gewesen. Bezüglich des Streitstands kann auf die Darstellung bei *Gierke*[139] verwiesen werden. Wenn jedoch sogar von einer Erstplanungspflicht der Gemeinde auszugehen ist, muss eine Pflicht zum Tätigwerden erst recht für die Anpassung bestehender Bauleitpläne an Ziele der Raumordnung gelten[140].

cc) Inhaltliche Vorgaben an die Bauleitplanung

In der dritten Sachverhaltskonstellation will die Gemeinde bereits aus eigenem Entschluss einen Bebauungsplan aufstellen. Es stellt sich deshalb nicht die Frage, ob die Gemeinde angehalten werden kann, ein Bauleitplanverfahren einzuleiten.

In dieser Konstellation hat die Gemeinde in dem Verfahren zur Aufstellung eines Bebauungsplans zunächst eigenverantwortlich zu klären, ob der von ihr erarbeitete Plan an die Ziele der Raumordnung angepasst ist. Sofern ihr hierbei Fehler unterlaufen, weil sie z.B. Wohnbauflächen im Bebauungsplan festsetzt, obwohl der Regionalplan eine Vorrangfläche für den Hochwasserschutz vor-

---

137 Vgl. *Runkel*, in: Ernst/Zinkahn/Bielenberg, § 1 BauGB Rdn. 65 b.

138 Vgl. *Runkel*, in: Ernst/Zinkahn/Bielenberg, § 1 BauGB Rdn. 65; *Gierke*, in: Brügelmann, § 1 BauGB Rdn. 424.

139 Vgl. *Gierke*, in: Brügelmann, § 1 BauGB Rdn. 428 ff.

140 Vgl. BVerwG v. 17.9.2003 – 4 C 14.01 –, BauR 2004, 443, 449.

sieht, wäre der Bebauungsplan unwirksam. Eine Betrachtung, die sich darauf beschränkt zu prüfen, ob die vorgesehenen Festsetzungen des Bebauungsplans im Widerspruch zu den Zielvorgaben der Regionalplanung stehen, würde die Problematik jedoch nur unzureichend erfassen. Hiervon unabhängig muss nämlich auch geprüft werden, ob die Vorgaben der Regionalplanung es erfordern, bestimmte Festsetzungen in den Bebauungsplan aufzunehmen, um der Anpassungspflicht aus § 1 Abs. 4 BauGB zu entsprechen.

Als Ergebnis kann damit insgesamt festgehalten werden:

Wenn die Gemeinde Festsetzungen in einen Bebauungsplan aufnehmen möchte, die den Zielen der Raumordnung widersprechen, so ist ihr dies verwehrt. Zumindest die entsprechenden Festsetzungen wären unwirksam. Damit ist aber erst dem „verbietenden“ Teilaspekt des Anpassungsgebots des § 1 Abs. 4 BauGB entsprochen. Soweit die Ziele der Raumordnung es erfordern, hat die Gemeinde in ihren Bebauungsplan auch diejenigen Festsetzungen aufzunehmen, die erforderlich sind, damit den Zielen der Raumordnung Rechnung getragen wird. Die Lösung ist deshalb über eine kumulative Anwendung der aus dem Anpassungsgebot des § 1 Abs. 4 BauGB abzuleitenden Unterlassungspflicht und der ebenfalls aus § 1 Abs. 4 BauGB abzuleitenden Planungspflicht zu suchen.

IV. Die hochwassergerechte Abwägung

Die Abwägung ist im Regelfall das Kernstück des Verfahrens zur Aufstellung eines Bebauungsplans[141]. Die Gemeinde hat dabei – so § 1 Abs. 7 BauGB – die öffentlichen und privaten Belange gegeneinander und untereinander gerecht abzuwägen. Beispiele für Belange in diesem Sinne listet § 1 Abs. 6 BauGB auf, wobei darauf hinzuweisen ist, dass diese Aufzählung nicht abschließend ist.

Auf die Abwägung ist einzugehen, wenn die beabsichtigte Planung sich im Übrigen im Rahmen der generellen Zweckbindung nach § 1 Abs. 1 BauGB bewegt und auch nicht gegen die Vorgaben des § 1 Abs. 3 S. 1 und 4 BauGB verstoßen wird[142, 143]. Sowohl § 1 Abs. 1 als auch § 1 Abs. 3 und 4 BauGB sind der Abwägung nach § 1 Abs. 7 BauGB vorgelagert. § 1 Abs. 3 S. 1 BauGB regelt allerdings nur die (vorgelagerte) generelle Erforderlichkeit der Planung. Die konkreten Einzelheiten einer planerischen Gesamtkonzeption werden im Wege eines Abwägungsprozesses festgezurrt[144]. § 1 Abs. 3 gibt danach einen bestimmten Rahmen vor, der im Regelfall, sofern nicht – wiederum vergleichbar der Ermessensreduktion auf Null – nur eine konkrete Planung möglich ist, im Wege der

141 Vgl. *Reidt*, in: Gelzer/Bracher/Reidt, Rdn. 547.

142 Vgl. *Gierke*, in: Brügelmann, § 1 BauGB Rdn. 172.

143 Hinweis: Selbstverständlich dürfen der Bauleitplanung auch keine sonstigen zwingenden Rechtsgründe entgegenstehen.

144 Vgl. *Reidt*, in: Gelzer/Bracher/Reidt, Rdn. 30; *Gierke*, in: Brügelmann, § 1 BauGB Rdn. 172.

Abwägung ausgefüllt werden muss. Die Anforderungen aus § 1 Abs. 3 S. 1 BauGB sind nicht Gegenstand der Abwägung und können darum auch nicht im Wege der Abwägung relativiert oder überwunden werden[145].

Die gemeindliche Abwägung ist rechtswidrig, wenn im Zeitpunkt der abschließenden Beschlussfassung (vgl. hierzu § 214 Abs. 3 S. 1 BauGB) über den Bebauungsplan die Gemeinde die betroffenen öffentlichen und privaten Belange nicht ordnungsgemäß abgewogen hat. Unter welchen Voraussetzungen eine gemeindliche Abwägung in diesem Sinne als nicht ordnungsgemäß angesehen werden muss, wurde vom Bundesverwaltungsgericht bereits vor Jahrzehnten grundsätzlich herausgearbeitet. Insoweit kann auf die beiden grundlegenden Entscheidungen aus den Jahren 1969[146] und 1974[147] verwiesen werden.

Hiernach sind insbesondere folgende Fehlerkategorien in der gemeindlichen Abwägung denkbar:

1. Es fehlt vollständig an einer Abwägung (sog. Abwägungsausfall).
2. Die Gemeinde hat wesentliche Belange außer Acht gelassen und dementsprechend bei der Abwägung nicht berücksichtigt (sog. Abwägungsdefizit). Die Kehrseite des Abwägungsdefizits ist die Fehleinstellung von Belangen, d.h. das Einstellen von Belangen, die nicht hätten berücksichtigt werden dürfen, weil sie z.B. sachwidrig sind.
3. Die Gemeinde verkennt die Bedeutung eines betroffenen Belangs (sog. Abwägungsfehleinschätzung). Hiervon ist beispielsweise auszugehen, wenn der Gemeinde zwar im Rahmen der Behördenbeteiligung vom Wasserwirtschaftsamt mitgeteilt wurde, dass die im Geltungsbereich des in Aufstellung befindlichen Bebauungsplans liegenden Grundstücke überschwemmungsgefährdet sind, die Gemeinde jedoch fälschlich diese Auffassung nicht teilt.
4. Die Gemeinde nimmt den Ausgleich zwischen den von der Planung berührten Belangen in einer Weise vor, die zur objektiven Gewichtigkeit einzelner Belange außer Verhältnis steht (sog. Abwägungsdisproportionalität).

Mit Ausnahme des Abwägungsausfalls, der den Abwägungsvorgang als solchen negiert, zielen alle weiteren Anforderungen sowohl auf den Abwägungsvorgang als auch auf das Abwägungsergebnis selbst. D.h., auch das Abwägungsergebnis als solches kann nur dann als sachgerecht angesehen werden, wenn der abschließenden Abwägung weder ein Abwägungsdefizit, eine Abwägungsfehleinschätzung noch ein Fall der Abwägungsdisproportionalität zugrunde liegt[148].

Bis zum In-Kraft-Treten des Gesetzes zur Anpassung des Baugesetzbuchs an EU-Richtlinien (EAG-Bau) wurde sowohl der Abwägungsvorgang als auch das

---

145 Vgl. *Gierke*, in: Brügelmann, § 1 BauGB Rdn. 172.

146 Vgl. BVerwG v. 12.12.1969 – IV C 105.66 –, BauR 1970, 31 ff.

147 Vgl. BVerwG v. 5.7.1974 – 4 C 50.72 –, BauR 1974, 311 ff.

148 Vgl. BVerwG v. 5.7.1974 – 4 C 50.72 –, BauR 1974, 311, 314; *Krautzberger*, in: Battis/Krautzberger/Löhr, § 1 BauGB Rdn. 95.

Abwägungsergebnis als Teil der Inhaltskontrolle betrachtet und demgemäß im Rahmen der materiellen Rechtmäßigkeit des jeweiligen Bauleitplanes geprüft.

Durch das EAG-Bau wurde die bisherige Kontrolle der Abwägung aber umstrukturiert[149]. So bestimmt § 214 Abs. 1 Nr. 1 BauGB nunmehr, dass eine Verletzung von Verfahrens- und Formvorschriften dieses Gesetzbuchs für die Rechtswirksamkeit von Bauleitplänen nur dann beachtlich ist, wenn entgegen § 2 Abs. 3 BauGB die von der Planung berührten Belange, die der Gemeinde bekannt waren oder hätten bekannt sein müssen, in wesentlichen Punkten nicht zutreffend ermittelt oder bewertet worden sind und dieser Mangel offensichtlich und auf das Ergebnis des Verfahrens von Einfluss gewesen ist. Damit weist nunmehr § 214 Abs. 1 Nr. 1 BauGB die Ermittlung und Bewertung der von der Planung berührten Belange dem Verfahren zu[150].

Diese an sich eindeutige Zuordnung entsprechender Fehler zum Verfahren wird allerdings durch den erst im Gesetzgebungsverfahren angehängten 2. Halbsatz in § 214 Abs. 3 S. 2 BauGB in Frage gestellt. Hiernach sind Fehler im Abwägungsvorgang „im Übrigen" nur erheblich, wenn sie offensichtlich und auf das Abwägungsergebnis von Einfluss gewesen sind. Welche rechtlichen Konsequenzen mit der Einfügung dieser Regelung verbunden sind, ist umstritten.

Nach Auffassung von *Battis*[151] sollte durch die Regelung in § 214 Abs. 3 S. 2 Halbs. 2 BauGB sichergestellt werden, dass selbst eine Auslegung, die davon ausgehe, dass die Begriffe „Ermitteln" und „Bewerten" nicht alle Anforderungen des Abwägungsvorgangs erfassen, letztlich nicht die Bestandskraft des Bauleitplans in Frage stellen könne. § 214 Abs. 3 S. 2 BauGB komme in diesem Sinne deshalb lediglich eine ergänzende Funktion zu. Mängel im Abwägungsvorgang, die zugleich Mängel im Abwägungsergebnis seien, würden deshalb von § 214 Abs. 3 S. 2 BauGB nicht erfasst.

Jäde[152] ist der Auffassung, dass der Gesetzgeber mit der Neufassung des § 214 BauGB ausschließen wollte, dass Mängel, die als Verletzung einer Verfahrens- oder Formvorschrift eingeordnet worden sind, gleichsam auf einer zweiten Ebene auch als Mängel des Ergebnisses geltend gemacht werden können. Gleichwohl sieht er aber – in seiner Argumentation damit inkonsequent – die Möglichkeit, dass Mängel, die auf einen Verstoß gegen § 2 Abs. 3 BauGB zurückgehen, auch als Mängel des Abwägungsergebnisses geltend gemacht werden können. Nur wenn das Abwägungsergebnis für sich genommen vertretbar sei, bleibe nach seiner Auffassung im Rahmen des § 214 Abs. 3 S. 2 Halbs. 1 BauGB die fehlerhafte Anwendung des § 2 Abs. 3 BauGB unerheblich.

---

149 Vgl. *Quaas*, BauR 2004, 1541.
150 Vgl. *Quaas*, BauR 2004, 1541, 1544; *Spieß*, BayGTZeitung 2004, 478, 483.
151 Vgl. *Battis*, in: Battis/Krautzberger/Löhr, § 214 BauGB Rdn. 16.
152 Vgl. *Jäde*, in: Jäde/Dirnberger/Weiß, BauGB, 4. Aufl., § 214 Rdn. 31.

Spieß[153] weist darauf hin, dass angesichts der Tendenz der Gerichte, eine bisherige Rechtsprechung beizubehalten, zu erwarten sei, dass sich an der Prüfungstiefe der Abwägungsentscheidung durch die Gerichte kaum etwas ändern werde.

Kuschnerus[154] vertritt die Ansicht, mit der Neuregelung sei beabsichtigt, das bisherige Verfahren zur Überprüfung des Abwägungsvorgangs zu ersetzen und nunmehr nur noch an die Überprüfung der verfahrensbezogenen Elemente des Ermittelns und Bewertens der von der Planung berührten Belange anzuknüpfen. Dies, so *Kuschnerus*, entspreche auch der in anderen europäischen Staaten üblichen Sichtweise, wonach die Einhaltung des Verfahrens indizielle Bedeutung für die durch die Verfahrensordnung zu gewährleistende materielle Rechtmäßigkeit der Entscheidung habe. Mit anderen Worten, wenn das Verfahren ordnungsgemäß durchgeführt werde, dann sei dies ein Indiz dafür, dass die das Verfahren abschließende Entscheidung rechtsfehlerfrei sei. Offen lässt *Kuschnerus* allerdings, ob diese europäische Sichtweise auf das Baugesetzbuch mit der Konsequenz übertragen werden kann, dass die abschließende Verfahrensentscheidung als rechtmäßig angesehen werden kann, sofern nur die Vorschriften über das Verfahren eingehalten wurden.

Die Auffassung, dass ein ordnungsgemäßes Verfahren auch eine ordnungsgemäße Entscheidung indiziere, ist überzeugend.

§ 214 Abs. 3 S. 2 Halbs. 2 BauGB bestimmt, dass Mängel im Abwägungsvorgang nur erheblich sind, wenn sie offensichtlich und auf das Abwägungsergebnis von Einfluss waren. Durch die Verknüpfung des Abwägungsvorgangs mit dem Abwägungsergebnis folgt zwingend, dass der Gesetzgeber die von der Rechtsprechung herausgearbeitete getrennte Prüfung des Abwägungsvorgangs und des Abwägungsergebnisses nicht grundsätzlich in Frage stellen wollte. Allerdings darf der erst im Gesetzgebungsverfahren neu eingefügte Halbsatz 2 nicht losgelöst vom ersten Halbsatz betrachtet werden. Gem. § 214 Abs. 3 S. 1 Halbs. 1 BauGB können Mängel, die Gegenstand der Regelung in Abs. 1 Nr. 1 BauGB sind, nicht als Mängel der Abwägung geltend gemacht werden. Dies kann nur dahingehend verstanden werden, dass innerhalb der von Abs. 1 Nr. 1 abgesteckten Grenzen die rechtlichen Konsequenzen abschließend geregelt werden sollten. Bestätigt wird dies durch die der Neufassung des § 214 BauGB zugrunde liegende Historie. So wurde erst aufgrund der Prüfbitte des Bundesrates[155] der Entwurf des § 214 Abs. 3 S. 2 um den jetzigen Halbsatz 2 erweitert. Ziel der Aufnahme dieser Angstklausel sollte sein, einer gegebenenfalls aufkommenden Diskussion entgegenzuwirken, die zum Inhalt habe, dass die Begriffe „Ermitteln" und „Bewerten" nicht alle Anforderungen des Abwägungsgebots erfassen. Nur in der hier vertretenen Auffassung werden die §§ 214, 215 BauGB umfassend ihrer Zielsetzung gerecht, näm-

---

153 Vgl. *Spieß*, BayGTZeitung 2004, 479, 483.

154 Vgl. *Kuschnerus*, Der sachgerechte Bebauungsplan, Rdn. 177.

155 Vgl. *Battis*, in: Battis/Krautzberger/Löhr, § 214 BauGB Rdn. 16.

lich entsprechend der programmatischen Abschnittsüberschrift „Planerhaltung" die Folgen von Fehlern zu begrenzen[156].

Obgleich in Abschnitt 2 unter D. noch umfassend auf die Vorgaben an eine sachgerechte Abwägung eingegangen wird, soll zur besseren Verständlichkeit der sich unmittelbar anschließenden Abschnitte eine für diese Arbeit grundsätzliche Fragestellung vorgezogen werden: Kann ein Bebauungsplan wirksam sein, auch wenn er die Hochwasserproblematik nicht sachgerecht gelöst hat, nur weil die Gemeinde von einem Überschwemmungsrisiko nichts wusste und auch nicht wissen konnte? Anhand dieser Rechtsfrage soll aufgezeigt werden, dass – selbst wenn sich die dargestellten Auffassungen teilweise konträr gegenüber stehen – dies nicht zwangsläufig zu entgegen gesetzten Ergebnissen führt.

Hier soll nun untersucht werden, welche rechtlichen Konsequenzen der Umstand hat, dass eine Gemeinde trotz Einhaltung des korrekten Verfahrens, insbesondere einer ordnungsgemäßen Öffentlichkeits- und Behördenbeteiligung nach den §§ 3, 4 und 4 a BauGB, zum Zeitpunkt des abschließenden Satzungsbeschlusses keine Erkenntnisse darüber gewinnen konnte, dass Grundstücke, die vom Geltungsbereich des zukünftigen Bebauungsplans erfasst werden, überschwemmt werden können[157].

Ausgangspunkt der Prüfung ist zunächst § 2 Abs. 3 BauGB. Dieser bestimmt, dass die Gemeinde bei der Aufstellung von Bebauungsplänen alle Belange, die für die Abwägung von Bedeutung sind, zu ermitteln und zu bewerten hat. Hierzu zählt sicherlich auch die Frage, ob ein zu überplanendes Gebiet einem tatsächlichen Hochwasserrisiko ausgesetzt ist. Ein Verstoß gegen § 2 Abs. 3 BauGB hat aber – wie gerade § 214 Abs. 1 Nr. 1 BauGB entnommen werden kann – nicht immer zur Folge, dass ein Bebauungsplan als unwirksam anzusehen ist. Vielmehr sieht § 214 Abs. 1 Nr. 1 BauGB eine Drei-Stufen-Prüfung[158] vor, an deren Ende dann beantwortet werden kann, ob ein Fehler im Bereich des Ermittelns und Bewertens rechtlich relevant ist.

1. Stufe: Prüfung, ob die von der Planung berührten Belange der Gemeinde bekannt waren bzw. ihr zumindest hätten bekannt sein müssen.

2. Stufe: Prüfung, ob der in Stufe 1 festgestellte Mangel einen „wesentlichen Punkt" betraf.

---

156 Vgl. *Battis*, in: Battis/Krautzberger/Löhr, Vorb. §§ 214–216 BauGB Rdn. 1.

157 Zur Verdeutlichung ist noch auf Folgendes hinzuweisen. In dieser Sachverhaltsvariante ist davon auszugehen, dass das zu überplanende Gebiet bereits im Zeitpunkt des Satzungsbeschlusses hochwassergefährdet war, wenn auch dies der Gemeinde nicht bekannt sein konnte. Nicht zu verwechseln ist diese Fallkonstellation mit Fällen, bei denen die Hochwassergefährdung aus späteren tatsächlichen Veränderungen im Bereich der Oberlieger resultiert bzw. die Folge von Klimaveränderungen ist.

158 Vgl. hierzu *Quaas*, BauR 2004, 1541, 1542.

3. Stufe: Prüfung, ob der Mangel offensichtlich und auf das Ergebnis des Verfahrens von Einfluss gewesen ist.

Wenn, wie oben unterstellt, trotz ordnungsgemäßer Öffentlichkeits- bzw. Behördenbeteiligung das Hochwasserrisiko nicht erkannt wurde (z.B. weil dem Wasserwirtschaftsamt noch keine entsprechenden Karten und auch keine entsprechenden Erfahrungswerte zur Verfügung standen) und die Gemeinde auch keine sonstigen Erkenntnisquellen besaß, dann ist der Fehler – sofern überhaupt von einem Fehler gesprochen werden kann – bereits auf der 1. Stufe als unbeachtlich zu behandeln. Gerade der Formulierung „oder hätte bekannt sein müssen" ist zu entnehmen, dass die Gemeinde, sofern eben kein begründeter Anlass besteht, nicht verpflichtet ist, Nachforschungen anzustellen[159]. Damit steht aber fest, dass das Verfahren als ordnungsgemäß anzusehen ist.

Je nach dem, in welchem Umfang durch Überschwemmungen Risiken drohen, kann sich – zunächst bei rein tatsächlicher Betrachtung – das Abwägungsergebnis als an sich nicht tragbar erweisen. Ob dies aber zur Unwirksamkeit des Bebauungsplans führt, ist dagegen eine rechtliche Frage.

Im Zusammenhang mit Altlasten stellt sich eine vergleichbare Fragestellung:

Welche Konsequenzen hat der Umstand, dass die Gemeinde in Unkenntnis mit Altlasten belastete Flächen in den Geltungsbereich eines Bebauungsplans aufnimmt und eine Nutzung festsetzt, die mit der Bodenbelastung nicht vereinbar ist?

Wie dem Mustererlass der Fachkommission „Städtebau" der ARGEBAU[160] zur „Berücksichtigung von Flächen mit Bodenbelastungen, insbesondere Altlasten, bei der Bauleitplanung und im Genehmigungsverfahren" vom 26. September 2001 entnommen werden kann[161], geht die Kommission sowohl bei Flächennutzungs- als auch bei Bebauungsplänen für diesen Fall von deren Fehlerhaftigkeit aus.

So führt die Kommission unter Nr. 2.2.4 zu Flächennutzungsplänen Folgendes aus:

> „Bei Bodenbelastungen im Geltungsbereich eines vorhandenen Flächennutzungsplans kann der Bodenbelastungsverdacht bereits im Planverfahren bestanden haben (und die Gemeinde diesem nicht nachgegangen sein) oder erst nach Abschluss des Planverfahrens aufgetreten sein.
>
> In beiden Fällen ist von der Fehlerhaftigkeit des Flächennutzungsplans auszugehen, wenn das Abwägungsergebnis nicht haltbar ist, d.h. wenn schlechterdings so nicht hätte geplant werden dürfen.
>
> ....

---

159 Vgl. *Reidt*, in: Gelzer/Bracher/Reidt, Rdn. 575.

160 ARGEBAU = Arbeitsgemeinschaft der für Städtebau, Bau- und Wohnungswesen zuständigen Minister und Senatoren.

161 Vgl. hierzu *Söfker*, in: Ernst/Zinkahn/Bielenberg, § 9 BauGB Rdn. 274, der den Mustererlass wörtlich in seine Kommentierung übernommen hat.

Für Flächen mit Bodenbelastungen sollte in Anlehnung an die Rechtsprechung des Bundesverwaltungsgerichts zur Behandlung fehlerhafter Bebauungspläne ein förmliches Verfahren eingeleitet werden, in dem über die zur Lösung der Bodenbelastungsproblematik erforderliche Aufhebung, Änderung oder Ergänzung der fehlerhaften Darstellungen zu befinden ist."

Entsprechendes soll, wie unter Nr. 2.3.5 des Mustererlasses weiter ausgeführt wird, ebenso für den Bebauungsplan gelten, d.h. auch dieser sei als fehlerhaft zu behandeln.

Zu einem konträren Ergebnis kommt die Fachkommission aber im Zusammenhang mit Bauleitplänen, die hochwassergefährdete Gebiete überplant haben. So kann der „Handlungsanleitung für den Einsatz rechtlicher und technischer Instrumente zum Hochwasserschutz" vom 25. September 2003[162] entnommen werden, dass diese wohl generell von der Wirksamkeit entsprechender Bauleitpläne ausgeht, und zwar unabhängig davon, ob das Hochwassergefährdungspotenzial bereits im Zeitpunkt der Aufstellung des jeweiligen Bauleitplans existierte:

„Stellt sich nach Inkrafttreten eines Bebauungsplans heraus, dass die von ihm festgesetzten überbaubaren Flächen einer Überschwemmungsgefahr ausgesetzt sind, ist die Gemeinde gehalten, ihre planerischen Festsetzungen zu überprüfen. Dies gilt insbesondere dann, wenn es bereits zu einer Überflutung des Baugebiets gekommen ist. Im Einzelfall kann sich als Ergebnis der Prüfung für Gemeinden die Verpflichtung ergeben, Bebauungspläne zu ändern oder aufzuheben[163].

... richten sich die planerischen Konsequenzen ebenfalls nach § 1 Abs. 3 BauGB sowie dem Gebot der gerechten Abwägung nach § 1 Abs. 6 BauGB. Hier ist entscheidend, wie aufgrund der neueren Erkenntnisse die Gefährdung durch Überschwemmungen einzuschätzen ist und in welchem Umfang nachträglich Schutzvorkehrungen dagegen möglich sind. Steht fest, dass gesunde und sichere Wohn- und Arbeitsverhältnisse nicht geschaffen werden können, wird als Ergebnis einer gerechten Abwägung nur die Aufhebung des Bebauungsplans bzw. eine Änderung mit dem Ziel, weitere Bebauung zu verhindern, in Betracht kommen."

Im Unterschied zum „Mustererlass zur Berücksichtigung von Flächen mit Bodenbelastungen, insbesondere Altlasten, bei der Bauleitplanung und im Baugenehmi-

---

162 Die Handlungsanleitung wurde von der ARGEBAU unter Mitwirkung der zuständigen Gremien der Länderarbeitsgemeinschaft Wasser (LAWA) und der Ministerkonferenz für Raumordnung (MKRO) erarbeitet. Die Handlungsanleitung ist ins Internet unter der Adresse www.is-argebau.de gestellt worden. Dort ist sie unter den Stichworten „Mustervorschriften/Mustererlässe", „Städtebau" aufrufbar. Die wesentlichen Aussagen der Handlungsanleitung wurden von *Engel*, der Mitglied der von der Fachkommission „Städtebau" eingesetzten Projektgruppe war, in der Zeitschrift KommPraxis-BY 2004, 249 ff. zusammengefasst; in diesem Sinne auch *Knopp*, in: Sieder/Zeitler/Dahme, § 32 WHG a.F. Rdn. 37 a a.E.

163 Nr. 3.1.4 der Handlungsanleitung der ARGEBAU.

gungsverfahren“ verzichtet die „Handlungsanleitung für den Einsatz rechtlicher und technischer Instrumente zum Hochwasserschutz“ auf eine getrennte Betrachtung der beiden denkbaren Sachverhaltsvarianten, obwohl sich dies durchaus aufdrängt. So hätte es sich angeboten, danach zu differenzieren, ob die Gemeinde bereits während des Bauleitplanverfahrens Kenntnis von der Problematik hätte haben können oder ob die Gemeinde, z.B. im Rahmen des Monitorings nach § 4 c BauGB, nachträglich Kenntnis von der Problematik erhalten hat.

Die Fachkommission hat sich in ihrer Handlungsanleitung nicht ausdrücklich dazu geäußert, ob ein Bebauungsplan wirksam sein kann, wenn die Gemeinde keinen Verdacht hinsichtlich des Hochwasserrisikos hätte haben müssen. Der gesamten Handlungsanleitung liegt jedoch offensichtlich diese rechtliche Beurteilung zugrunde. So ist darin beispielsweise unter Nr. 3.1.4.5 dargestellt, unter welchen Voraussetzungen eine Gemeinde Entschädigung auf der Grundlage der §§ 39 ff. BauGB zu leisten habe, wenn sie einen Bebauungsplan ändert oder aufhebt. Da eine Entschädigungszahlung auf der Grundlage der §§ 39 ff. BauGB zwingend voraussetzt, dass der Bebauungsplan wirksam ist, können die Ausführungen nur dahingehend verstanden werden, dass die Fachkommission von der Wirksamkeit des Bebauungsplans ausgeht.

Im Ergebnis ist der Handlungsanleitung „Hochwasser“ beizupflichten. So wäre es verfehlt, von der Unwirksamkeit eines Bebauungsplans auszugehen, wenn die Gemeinde nicht wissen konnte, dass die überplanten Gebiete einem rechtlich relevanten Risiko ausgesetzt sind.

Das Bundesverwaltungsgericht hat bereits in einem Beschluss vom 9. November 1979[164] zu Recht zum Ausdruck gebracht, dass das, was die planende Stelle nicht „sehe“ und was sie nach den gegebenen Umständen auch nicht zu „sehen“ brauche, von ihr bei der Abwägung nicht berücksichtigt werden könne und dementsprechend nicht hätte berücksichtigt werden müssen. Wenn man dies auf den Abwägungsprozess der Gemeinde überträgt, kann dies nur bedeuten, dass auf der Grundlage einer Ex-ante-Betrachtung beurteilt werden muss, ob das Abwägungsergebnis sich als untragbar darstellt. *Hoppe*[165] bringt dies sehr bildhaft und damit gut verständlich auf den Punkt, indem er dies wie folgt umschreibt:

> „Die Einstellung der Belange in die Abwägung hat eine Gelenkfunktion zwischen Informationsgewinnung und Gewichtung der Belange [...] Die Einstellung der Belange ist gewissermaßen das ‚Nadelöhr‘, durch das die Belange Eingang in den Vorgang der Gewichtung und letztlich der Ausgleichsentscheidung finden. Ermittelte, in die Abwägung eingestellte und gewichtete Belange bilden nämlich die Basis für die Planungsentscheidung.“

---

164 Vgl. hierzu den Beschluss des BVerwG v. 9.11.1979 – 4 N 1/78 –, BVerwGE 59, 87, 103: Unberücksichtigt bleiben Betroffenheiten, wenn sie für die planende Stelle nicht ohne weiteres erkennbar waren.

165 Vgl. *Hoppe*, NVwZ 2004, 903, 907.

Zusammenfassend lässt sich deshalb festhalten, dass ein Bebauungsplan selbst dann als wirksam zu behandeln ist, wenn das überplante Gebiet im Falle eines Hochwassers überflutet wird, solange die Gemeinde im Zeitpunkt der abschließenden Beschlussfassung (§ 214 Abs. 3 S. 1 BauGB[166]) nicht wissen musste, dass diese Gefährdungslage besteht. Es kann auch offen bleiben, welcher der vertretenen Auffassungen zu § 214 Abs. 3 BauGB im Ergebnis zu folgen ist, denn eine Abwägungsentscheidung kann – zumindest wenn man der Rechtsprechung des Bundesverwaltungsgerichts folgt – für diese Fallgestaltung nicht als fehlerhaft angesehen werden. Hiervon zu trennen ist die sich zwingend anschließende Frage, ob die Gemeinde dann aber nicht verpflichtet ist, den Bebauungsplan zu ändern bzw. aufzuheben, wenn ihr bekannt wird, dass sie von unzutreffenden Voraussetzungen bei der Aufstellung des Bebauungsplans ausgegangen ist. Ob und – wenn ja – unter welchen Voraussetzungen eine entsprechende Verpflichtung besteht, wird in Abschnitt 4 „Planungs- und Realisierungspflichten" dargestellt.

Als weiteres Ergebnis kann auch festgehalten werden, dass in Übereinstimmung mit der Handlungsanleitung für den Einsatz rechtlicher und technischer Instrumente zum Hochwasserschutz der Fachkommission ARGEBAU es im Ergebnis keinen Unterschied machen kann, ob neue Erkenntnisse die ursprünglich bereits existente Gefährdungssituation belegen oder ob nachträgliche Veränderungen im Umfeld des Geltungsbereichs des Bebauungsplans bzw. ein Klimawandel einen neuen Entscheidungsprozess der Gemeinde bedingen.

B. Der Bebauungsplan und Überschwemmungsgebiete

I. Definition von Überschwemmungsgebieten

Bevor auf die Frage eingegangen wird, welche Auswirkungen der Umstand hat, dass sich der Geltungsbereich eines Bebauungsplans auf Gebiete erstreckt, die überschwemmt werden, muss zunächst näher untersucht werden, was überhaupt rechtlich unter einem Überschwemmungsgebiet zu verstehen ist. Nach der Legaldefinition[167] des § 31 b Abs. 1 WHG sind Überschwemmungsgebiete Gebiete

- zwischen oberirdischen Gewässern und Deichen oder Hochufern

---

[166] Zwar ist nach § 214 Abs. 3 S. 1 BauGB grundsätzlich die Sach- und Rechtslage im Zeitpunkt der abschließenden Beschlussfassung über den Bebauungsplan maßgebend. Allerdings gilt dies nicht uneingeschränkt. Wenn z.B. die Hochwasserproblematik erst nach der Abwägungsentscheidung, aber noch vor dem In-Kraft-Treten des Bebauungsplans bekannt wird und damit das an sich korrekte Abwägungsergebnis sich als untragbar erweist, dann verschiebt sich der Zeitpunkt, der für die Beurteilung der Rechtmäßigkeit des Bebauungsplans relevant ist, auf den Zeitpunkt des In-Kraft-Tretens des Bebauungspans; vgl. hierzu beispielhaft BayVGH v. 10.4.2003 – 15 ZB 99.1658 –, BayVBl., 2003, 568 f.).

[167] Vgl. *Knopp*, in: Sieder/Zeitler/Dahme, § 32 WHG a.F. Rdn. 10.

– und[168] sonstige Gebiete, die bei Hochwasser überschwemmt oder durchflossen
– oder die für Hochwasserentlastung oder Rückhaltung beansprucht werden.

Eine konsequente Trennung dieser drei Alternativen ist nicht möglich. In vielen Bereichen überschneiden sich die Varianten. Sofern z.B. in Alternative 2 der Begriff „durchflossen" genannt ist, sind hierunter Gebiete zu verstehen, die im Strombereich des Hochwassers liegen; sog. Hochwasserabflussgebiete[169]. Hochwasserabflussgebiete können aber auch unter der Kategorie „Gebiete, die bei Hochwasser überschwemmt werden" subsumiert werden. Dieser Begriff erfasst neben den gerade genannten Hochwasserabflussgebieten ebenso Gebiete, die nur überstaut werden.

Gebiete, in denen das Hochwasser meist im Wege einer seitlichen Ausdehnung zurückgehalten wird, werden auch als „Retentionsräume" bezeichnet. Sonstige Gebiete können wie folgt unterteilt werden:

1. Gebiete, die in der Vergangenheit bereits tatsächlich überschwemmt wurden.
2. Gebiete, die aufgrund der tatsächlichen Entwicklung in den von Hochwasser bedrohten Bereichen, z.B. durch eine fortschreitende Bodenversiegelung, durch die Realisierung neuer Siedlungsgebiete oder durch den Bau von Straßendämmen der Prognose nach bei künftigen Hochwasserereignissen überschwemmt werden.
3. Gebiete, die an sich nicht hochwassergefährdet sind, die aber gezielt zur Entlastung oder Rückhaltung von Hochwasser vorgesehen werden[170].

Gerade die zuletzt genannte Festsetzung eines Überschwemmungsgebiets mit der Zielsetzung, Gebiete zu überfluten, die bisher noch nicht überschwemmungsgefährdet waren, um sonstige Gebiete vor Hochwasser zu schützen, dürfte im Vollzug zu erheblichen Schwierigkeiten führen. So wird bei den Grundstückseigentümern wenig Verständnis dafür bestehen, dass zum Schutze anderer Gebiete eigene Grundstücke überschwemmt werden sollen.

1. Überschwemmungsgebiete innerhalb bebauter bzw. überbaubarer Gebiete

Da die Legaldefinition ausschließlich darauf abstellt, ob das fragliche Gebiet einer der in § 31 b Abs. 1 WHG genannten Gebietskategorien entspricht, spielt es

---

168 Durch das Gesetz zur Verbesserung des vorbeugenden Hochwasserschutzes vom 3.5.2005 wurden die bisherigen Vorschriften des Wasserhaushaltsgesetzes bezüglich des Schutzes von Überschwemmungsgebieten neu gefasst. Die Definition, was unter einem Überschwemmungsgebiet zu verstehen ist, die bisher in § 32 Abs. 1 S. 1 WHG enthalten war, wurde in den neu gefassten § 31 b Abs. 1 WHG aufgenommen. Der Wortlaut der Definition wurde zwar insoweit verändert, als die zweite Alternative mit der ersten durch den Begriff „und" verbunden wurde und nicht mehr wie bisher durch den Begriff „sowie". Die Änderung ist aber nur sprachlicher Natur. Rechtliche Auswirkungen sind hiermit nicht verbunden.

169 Vgl. *Knopp*, in: Sieder/Zeitler/Dahme, § 31 b WHG Rdn. 13.

170 Vgl. *Knopp*, in: Sieder/Zeitler/Dahme, § 32 WHG a.F. Rdn. 15.

in rechtlicher Hinsicht keine Rolle, ob das fragliche Gebiet bebaut ist. Für die Einstufung als Überschwemmungsgebiet ist ausschließlich entscheidend, ob die jeweiligen unbestimmten Rechtsbegriffe tatbestandlich erfüllt werden. Es kann deshalb dahinstehen, ob das Überschwemmungsgebiet sich auf den sog. Innenbereich i.S.d. § 34 BauGB erstreckt oder ob das betroffene Grundstück auf der Grundlage eines Bebauungsplans einer Bebauung zugeführt wurde[171, 172].

2. *Überschwemmungsgebiete und Hochwasserfreilegung*

Flächen, die durch bereits realisierten Hochwasserschutz, wie z.B. durch den Bau technischer Hochwasserschutzanlagen wie Poldern, vollständig vor Überschwemmungen geschützt werden, zählen nicht mehr zu den Überschwemmungsgebieten[173]. Mit Aufnahme des § 32 c Abs. 1 S. 1 Alt. 2 in das Wasserhaushaltsgesetz werden diese Gebiete als „überschwemmungsgefährdete Gebiete" bezeichnet, sofern diese bei Versagen von öffentlichen Hochwasserschutzeinrichtungen überschwemmt werden können. Welche Ausbaustufe an Hochwasserschutzmaßnahmen verwirklicht sein muss, damit das hierdurch zu schützende Gebiet seine Funktion als Rückhaltefläche verliert, ist dem Gesetz leider nicht eindeutig zu entnehmen. Das Wasserhaushaltsgesetz i.d.F. d.B.v. 19. August 2002 beantwortete dies nicht ausdrücklich. Die Rechtsprechung stellte in der Regel aber auf ein HQ 100 ab[174]. So führt beispielsweise der Bayerische Verwaltungsgerichtshof in einem Beschluss vom 29. September 2004 aus:

> „Abzustellen ist im Siedlungsbereich auf das jahrhundertjährliche Hochwasser, das heißt ein Hochwasser, das statistisch im Verlauf von 100 Jahren einmal eintritt .... Dieser Maßstab entspricht auch der fachlichen Praxis. So billigt es die DIN 19712, dass die Wiederholungsspanne des Bemessungshochwassers für dicht bebaute Industrie- und Siedlungsgebiete ‚meist größer als 100 Jahre angesetzt' wird (vgl. DIN 19717 Nr. 4.2.2.). Das Landesentwicklungsprogramm Bayern 2003 geht im Einklang damit für technische Schutzmaßnahmen wie etwa Deiche davon aus, dass im Siedlungsbereich mindestens Sicherheit gegen ein Hochwasserereignis gewährleistet sein soll, das in 100 Jahren einmal erreicht oder überschritten wird (vgl. Landesentwicklungsprogramm Begründung zu B I Nr. 3.3)."

---

171 Vgl. hierzu *Knopp*, in: Sieder/Zeitler/Dahme, § 31 b WHG Rdn. 13; aus der Gliederung der Kommentierung bei *Knopp* könnte zwar der Schluss gezogen werden, dass er diese Auffassung nur zur 2. Alternative des § 31 b Abs. 1 S. 1 WHG vertritt, es ist jedoch kein Grund ersichtlich, weshalb diese Auffassung nicht auf den gesamten Bereich des § 31 b Abs. 1 WHG übertragen werden kann.

172 Vgl. zu den weiteren Vorgaben an den Erlass eines Überschwemmungsgebiets, wenn es sich auf den Bereich des Geltungsbereichs eines Bebauungsplans erstreckt, den Abschnitt 2 B.II.2.b.

173 Vgl. *Knopp*, in: Siedler/Zeitler/Dahme, § 32 WHG a.F. Rdn. 22.

174 Vgl. *Knopp*, in: Sieder/Zeitler/Dahme, § 32 WHG a.F. Rdn. 13 a.E. unter Verweis auf BayVGH v. 19.2.1999 – 22 B 90.1322 –, ZfW 1992, 499, 500.

Leider hat es der Gesetzgeber auch bei der Neufassung des § 32 WHG a.F. durch das Gesetz zur Verbesserung des vorbeugenden Hochwasserschutzes versäumt, insoweit eine eindeutige Regelung zu treffen. So bestimmt § 31 b Abs. 2 S. 3 WHG, dass als Überschwemmungsgebiete mindestens die Gebiete festgesetzt werden sollen, in denen ein Hochwasser statistisch einmal in 100 Jahren zu erwarten sei (sog. Bemessungshochwasser). Hieraus kann jedoch nur eindeutig entnommen werden, dass zumindest ab einer Wiederkehrwahrscheinlichkeit von einem HQ 100 ein Überschwemmungsgebiet amtlich festgesetzt werden soll[175]. Aus der Formulierung „mindestens" kann aber auch abgeleitet werden, dass durch Landesrecht durchaus dann ein Überschwemmungsgebiet ausgewiesen werden kann, wenn Hochwasser seltener auftritt als alle 100 Jahre. Letztlich muss aber, dies zumindest für den Regelfall, davon ausgegangen werden, dass das zu schützende Gebiet durch realisierte Hochwasserschutzmaßnahmen seine Funktion als Rückhaltefläche verloren hat, wenn die Siedlungsgebiete vor einem HQ 100 Hochwasser effektiv geschützt werden[176]. Eine andere Auslegung verstieße gegen Art. 14 GG. Überschwemmungsgebiete werden gem. Art. 61 Abs. 1 S. 1 BayWG durch Rechtsverordnung amtlich festgesetzt. Insoweit handelt es sich um sog. Inhalts- und Schrankenbestimmungen i.S.d. Art. 14 Abs. 1 S. 2 GG. Da mit dem Erlass dieser Rechtsverordnungen aber auch erhebliche Konsequenzen für die Bebaubarkeit eines Grundstücks verbunden sein können – insoweit sei nur auf die Vorgaben des § 31 b Abs. 4 WHG verwiesen – scheidet der Erlass einer entsprechenden Verordnung aus, wenn diese unverhältnismäßig Rechte und Pflichten am Eigentum einschränkt. Mit sinkender Wiederkehrwahrscheinlichkeit eines Hochwassers treten aber die den Erlass der Verordnungen rechtfertigenden Gründe in den Hintergrund, die Baufreiheit des Eigentümers gewinnt die Überhand[177].

Zusammenfassend ist festzuhalten, dass selbst Gebiete, die an sich durch technische Hochwasserschutzeinrichtungen vor Hochwasser geschützt werden, jedenfalls so lange als Überschwemmungsgebiete i.S.d. § 31 b Abs. 1 WHG angesehen werden müssen, bis zumindest ein Schutz vor einem Hochwasser mit einer Wiederkehrwahrscheinlichkeit von einem HQ 100 realisiert ist[178].

---

[175] Hier wird das Vorliegen der Voraussetzungen des § 31 b Abs. 2 S. 1 WHG unterstellt.

[176] Im Ergebnis ebenso *Knopp*, in: Sieder/Zeitler/Dahme, § 31 c WHG Rdn. 5.

[177] Dies muss auch auf den Anwendungsbereich faktischer Überschwemmungsgebiete i.S.d. § 31 b Abs. 6 S. 1 WHG übertragen werden; so wohl *Knopp*, in: Knopp/Hermann, Teil 8, Rdn. 13.

[178] Hinweis: Im Weiteren wird noch dargestellt werden, dass dies für die bauliche Entwicklung einer Gemeinde rechtlich erhebliche Konsequenzen haben kann. So ist die Gemeinde im Regelfall selbst dann an der Ausweisung neuer Baugebiete gehindert, wenn noch kein Überschwemmungsgebiet amtlich festgesetzt wurde, weil sodann den Vorgaben des § 31 b Abs. 6 S. 1 WHG entsprochen werden muss.

II. Förmlich festgesetzte bzw. zumindest vorläufig gesicherte Überschwemmungsgebiete als rechtliche Hürden für die Aufstellung von Bebauungsplänen

1. Einführung

Zum besseren Verständnis der Gesamtproblematik soll zunächst eine Parallele zur Regionalplanung gezogen werden. Hier wie dort stellt sich die Frage, welche Konsequenzen der Umstand hat, dass die gemeindliche Bauleitplanung im Widerspruch zu einer „sonstigen" Rechtsmaterie steht. Im Unterschied zu Überschwemmungsgebieten ist dort aber explizit geregelt, dass die Regionalplanung vorgeht. So bestimmt § 1 Abs. 4 BauGB, dass Bauleitpläne den Zielen der Regionalplanung anzupassen sind. Im Zusammenhang mit der sachlichen Reichweite des § 1 Abs. 4 BauGB ist danach zu trennen, in welcher zeitlichen Reihenfolge die Pläne wirksam wurden. Wenn eine Gemeinde beispielsweise bei der Aufstellung oder Änderung eines Bebauungsplans gegen die Zielvorgaben eines bereits existenten Raumordnungsplans verstößt, ist der Bebauungsplan unwirksam, soweit seine angedachten Festsetzungen mit den vorgegebenen Zielen unvereinbar sind[179]. Bestand der Bebauungsplan dagegen schon im Zeitpunkt der Aufstellung des Raumordnungsplans, dann ist die Gemeinde lediglich verpflichtet, den Bebauungsplan an die Ziele der Raumordnung anzupassen. Bis zur Anpassung gilt der bisherige Bauleitplan aber fort, d.h. der Bebauungsplan ist nicht ipso iure unwirksam[180].

Obgleich im Verhältnis zwischen Überschwemmungsgebieten und Bebauungsplänen eine dem § 1 Abs. 4 BauGB vergleichbare Regelung fehlt, ist auch hier danach zu differenzieren, zu welchem Zeitpunkt der Widerspruch zwischen den beiden Regelungsbereichen auftrat. Es muss deshalb in jedem Einzelfall danach differenziert werden, ob im Zeitpunkt des abschließenden Satzungsbeschlusses (§ 214 Abs. 3 S. 2 BauGB[181]) über den Bebauungsplan das überplante Gebiet als Überschwemmungsgebiet i.S.d. § 31 b Abs. 1 WHG anzusehen war.

Im Unterschied zur Regionalplanung kann diese Frage aber nicht immer ohne weiteres mit einem einfachen „ja" oder „nein" beantwortet werden. Unproblematisch

---

179 Vgl. *Steiner*, in: Steiner, Raumordnung- und Landesplanungsrecht, Rdn. 61.

180 Vgl. *Steiner*, in: Steiner, Raumordnung- und Landesplanungsrecht, Rdn. 62.

181 Zwar ist nach § 214 Abs. 3 S. 1 BauGB grundsätzlich die Sach- und Rechtslage im Zeitpunkt der abschließenden Beschlussfassung über den Bebauungsplan maßgebend. Allerdings gilt dies nicht uneingeschränkt. Wenn z.B. die Hochwasserproblematik erst nach der Abwägungsentscheidung, aber noch vor dem In-Kraft-Treten des Bebauungsplans, bekannt wird und damit das an sich korrekte Abwägungsergebnis sich als untragbar erweist, dann verschiebt sich der Zeitpunkt, der für die Beurteilung der Rechtmäßigkeit des Bebauungsplans relevant ist, auf den Zeitpunkt des In-Kraft-Tretens des Bebauungspans; vgl. hierzu beispielhaft BayVGH v. 10.4.2003 – 15 ZB 99.1658 –, BayVBl. 2003, 569). Sofern ein längerer Zeitraum zwischen Satzungsbeschluss und Bekanntwerden des Hochwassergefährdungspotenzials liegt, kann es dem Bürgermeister deshalb verwehrt sein, den Bebauungsplan bekanntzumachen.

sind sicherlich die Fälle, in denen das Überschwemmungsgebiet amtlich festgesetzt (§ 31 b Abs. 2 S. 4 WHG) oder zumindest vorläufig gesichert wurde (§ 31 b Abs. 5 WHG). In diesen beiden Fällen kann im Regelfall ohne Schwierigkeit festgestellt werden, ob Teile des angedachten Plangebiets des jeweiligen Bebauungsplans Überschwemmungsgebiete berühren. Dies gilt selbst dann, wenn die vorläufige Sicherung des Überschwemmungsgebiets nicht parzellenscharf erfolgt, denn jedenfalls kann der Umstand, dass das Überschwemmungsgebiet in Kartenform dargestellt wurde, zum Anlass genommen werden, den konkreten Umgriff des Überschwemmungsgebiets zu ermitteln. Allerdings sind, wie der Aufzählung in § 31 b Abs. 6 S. 1 WHG entnommen werden kann, Überschwemmungsgebiete nicht nur zu schützen, wenn diese förmlich festgesetzt, zumindest aber vorläufig gesichert wurden, sondern wegen der Bezugnahme auf Absatz 1 auch dann, wenn das Gebiet „lediglich" die Merkmale der Legaldefinition des § 31 b Abs. 1 WHG erfüllen (sog. faktische Überschwemmungsgebiete).

Bezogen auf das Gebot gerechter Abwägung wurde bereits darauf hingewiesen, dass ein Bebauungsplan an keinem rechtlich beachtlichen Abwägungsfehler leidet, und zwar weder im Abwägungsvorgang noch im Abwägungsergebnis, wenn die Gemeinde von der Hochwasserproblematik keine Kenntnis haben musste. Was die planende Stelle nicht „sieht" und was sie nach den gegebenen Umständen auch nicht zu „sehen" braucht, kann und muss von ihr bei der Abwägung nicht berücksichtigt werden. Hier besteht jedoch die Besonderheit, dass der Hochwasserschutz – zumindest wenn erkannt – nicht nur als Belang in den gemeindlichen Abwägungsprozess eingebracht werden muss. Wie noch in Abschnitt 2 unter B. III. vertieft dargelegt werden wird, hat die Gemeinde bei der Aufstellung eines Bebauungsplans den unmittelbar anwendbaren § 31 b Abs. 6 S. 1 WHG zu beachten. Ein Bauleitplan, der in einem nicht auflösbaren Widerspruch zu den Maßgaben des § 31 b Abs. 6 S. 1 WHG steht, ist unwirksam. Dies kann aber auf faktische Überschwemmungsgebiete nicht uneingeschränkt übertragen werden. Die Frage, ob ein Gebiet als Überschwemmungsgebiet i.S.d. § 31 b Abs. 6 S. 1 WHG einzustufen ist, kann häufig nicht eindeutig beantwortet werden. So führt beispielsweise das Oberverwaltungsgericht Greifswald in einem Beschluss vom 20. Oktober 2004[182] unter Berufung auf eine Entscheidung des Bundesverwaltungsgerichts aus dem Jahre 2001 aus, dass es sich bei der Vorhersage über das Ausmaß eines künftigen Hochwassers stets um eine mit hoher Unsicherheit behaftete Prognose handelt. Dementsprechend könne beispielsweise ein Planfeststellungsbescheid nur bei einer völligen Verkennung der Hochwassersituation in dem vom Planvorhaben berührten Bereich zu einer Aufhebung des Planfeststellungsbescheids führen[183]. Dies muss zumindest insoweit auf die Bauleitplanung übertragen werden, als der Widerspruch zu § 31 b Abs. 6 S. 1 WHG nur dann zur Unwirksamkeit des Bebauungs-

182 Vgl. OVG Greifswald v. 20.10.2004 – 3 M 196/04 –, NuR 2005, 657 f., 657.

183 So BVerwG v. 5.3.2003 – 4 B 70/02 –, NuR 2004, 520, 522.

plans führt, wenn er im Zeitpunkt des abschließenden Satzungsbeschlusses auch erkennbar war. Das Gebot der Bestimmtheit einer Norm, in dem das Rechtsstaatsprinzip als elementarstes Prinzip des Grundgesetzes[184] eine Konkretisierung findet, verlangt zugunsten des Normadressaten, dass erkennbar ist, ob eine Norm ein rechtliches Hindernis für die beabsichtigte Planung darstellt. Wenn von einer Gemeinde nach Lage der Dinge aber nicht erkannt werden kann, dass das zu überplanende Gebiet als Überschwemmungsgebiet zu klassifizieren ist, was an sich zur Folge hätte, dass § 31 b Abs. 6 S. 1 WHG als Vorschrift i.S.d. § 6 Abs. 2 BauGB der Bauleitplanung entgegensteht, dann kann dies – wenn erst nachträglich, z.B. durch neue technische Möglichkeiten der Wasserwirtschaftsämter, erstmalig überhaupt belastbare Aussagen hinsichtlich eines Hochwasserrisikos getroffen werden können – nicht die Unwirksamkeit des Bebauungsplans nach sich ziehen. Ein anderes Ergebnis wäre auch nicht mit § 214 Abs. 3 S. 1 BauGB zu vereinbaren. Hiernach ist für die Abwägung die Sach- und Rechtslage im Zeitpunkt der Beschlussfassung über den Bebauungsplan maßgebend. Rein auf den Wortlaut der Vorschrift abgestellt, gilt diese Vorschrift zwar nur für die Abwägung. Hier wollte der Gesetzgeber aber offensichtlich eine zeitliche Zäsur setzen, inwieweit neue Erkenntnisse noch im Verfahren zur Aufstellung eines Bauleitplans berücksichtigt werden müssen[185]. Alles andere würde zu paradoxen Ergebnissen führen. So wäre die Entscheidung über die Wirksamkeit eines Bauleitplans dem stetigen technischen Fortschritt unterworfen[186].

2. *Amtlich festgesetzte bzw. vorläufig gesicherte Überschwemmungsgebiete*

Überschwemmungsgebiete werden gem. § 31 b Abs. 2 S. 3 WHG[187] i.V.m. Art. 61 Abs. 1 S. 1 BayWG von der Kreisverwaltungsbehörde durch Rechtsverordnung festgesetzt. Soweit Festsetzungen eines neu aufzustellenden Bebau-

---

184 Vgl. *Jarass*, in: Jarass/Pieroth, Art. 20 GG Rdn. 28.

185 Sollte die gegenteilige Auffassung vertreten werden, hätte dies zur Konsequenz, dass der jeweilige Bauleitplan unwirksam wäre. Die Gemeinde kann es dann nicht schlicht dabei bewenden lassen, bei zukünftigen Entscheidungen von der Unwirksamkeit des Bebauungsplans auszugehen. Vielmehr ist sie gehalten, den Rechtsschein, den sie durch die Bekanntmachung des Bebauungsplans geschaffen hat, zu beseitigen. Es bedarf deshalb der Durchführung eines Verfahrens zur Aufhebung, Änderung oder Ergänzung des fehlerhaften Plans.

186 Hiervon geht wohl auch der Bundesgesetzgeber aus, da er für Überschwemmungsgebiete, die nach Erlass eines Bebauungsplans amtlich festgesetzt bzw. vorläufig gesichert wurden, in § 31 b Abs. 4 S. 3 WHG ein zusätzliches Genehmigungsverfahren vorschreibt. Wäre ein Bebauungsplan zwingend unwirksam, hätte es genügt, auf § 34 BauGB bzw. § 35 BauGB abzustellen.

187 Gem. § 31 b Abs. 2 S. 1 WHG werden durch Landesrecht die Gewässer oder Gewässerabschnitte bestimmt, bei denen durch Hochwasser nicht nur geringfügige Schäden entstehen oder zu erwarten sind. Diese Bestimmung erfolgt unmittelbar durch eine Rechtsverordnung des Freistaates Bayern. Auf der Grundlage dieser Bestimmung werden gem. § 31 b Abs. 2 S. 3 WHG Überschwemmungsgebiete festgesetzt, wobei insoweit im Regelfall die Kreisverwaltungsbehörde zuständig sein wird.

ungsplans mit den Regelungen eines bestehenden, amtlich festgesetzten Überschwemmungsgebiets nicht zu vereinbaren sind, weil z.B. der Bebauungsplan ein Baugebiet ausweist, während das Überschwemmungsgebiet ein Bauverbot vorsieht, dann ist ein Bebauungsplan mangels städtebaulicher Erforderlichkeit (vgl. § 1 Abs. 3 S. 1 BauGB) unwirksam, soweit sich das Überschwemmungsgebiet als dauerhaft rechtliches Hindernis erweist.

Der aufzustellende Bebauungsplan ist aber nicht nur deshalb unwirksam, weil ihm die städtebauliche Erforderlichkeit fehlt, zugleich verstößt er gegen eine „sonstige Vorschrift" i.S.d. § 6 Abs. 2 BauGB. Für Flächennutzungspläne gilt § 6 Abs. 2 BauGB unmittelbar. Bei Bebauungsplänen kommt § 6 Abs. 2 BauGB entsprechend zur Anwendung (vgl. hierzu § 10 Abs. 2 S. 2 BauGB für genehmigungspflichtige Bebauungspläne). Hinsichtlich amtlich festgesetzter Überschwemmungsgebiete ist die „sonstige Vorschrift" die das Überschwemmungsgebiet festsetzende Rechtsverordnung bzw. § 31 b Abs. 4 S. 2 WHG. Bei vorläufig gesicherten Überschwemmungsgebieten i.S.d. § 31 b Abs. 5 S. 1 WHG greift als sonstige Vorschrift § 31 b Abs. 5 S. 2 WHG i.V.m. § 31 b Abs. 4 WHG. Bei faktischen Überschwemmungsgebieten ist der Bebauungsplan unwirksam wegen eines Verstoßes gegen § 31 b Abs. 6 S. 1WHG.

Ein Bebauungsplan begegnet hingegen keinen Bedenken hinsichtlich seiner Wirksamkeit im Verhältnis zu einem Überschwemmungsgebiet[188], wenn im Zeitpunkt des abschließenden Satzungsbeschlusses

- das Überschwemmungsgebiet noch nicht amtlich festgesetzt wurde,
- das Überschwemmungsgebiet nicht i.S.d. § 31 b Abs. 5 S. 1 WHG vorläufig gesichert wurde
- und nicht bekannt war und auch nicht bekannt hätte sein müssen, dass der Geltungsbereich des Bebauungsplans sich auf faktische Überschwemmungsgebiete i.S.d. § 31 b Abs. 6 S. 1 WHG erstreckt,
- bzw. die Festsetzungen des Bebauungsplans nicht im Widerspruch zu den Vorgaben des Überschwemmungsgebiets stehen[189].

Vergleichbar zur Regionalplanung muss dagegen geprüft werden, ob ein Bebauungsplan geändert, ergänzt oder aufgehoben werden muss, wenn zu einem späteren Zeitpunkt ein Überschwemmungsgebiet amtlich festgesetzt bzw. vorläufig gesichert oder auf der Grundlage neuer Erkenntnisse bekannt wird, dass der Geltungsbereich des Bebauungsplans sich auf faktische Überschwemmungsgebiete i.S.d. § 31 b Abs. 6 S. 1 WHG erstreckt[190].

---

188 Hinweis: Sicherheitsaspekte sollen hier noch außer Betracht bleiben.

189 Vgl. *Gierke*, in: Brügelmann, § 9 BauGB Rdn. 35; OVG Koblenz v. 28.1.2000 – 1 C 10029/99 –, NuR 2000, 339, 342; OVG Lüneburg v. 30.3.2000 – 1 K 2491/98 –, UPR 2000, 396, 397.

190 Bezüglich der Regionalplanung ist diese grundsätzlich bestehende Möglichkeit in Abschnitt 2 unter C. III. 2. dargestellt.

a) Auswirkungen bereits festgesetzter bzw. vorläufig gesicherter Überschwemmungsgebiete auf die Bauleitplanung

Im vorhergehenden Abschnitt wurde bereits dargestellt, dass ein Bebauungsplan, der generell Bauvorhaben zulässt, obwohl Art. 61 Abs. 2 BayWG bestimmt, dass es verboten ist, in einem Überschwemmungsgebiet Anlagen und Anpflanzungen, die nicht der Benutzung, der Unterhaltung oder dem Ausbau dienen, zu errichten, durchzuführen oder wesentlich zu ändern, unwirksam ist, weil er gegen höherrangiges Recht verstößt[191]. Daneben liegt ein Verstoß gegen § 31 b Abs. 4 S. 1 Halbs. 1 WHG vor. Auch diese Vorschrift gibt zwingend vor, dass in Überschwemmungsgebieten nach Absatz 2 Sätze 3 und 4 durch Bauleitplan keine neuen Baugebiete ausgewiesen werden dürfen[192].

Sofern es sich nicht um Bauleitpläne für Hafen und Werften handelt, kann hiervon – so § 31 b Abs. 4 S. 2 WHG – eine Ausnahme nur gemacht werden, wenn

1. keine anderen Möglichkeiten der Siedlungsentwicklung bestehen oder geschaffen werden können,
2. das neu auszuweisende Gebiet unmittelbar an ein bestehendes Baugebiet angrenzt,
3. eine Gefährdung von Leben, erheblichen Gesundheits- oder Sachschäden nicht zu erwarten ist,
4. der Hochwasserabfluss und die Höhe des Wasserstandes nicht nachteilig beeinflusst werden,
5. die Hochwasserrückhaltung nicht beeinträchtigt und der Verlust von verloren gehendem Rückhaltsraum umfang-, funktions- und zeitgleich ausgeglichen wird,
6. der bestehende Hochwasserschutz nicht beeinträchtigt wird,
7. keine nachteiligen Auswirkungen auf Oberlieger und Unterlieger zu erwarten sind,
8. die Belange des Hochwasserschutzes beachtet sind und
9. die Bauvorhaben so errichtet werden, dass bei dem Bemessungshochwasser, das der Festsetzung des Überschwemmungsgebiets zugrunde gelegt wurde, keine baulichen Schäden zu erwarten sind.

Diese Voraussetzungen müssen kumulativ vorliegen, anderenfalls dürfen – so der ausdrückliche Wortlaut des § 31 b Abs. 4 S. 2 WHG – keine neuen Baugebiete ausgewiesen werden.

---

191 Vgl. BayVGH v. 21.2.1995 – 22 N 92.99 –, BayVBl. 1995, 561, 562.

192 Der Begriff „Bauleitpläne" wird in § 1 Abs. 2 BauGB legaldefiniert. Dementsprechend zählen hierzu nur der Flächennutzungsplan und der Bebauungsplan. Innenbereichssatzungen entsprechend § 34 Abs. 4 BauGB oder eine Außenbereichssatzung gem. § 35 Abs. 6 BauGB fallen damit nicht unter den Regelungskomplex des § 31 b Abs. 4 WHG.

§ 31 b Abs. 4 S. 2 WHG räumt der nach Landesrecht zuständigen Behörde bei der Frage, ob ein neues Baugebiet ausgewiesen werden darf, zwar grundsätzlich Ermessen ein. Allerdings ist dieses nicht „frei". Zu Recht weist *Knopp*[193] darauf hin, dass die Behörde bei ihrer Entscheidung nicht nur den Maßgaben an ein pflichtgemäßes Ermessen unterworfen ist, vielmehr ist die Entscheidung der Behörde – bei Vorliegen aller neun in § 31 b Abs. 4 S. 2 WHG genannten Voraussetzungen – im Wesentlichen durch die Intention des Gesetzgebers vorherbestimmt (sog. intendiertes Ermessen). Ohne nachvollziehbare Gründe wäre die Ablehnung einer Genehmigung nur schwerlich mit der Planungshoheit der Gemeinde vereinbar.

Wie der Formulierung „dürfen durch Bauleitpläne keine neuen Baugebiete ausgewiesen werden" entnommen werden kann, ist der Anwendungsbereich[194] dieser Vorschrift aber dahingehend eingeschränkt, dass die Norm nur dann greift, wenn durch einen Bauleitplan ein „neues" Baugebiet ausgewiesen wird. Die Änderung eines bestehenden Bebauungsplans, der bereits ein Baugebiet vorsah, bzw. die erstmalige Aufstellung eines Bebauungsplans im Innenbereich, ist vom Regelungsbereich dieser Vorschrift gerade nicht erfasst. Welche rechtlichen Vorgaben insoweit zu beachten sind, wird in Abschnitt 2 unter B. III. 4. noch dargestellt.

Bei rein isolierter Betrachtung des Wortlauts des § 31 b Abs. 6 S. 1 WHG („Überschwemmungsgebiete nach den Absätzen 1, 2 und 4") müsste an sich, selbst wenn der Ausnahmetatbestand des § 31 b Abs. 4 S. 2 WHG bejaht werden kann, noch zusätzlich geprüft werden, ob auch die in Absatz 6 Satz 1 genannten Vorgaben erfüllt sind. Dementsprechend müsste weiter gefordert werden, dass sowohl der Erhaltung des Überschwemmungsgebiets überwiegende Gründe des Gemeinwohls entgegenstehen als auch rechtzeitig die notwendigen Ausgleichsmaßnahmen getroffen werden. Allerdings verdrängt § 31 b Abs. 4 S. 1 und 2 WHG in seinem Anwendungsbereich § 31 b Abs. 6 S. 1 WHG als – für die Bauleitplanung – insoweit speziellere Norm („lex specialis"). Aber selbst wenn man dieser Auffassung nicht folgen möchte und § 31 b Abs. 6 S. 1 WHG noch zusätzlich zur Prüfung heranzieht, wird man im Regelfall identische Ergebnisse erzielen. Wie bereits ausgeführt, kann ein neues Baugebiet nur dann ausgewiesen werden, wenn der Bauleitplan alle Kriterien des Ausnahmekatalogs des § 31 b Abs. 4 S. 2 WHG erfüllen kann. Insoweit ist im Besonderen auf die Nummer 1 („keine anderen Möglichkeiten der Siedlungsentwicklung bestehen oder geschaffen werden können") und auf die Nummer 2 („die Hochwasserrückhaltung nicht beeinträchtigt und der Verlust von verloren gehendem Rückhaltsraum umfang-, funktions- und zeitgleich ausgeglichen werden") zu verweisen. Sofern die Einhaltung dieser Kriterien im Er-

---

193 Vgl. *Knopp*, in: Sieder/Zeitler/Dahme, § 31 b WHG Rdn. 64.

194 Allerdings ist die gesetzliche Regelung in sich nicht stimmig. § 31 b Abs. 4 S. 1 WHG nimmt auch auf den Satz 4 des Abs. 2 Bezug. Dort ist aber gerade bestimmt, dass Überschwemmungsgebiete insbesondere in Siedlungsgebieten ausgewiesen werden sollen. Die Ausweisung eines neuen Baugebiets in einem Siedlungsgebiet ist ein Widerspruch in sich selbst. Das Verbot läuft damit teilweise ins Leere.

gebnis bejaht werden kann, werden im Regelfall zugleich die Vorgaben des § 31 b Abs. 6 S. 1 WHG erfüllt sein.

aa) Aufhebung der Verordnung, die ein Überschwemmungsgebiet festsetzt

Auch wenn die das Überschwemmungsgebiet festsetzende Verordnung aufgehoben wird, hat dies gerade nicht zur Konsequenz, dass ohne weiteres ein neues Baugebiet ausgewiesen werden kann. *Drost*[195] ist zwar der Auffassung, dass mit der Aufhebung der Verordnung das rechtliche Hindernis ausgeräumt sei. Dies ist zutreffend, soweit es die das Überschwemmungsgebiet festsetzende Rechtsverordnung betrifft. Auch entfällt die Prüfung des § 31 b Abs. 4 S. 2 WHG. Da sich der Gesetzgeber aber auch dafür entschieden hat, sog. faktische Überschwemmungsgebiete gem. § 31 b Abs. 6 S. 1 WHG unter Schutz zu stellen, muss auch diese Hürde genommen werden. Dementsprechend muss zusätzlich verlangt werden, dass die für den Bebauungsplan sprechenden Erwägungen überwiegende Gründe des Wohles der Allgemeinheit beinhalten und rechtzeitig notwendige Ausgleichsmaßnahmen getroffen werden (vgl. hierzu § 31 b Abs. 6 S. 1 Halbs. 2 WHG.)

bb) Funktionslosigkeit eines Überschwemmungsgebiets

Einer näheren Betrachtung bedarf auch die Frage, wie sich der Umstand auswirkt, dass nach Erlass der Rechtsverordnung, die das Überschwemmungsgebiet festsetzt, innerhalb des Geltungsanspruchs gleichwohl Baugenehmigungen erteilt wurden. Die Rechtsprechung und hier im Konkreten der Bayerische Verwaltungsgerichtshof[196] hat dies unter zwei Aspekten näher untersucht:

- Kann eine Rechtsverordnung durch den Erlass von Ausnahmegenehmigungen rechtlich gegenstandslos werden?
- Kann die Verordnung durch die zwischenzeitlich entstandene Bebauung aus rein tatsächlichen Gründen ihre Funktion verloren haben?

Im Ergebnis lehnte das Gericht beide Aspekte überzeugend ab. Allein der Umstand, dass Ausnahmegenehmigungen erteilt wurden, könne nicht zur Konsequenz haben, dass die Rechtsverordnung, die das amtliche Überschwemmungsgebiet festsetzt, ihren Geltungsanspruch verloren habe. Dies sei eine Aufgabe des für den Erlass der Rechtsverordnung zuständigen Normgebers. Solange dieser die Rechtsverordnung nicht aufhebe, sei sie als rechtlich existent zu behandeln. Dem Gericht ist insoweit beizupflichten, als es die Auffassung vertritt, dass selbst der Umstand, dass das Überschwemmungsgebiet bebaut sein sollte, der Verordnung nicht die Grundlage zu entziehen vermöge. Es wird zwar zu Landschaftsschutzgebieten allgemein die Auffassung[197] vertreten, dass diese

195 Vgl. *Drost*, Band 1, §§ 31 a–32 WHG, Rdn. 28.
196 Vgl. BayVGH v. 24.11.1994 – 2 N 93.3393 –, BayVBl. 1995, 561 f.
197 Vgl. BayVGH v. 14.1.2003 – 1 N 01.2072 –, BauR 2003, 997, 999.

funktionslos und damit unwirksam werden, wenn sich die tatsächlichen Verhältnisse so entwickelt haben, dass eine Verwirklichung des Schutzzwecks der Verordnung auf unabsehbare Zeit ausgeschlossen erscheint und diese Veränderung so offensichtlich ist, dass ein Vertrauen auf die Fortgeltung der Schutzgebietsverordnung nicht mehr schutzwürdig sei. Unter den gleichen Vorgaben wird auch bei Bebauungsplänen von dessen Funktionslosigkeit ausgegangen. Dies kann aber auf Überschwemmungsgebiete nicht übertragen werden. § 31 b Abs. 2 S. 4 WHG gibt gerade vor, dass Überschwemmungsgebiete insbesondere in Siedlungsgebieten ausgewiesen werden sollen. Damit ist es gerade ein Anliegen des Gesetzgebers, vorrangig Siedlungsgebiete in den Geltungsbereich einer Rechtsverordnung, die ein Überschwemmungsgebiet festsetzt, einzubeziehen. Im Übrigen kann die Verordnung trotz der vorhandenen Bebauung noch ihren Schutzzweck erfüllen. Bei Abbruch von Gebäuden entfällt der Bestandsschutz, der dem ursprünglichen Gebäude zukam. Die Frage der Genehmigungsfähigkeit eines Neubauvorhabens stellt sich neu und damit kann die Überschwemmungsgebietsverordnung die mit ihr verfolgte Funktion erfüllen[198].

cc) Hochwasserfreilegung

Unter Abschnitt II. unter B. II. 2. a) aa) wurde dargestellt, dass ein Bebauungsplan in Überschwemmungsgebieten auch dann rechtlichen Bedenken ausgesetzt sein kann, wenn die Verordnung, die ein Überschwemmungsgebiet förmlich festsetzt, aufgehoben wird. Vielmehr muss zusätzlich geprüft werden, ob nicht § 31 b Abs. 6 S. 1 WHG als zwingend zu beachtende rechtliche Hürde einer gemeindlichen Bauleitplanung entgegensteht. Auf diese Prüfung kann nur verzichtet werden, wenn die Überschwemmungsgebietsverordnung deshalb aufgehoben wird, weil das betroffene Gebiet im Wege der Hochwasserfreilegung seinen Charakter als Überschwemmungsgebiet verloren hat. Mit der Hochwasserfreilegung, wobei zumindest auf ein HQ 100 abzustellen ist[199], ist regelmäßig

---

198 Vgl. zu einem ähnlichen Problem die Entscheidung des BayVGH v. 13.2.2001 – 20 B 00.2213 –, BauR 2001, 1248 f. Dort hatte sich das Gericht mit der Frage zu befassen, ob ein Gebäude, welches als Ersatz für ein abgebrochenes errichtet werden soll, sich auf den Bestandsschutz des ursprünglichen Gebäudes berufen könne und aus diesem Grunde nur den bisherigen Grenzabstand zum Nachbar einhalten müsse. Dies lehnte das Gericht aber ab. Im Bestand geschützt sei nur das ursprüngliche Gebäude. Sobald die Identität mit diesem verloren gegangen sei, stellt sich die Genehmigungsfrage neu. Dementsprechend könne das Vorhaben nur dann genehmigt werden, wenn das Gesetz einen entsprechenden Spielraum lasse, um von den gesetzlichen Abstandsvorschriften eine Abweichung zuzulassen.

199 Vgl. *März*, KommPraxis-BY 2001, 244; *Knopp*, in: Sieder/ Zeitler/ Dahme, § 32 WHG a.F. Rdn. 28, schlägt insoweit vor, dass im Interesse der Rechtssicherheit die Länder dafür Sorge tragen sollten, dass im Vollzug des § 32 Abs. 2 S. 1 WHG a.F. (jetzt § 31 b Abs. 6 S. 1 WHG) jeweils ein einheitlicher Wert für die erforderliche Wiederkehrwahrscheinlichkeit des Hochwassers zugrunde gelegt werde. Seines Erachtens sollte auf ein 100-jährliches Hochwasser abgestellt werden.

die Erforderlichkeit für die Festsetzung des Überschwemmungsgebiets entfallen. Sobald das Gebiet seine Funktion als Rückhaltefläche verloren hat, kann auch § 31 b Abs. 6 S. 1 WHG dem Bebauungsplan nicht mehr entgegengehalten werden, da bereits dessen tatbestandliche Voraussetzungen nicht mehr vorliegen[200].

dd) Vereinbarkeit mit den Vorgaben eines Überschwemmungsgebiets

Die Aufstellung eines Bebauungsplans kommt nicht nur in Betracht, wenn das ursprüngliche Überschwemmungsgebiet seinen Charakter als Retentionsfläche verloren hat. Wie bereits dargestellt, scheidet die Aufstellung eines Bebauungsplans nur dann aus, wenn das Überschwemmungsgebiet sich als dauerhaftes rechtliches Hindernis erweist. Dies ist aber nicht immer bereits dann der Fall, wenn sich der Geltungsbereich des zukünftigen Bebauungsplans mit dem des Überschwemmungsgebiets überschneidet. Eine unüberwindbare Schranke für die kommunale Bauleitplanung stellt das amtlich festgesetzte Überschwemmungsgebiet nur dann dar, wenn im konkreten Einzelfall die Festsetzungen des Bebauungsplans tatsächlich im Widerspruch zu dem Regelungsgehalt der „sonstigen Rechtsvorschrift" Überschwemmungsgebiet stehen[201].

Bei der Prüfung dieser Frage sind deshalb zwei Sachverhaltskonstellationen zu unterscheiden:

(1) Inhaltlicher Widerspruch zwischen Bebauungsplan und Überschwemmungsgebiet

Zunächst scheidet ein Widerspruch aus, wenn der Bebauungsplan im Geltungsbereich des Überschwemmungsgebiets Festsetzungen vorsieht, die mit den Vorgaben eines Überschwemmungsgebiets vereinbar sind. Da bei der Ausweisung neuer Baugebiete dies regelmäßig aber nicht der Fall sein wird, kommt diesem Aspekt, zumindest im Rahmen dieser Arbeit, nur eine untergeordnete Bedeutung zu. Allerdings ist in diesem Zusammenhang noch auf Folgendes hinzuweisen: Die Gemeinden sind gem. § 1 a Abs. 3 S. 1 BauGB verpflichtet, in ihrer Abwägung nach § 1 Abs. 7 BauGB die Vermeidung und den möglichen Ausgleich für zu erwartende Eingriffe in Natur und Landschaft (sog. Eingriffsregelung) zu berücksichtigen[202]. Wie § 1 a Abs. 3 S. 2 BauGB weiter entnommen werden kann, erfolgt der Ausgleich in erster Linie über Festsetzungen i.S.d. § 9 BauGB als Flächen oder Maßnahmen zum Ausgleich. Vor diesem Hintergrund bietet es sich für die Gemeinden an, den zu erbringenden naturschutzrechtlichen Ausgleich, insbesondere auf Flächen zu erbringen, die überschwemmungsgefährdet sind. Von dieser Möglichkeit werden die Gemeinden häufig Gebrauch machen,

---

200 Vgl. hierzu Nr. 2.2.1. der Handlungsanleitung der ARGEBAU (s. hierzu FN. 162).
201 Vgl. *Reidt*, in: Gelzer/Bracher/Reidt, Rdn. 78.
202 Vgl. *Krautzberger*, in: Battis/Krautzberger/Löhr, § 1 a BauGB Rdn. 12.

jedenfalls dann, wenn sich der Anwendungsbereich der beiden Regelungskomplexe nur teilweise überschneidet.

(2) Die Ausnahmegenehmigung als Konfliktlösung

Des Weiteren begegnet die Aufstellung eines Bebauungsplans keinen rechtlichen Bedenken, zumindest wenn es nur untergeordnete Bauflächen betrifft, soweit der Konflikt zwischen dem Bebauungsplan und dem Überschwemmungsgebiet durch eine Ausnahme von der Verordnung zur Festsetzung des Überschwemmungsgebiets gelöst werden kann.

Unproblematisch ist dies zunächst der Fall, wenn der Bauwillige bereits die hierfür erforderliche Ausnahmegenehmigung erhalten hat. Dies gilt selbst dann, wenn die Gemeinde ernstliche Zweifel an der Rechtmäßigkeit dieser Genehmigung hat. Die Bestandskraft einer Genehmigung wirkt zwar nur im Verwaltungsrechtsverhältnis zwischen dem Antragsteller und der Genehmigungsbehörde, allerdings kommt einer Genehmigung auch eine Tatbestandswirkung zu. Dementsprechend sind alle Staatsorgane, selbst Gerichte, an Akte der Exekutive gebunden, soweit diese eine rechtliche Regelung enthalten und nicht selbst Gegenstand einer gerichtlichen Überprüfung sind. Dies folgt aus Art. 20 Abs. 3 GG und Art. 43 VwVfG. Mit Ausnahme des Falles, dass der Genehmigungsakt an einem derart offensichtlichen Fehler leidet, dass er nichtig wäre, darf ihn die Gemeinde ihrer Entscheidung zugrunde legen[203].

Wurde die Genehmigung noch nicht erteilt, kann ein Bebauungsplan dann aufgestellt werden, wenn die Erteilung einer Ausnahmegenehmigung möglich ist und einer Überwindung der wasserrechtlichen Vorgaben auch keine sonstigen Gründe entgegenstehen[204]. So darf die Gemeinde vorausschauend berücksichtigen, ob sich die Erteilung einer Ausnahmegenehmigung für die von ihr geplante bauliche Nutzung abzeichnet, weil objektiv eine Ausnahme oder Befreiungslage gegeben ist und einer Überwindung der Verbotsregelung auch sonst nichts entgegensteht.

b) Festsetzung von Überschwemmungsgebieten im Geltungsbereich eines Bebauungsplans bzw. im Innenbereich

aa) Rechtliche Vorgaben

Gem. § 31 b Abs. 2 S. 1 WHG werden durch Landesrecht die Gewässer oder Gewässerabschnitte bestimmt, bei denen durch Hochwasser nicht nur geringfügige Schäden entstanden oder zu erwarten sind. Hierauf aufbauend sollen ebenfalls durch Landesrecht mindestens die Gebiete als Überschwemmungsgebiete festgesetzt werden, in denen ein Hochwasserereignis statistisch einmal in 100

---

203 Vgl. BVerwG v. 30.1.2003 – 4 CN 14/01 –, BVerwGE 117, 351, 355.

204 Vgl. *Reidt*, in: Gelzer/Bracher/Reidt, Rdn. 80; BVerwG v. 9.2.2004 – 4 BN 28/03 –, NuR 2004, 661.

Jahren zu erwarten ist (Bemessungshochwasser). Die Frist hierfür endet gem. § 31 b Abs. 2 S. 3 WHG zum 10. Mai 2012.

Wenn die Gefahr besteht, dass infolge von Überschwemmungen hohe Schäden entstehen, wobei hier im Besonderen an Siedlungsgebiete zu denken ist, dann endet die Umsetzungsfrist gem. § 31 b Abs. 2 S. 4 WHG bereits zwei Jahre früher, d.h. zum 10. Mai 2010. Dementsprechend werden die Wasserrechtsbehörden, zumal die vorgegebenen Fristen sehr knapp bemessen sind, wohl vorrangig mit der Festsetzung von Überschwemmungsgebieten in Bebauungsplangebieten bzw. im Innenbereich beginnen.

Bis zum Erlass des Gesetzes zur Verbesserung des vorbeugenden Hochwasserschutzes wurde zwar teilweise bezweifelt, ob die Festsetzung eines Überschwemmungsgebiets im Geltungsbereich eines Bebauungsplans bzw. im Innenbereich rechtlich möglich sei. So vertrat *März*[205] die Auffassung, dass es grundsätzlich unverhältnismäßig und damit verfassungswidrig sei, möglichen Ansprüchen ohne Entschädigung durch den Erlass einer entsprechenden Verordnung die Grundlage zu entziehen. Diese Bedenken können sicherlich auch auf die Regelungen der Hochwasserschutznovelle übertragen werden, zumal diese insoweit nur festschreibt, was bis zum In-Kraft-Treten der Novelle bereits auf der Grundlage der bisherigen Vorschriften des Wasserhaushaltsgesetzes und des Bayerischen Wassergesetzes – zumindest teilweise – der Verwaltungspraxis entsprach. Letztlich sind diese verfassungsrechtlichen Bedenken aber nicht durchgreifend. Die Rechtsprechung hatte sich bereits vor Erlass des Gesetzes zur Verbesserung des vorbeugenden Hochwasserschutzes mit der Frage zu befassen, ob es mit der Verfassung vereinbar ist, dass ein Überschwemmungsgebiet auch innerhalb des Geltungsbereichs eines Bebauungsplans festgesetzt wird[206]:

(1) Überschwemmungsgebiete und Verfassungsrecht

Die Festsetzung eines Überschwemmungsgebiets innerhalb des Geltungsbereichs eines Bebauungsplans kann zwar auch zur Konsequenz haben, dass der Bebauungsplan nicht mehr umgesetzt werden kann. Hierin kann aber weder ein unzulässiger Eingriff in die Planungshoheit der Gemeinde noch in das Eigentumsgrundrecht der Verordnungsbetroffenen gesehen werden. Hierzu führte das Bundesverwaltungsgericht wie folgt aus[207]:

> „Kommunale Planungsentscheidungen und Vorstellungen der Gemeinde über die künftige Entwicklung ihres Gemeindegebiets sind nicht losgelöst von den natürlichen Gegebenheiten möglich, sondern haben ihnen zu folgen. Auch ohne rechtliche Festsetzung eines Überschwemmungsgebiets muss die Gemeinde bei der Überplanung des natürlichen Überschwemmungsgebiets

---

205 Vgl. *März*, KommPraxis-BY 2001, 244, 245.

206 Vgl. Rheinl.-Pf. OVG v. 30.10.2003 – 1 C 10100/03 –, UPR 2004, 194, 197.

207 Vgl. BVerwG v. 22.7.2004 – 7 CN 1/04, BauR 2005, 527, 530.

eines Gewässers in ihre Abwägung die Notwendigkeit einbeziehen, Gebiete aus Gründen des Gewässerschutzes von Nutzungen frei zu halten, welche den schadlosen Hochwasserabfluss oder die dafür erforderliche Wasserrückhaltung behindern."

Verordnungen, die amtliche Überschwemmungsgebiete festsetzen, sind als Inhalts- und Schrankenbestimmungen i.S.d. Art. 14 Abs. 1 S. 2 GG anzusehen[208]. In der Festsetzung eines Überschwemmungsgebiets kann insbesondere keine Enteignung gesehen werden, da die Verordnung gerade nicht darauf abzielt, konkrete Rechtspositionen vollständig oder auch nur teilweise zu entziehen. Mit der Verordnung ist vielmehr nur bezweckt, Rechte und Pflichten am Eigentum näher auszugestalten. Wie jede andere staatliche Maßnahme muss zwar auch eine Inhalts- und Schrankenbestimmung dem Grundsatz der Verhältnismäßigkeit entsprechen. Die Festsetzung eines Überschwemmungsgebiets wird aber regelmäßig verhältnismäßig sein, selbst wenn der Vollzug der Verordnung zur Konsequenz hätte, dass bisherige, an sich bestehende Nutzungsoptionen in der Folgezeit nicht mehr genehmigt werden könnten. Dies gilt jedenfalls dann, wenn die Festsetzung eines Überschwemmungsgebiets nicht nur darauf abzielt, ehemalige Rückhalteflächen, die aktuell nicht mehr hochwassergefährdet sind[209], zurück zu gewinnen. Mit den §§ 31 a ff. WHG und den hierauf gestützten Verordnungen soll eine Gemeinwohlaufgabe von hohem Rang erfüllt werden. Gerade die Hochwasser der letzten Jahre zeigen eindrücklich auf, von welcher elementaren Bedeutung der Hochwasserschutz für die in diesen gefährdeten Regionen Lebenden ist. Die Festsetzung von Überschwemmungsgebieten ist ein geeignetes und erforderliches Mittel, natürliche Rückhalteflächen zu erhalten und dadurch den schadlosen Abfluss des Hochwassers sicherzustellen. Außerdem kann, sofern in der Vergangenheit bereits Fehlentwicklungen eingeleitet wurden, einer weiteren Verschärfung der Problematik entgegengewirkt werden. Auch wenn im Einzelfall die Festsetzung des Überschwemmungsgebiets zur Folge haben kann, dass Baugenehmigungen nicht mehr erteilt werden können und dies eine massive Wertbeeinträchtigung für den jeweiligen Eigentümer der Grundstücke bedeutet, ist dies letztlich von diesem hinzunehmen. Einerseits werden Gebäude, die in von Hochwasser bedrohten Gebieten gebaut werden, selbst dem Hochwasser ausgesetzt. Andererseits muss in diese Betrachtung mit eingestellt werden, dass durch die Zulassung weiterer Bauvorhaben in diesen sensiblen Bereichen das Schadensrisiko für Dritte verschärft wird. Letztlich ist die Regelung deshalb auch angemessen, da die Lage des Grundstücks im Überschwemmungsgebiet Beschränkungen in der Nutzung nicht nur nahe legt, vielmehr diese gerade fordert.

---

208 Vgl. hierzu auch den Abschnitt 1 unter C. I.

209 Dies wäre z.B. denkbar, wenn Deiche, die vor Hochwasser schützen, zurückgesetzt und die neu gewonnenen Flächen als Überschwemmungsgebiet festgesetzt werden.

(2) Die Erforderlichkeit der Festsetzung eines Überschwemmungsgebiets

Auch innerhalb des Bereichs eines bereits weitgehend realisierten Bebauungsplans bzw. im Innenbereich ist die Festsetzung eines Überschwemmungsgebiets noch „erforderlich" im Sinne des Verhältnismäßigkeitsgrundsatzes. Die Einschränkung der Bebaubarkeit kann hier noch einen Beitrag dazu leisten, dass sich die Hochwasserschutzproblematik zunächst zumindest nicht verschlechtert, insbesondere wenn bebaute Ortslagen noch Baulücken oder eine erst wenig verdichtete Bebauung aufweist. So kann verhindert werden, dass schleichend noch vorhandene Flächen für den schadlosen Abfluss des Hochwassers und die dafür erforderliche Wasserrückhaltung verloren gehen[210].

Dies muss auch im Bereich vollständig realisierter Bebauungspläne gelten. Den bereits – legal – errichteten Gebäuden kommt zwar ein Bestandsschutz zu. Dementsprechend wird sich die Hochwassersituation kurzfristig nicht verbessern. Wenn allerdings z.B. ein Gebäude am Ortsrand abgebrochen wird und eine neue Genehmigung selbst unter Berücksichtigung des § 35 Abs. 4 BauGB ausscheidet, dann werden Rückhalteflächen zurück gewonnen[211].

bb) Verfahrenslast

Mit der förmlichen Festsetzung eines Überschwemmungsgebiets ist eine Verschiebung der Verfahrenslast verbunden. D.h., die Genehmigungsbehörde kann sich auf die Festsetzung des Überschwemmungsgebiets berufen und steht nicht vor der Schwierigkeit, in jedem Einzelfall den Nachweis führen zu müssen, dass Gründe des Hochwasserschutzes einer Bebauung des Grundstücks entgegenstehen. Vielmehr muss der Eigentümer des Baugrundstücks grundstücksbezogen darlegen, dass eine Bebauung des Grundstücks mit den Belangen des Hochwasserschutzes vereinbar ist[212] bzw. in einem Normenkontrollverfahren darstellen, dass die amtliche Festsetzung eines Überschwemmungsgebiets nicht erforderlich war.

III. Faktische Überschwemmungsgebiete und Bebauungspläne

Gebiete, die die Tatbestandsmerkmale des § 31 b Abs. 1 WHG erfüllen, aber weder amtlich noch vorläufig gesichert wurden, werden als sog. faktische Überschwemmungsgebiete bezeichnet[213]. Für diese gilt das allgemeine Erhaltungsgebot des § 31 b Abs. 6 S. 1 WHG.

---

210 Vgl. BVerwG v. 22.7.2004 – 7 CN 1.04 –, BauR 2005, 527, 530; siehe hierzu auch den Abschnitt 2 unter B. II. 2. a) bb) „Funktionslosigkeit eines Überschwemmungsgebiets".

211 Vgl. Abschnitt 1 unter B. II. 2. b) „§ 35 Abs. 4 Nr. 3 BauGB".

212 Vgl. BVerwG v. 22.7.2004 – 7 CN 1.04 –, BauR 2005, 527, 529.

213 Vgl. *Knopp*, in: Knopp/Hermann, S. 164 Rdn. 13.

1. Verhältnis des § 31 b Abs. 4 und 5 WHG zu § 31 b Abs. 6 S. 1 WHG

Es wurde bereits dargestellt, dass innerhalb eines amtlich festgesetzten Überschwemmungsgebiets neue Baugebiete nur dann ausgewiesen werden können, wenn die in § 31 b Abs. 4 S. 2 WHG genannten Merkmale erfüllt werden. Nach der hier vertretenen Auffassung[214] ist innerhalb des Geltungsbereichs des § 31 b Abs. 4 S. 1 und S. 2 WHG kein Raum für die Anwendung des § 31 b Abs. 6 S. 1 WHG, da § 31 b Abs. 4 S. 1 und S. 2 WHG als die insoweit speziellere Vorschrift den Abs. 6 S. 1 verdrängt[215]. Entsprechendes muss für § 31 b Abs. 5 WHG gelten. Bis zu einer amtlichen Festsetzung als Überschwemmungsgebiet verpflichtet § 31 b Abs. 5 WHG den Landesgesetzgeber zu regeln, dass nach Abs. 2 S. 3 und S. 4 noch nicht festgesetzte Überschwemmungsgebiete ermittelt, in Kartenform dargestellt und vorläufig gesichert werden. Sobald die Überschwemmungsgebiete gesichert sind, können neue Baugebiete ebenfalls nur bei Einhaltung des in Abs. 4 S. 2 vorgegebenen Ausnahmekatalogs ausgewiesen werden (vgl. hierzu § 31 b Abs. 5 S. 2 WHG). Auch hier muss § 31 Abs. 6 S. 1 WHG der insoweit spezielleren Vorschrift den Vortritt lassen. Damit kommt § 31 b Abs. 6 S. 1 WHG, obwohl er auch auf die Absätze 2 und 5 Bezug nimmt, nur zur Anwendung, wenn nicht zugleich der Anwendungsbereich des § 31 b Abs. 4 S. 1 und Abs. 5 WHG eröffnet ist[216].

§ 31 b Abs. 6 S. 1 Halbs. 1 WHG stellt – vom Wortlaut ausgehend – nicht nur amtlich festgesetzte Überschwemmungsgebiete nach § 31 b Abs. 2 WHG und vorläufig gesicherte Überschwemmungsgebiete nach § 31 b Abs. 5 WHG unter Schutz, sondern daneben gerade auch, wie die kumulative Aufzählung bestätigt, alle Gebiete, die die Tatbestandsmerkmale des § 31 b Abs. 1WHG erfüllen. Dies hat zur Konsequenz, dass die Gemeinde einen Bebauungsplan innerhalb faktischer Überschwemmungsgebiete nur dann aufstellen kann, wenn den Vorgaben des § 31 b Abs. 6 S. 1 WHG Rechnung getragen wird.

2. § 31 b Abs. 6 S. 1 WHG: Unmittelbar geltendes Recht?

§ 31 b Abs. 6 S. 1 Halbs. 1 WHG bestimmt, dass Überschwemmungsgebiete nach den Absätzen 1, 2 und 5 in ihrer Funktion als Rückhalteflächen zu erhalten sind. Für den verwaltungsrechtlichen Vollzug und die Konsequenzen hieraus ist zunächst von entscheidender Bedeutung, dass diese Regelung unmittelbar geltendes Recht darstellt[217]. Dies ist auch verfassungsrechtlich unbedenklich. Im

---

214 Vgl. hierzu auch Abschnitt 2 unter B. II. 2. a) a.E.

215 Vgl. *Jekel*, ZUR 2005, 393, 397.

216 Im vorhergehenden Abschnitt wurde bereits dargestellt, dass dies – zumindest in den rechtlichen Konsequenzen – zu keinen abweichenden Ergebnissen führen wird. Zur Vermeidung von Wiederholungen darf auf diese Ausführungen verwiesen werden. Ergänzend sei nur noch angemerkt, dass dies selbstverständlich auch für den § 31 b Abs. 5 WHG gilt.

217 Vgl. hierzu die Urteile des BayVGH v. 27.4.2004 – 26 N 02.2437 –, NuR 2005, 109, 110 und des Nds. OVG v. 15.5.2003 – 1 KN 3008/01 –, BauR 2003, 1524, 1526; allerdings

Unterschied zu § 31 b Abs. 4 WHG kann sich § 31 b Abs. 6 S. 1 WHG zwar nicht auf die dem Bund gem. Art. 74 Abs. 1 Nr. 18 GG zustehende konkurrierende Gesetzgebungskompetenz stützen[218]. So lässt bereits der sprachlich sehr weit gefasste § 31 Abs. 6 S. 1 WHG eine eindeutige Zuordnung zum Bereich des Bodenrechts nicht zu[219]. Allerdings kann, wie dem Art. 75 Abs. 2 GG zu entnehmen ist, der Bundesgesetzgeber im Ausnahmefall auch im Bereich der Rahmengesetzgebung unmittelbar geltende Regelungen erlassen.

Die aus § 31 b Abs. 6 S. 1 WHG resultierende Verpflichtung bindet damit nicht nur die mit dem Wasserrecht betrauten Behörden, sondern alle Planungsträger und Nutzer, die mit ihrem Vorhaben die Funktionsfähigkeit eines Gebiets als Rückhalteraum beeinträchtigen können[220]. Auf die Bauleitplanung übertragen hat dies zur Konsequenz, dass ein entsprechender Plan, der den Maßgaben des § 31 b Abs. 6 S. 1 WHG nicht genügt, wegen Verstoßes gegen höherrangiges Recht grundsätzlich unwirksam ist.

3. *Bestandsgarantie für Überschwemmungsgebiete*

Bebauungspläne sind zwar grundsätzlich unwirksam, wenn sie gegen die Vorgaben des § 31 b Abs. 6 S. 1 Halbs. 1 WHG verstoßen, allerdings gilt dies nicht ausnahmslos. Wie dem Halbsatz 2 des § 31 b Abs. 6 S. 1 WHG entnommen werden kann, ist die Aufstellung eines Bebauungsplans möglich, wenn der Erhaltung des Überschwemmungsgebiets in seiner Funktion als Rückhaltefläche überwiegende Gründe des Allgemeinwohls entgegenstehen und – kumulativ – rechtzeitig die notwendigen Ausgleichsmaßnahmen getroffen werden.

Nur nach Maßgabe dieses Ausnahmetatbestands kommt dem Überschwemmungsgebiet eine Bestandsgarantie zu. Bevor auf die in § 31 b Abs. 6 S. 1 Halbs. 2 WHG genannten Ausnahmekriterien eingegangen wird, sollen zunächst die inhaltlichen Vorgaben des § 31 b Abs. 6 S. 1 WHG näher untersucht werden.

a) § 31 b Abs. 6 S. 1 Halbs. 1 WHG

§ 31 b Abs. 6 S. 1 Halbs. 1 WHG normiert, dass Überschwemmungsgebiete im Sinne der Absätze 1, 2 und 5 in ihrer Funktion als Rückhalteflächen zu erhalten sind. Hiervon ausgehend kann die hiermit verbundene Bestandsgarantie von Über-

---

noch zu § 32 WHG a.F.; *Knopp*, in: Sieder/Zeitler/Dahme, § 31 b WHG Rdn. 6; *Drost*, Band 1, § 31 b WHG Rdn. 108; a.A. aber ohne Begründung *Zeitler*, in: Sieder/Zeitler, Art. 61 BayWG Rdn. 1; *Kotulla*, NVwZ 2006, 129, 130.

218 Vgl. zu § 31 b Abs. 4 WHG die Ausführungen unter Abschnitt 1 unter C. III. 3.

219 A.A. *Drost*, Band 1, § 31 b WHG Rdn. 108: Dieser sieht als Kompetenzgrundlage den Art. 74 Abs. 1 Nr. 18 GG an. Letztlich kann jedoch dahinstehen, ob Art. 74 Abs. 1 Nr. 18 GG oder Art. 75 Abs. 1 Nr. 4 GG dem Bund das Recht einräumt, die Regelung zu erlassen. In beiden Varianten wäre § 31 b Abs. 6 S. 1 WHG unmittelbar geltendes Recht.

220 Vgl. *Czychowski/Reinhardt*, § 32 WHG Rdn. 13.

schwemmungsgebieten nur dann als rechtliches Hindernis seine Schranken setzende Wirkung entfalten, wenn auch die beiden darin bezeichneten Tatbestandsmerkmale erfüllt sind.

Die Bauleitplanung der Gemeinde muss sich zunächst auf Überschwemmungsgebiete im Sinne der Absätze 1, 2 und 5 auswirken können. Soweit die Vorschrift allerdings auf die Absätze 2 und 5 abstellt, kommt dem lediglich klarstellende Bedeutung zu, da sowohl amtlich festgesetzte als auch vorläufig gesicherte Überschwemmungsgebiete überdies die Merkmale eines Überschwemmungsgebiets im Sinne des Absatzes 1 erfüllen. Beide Varianten setzen zwingend voraus, dass der Festsetzung bzw. der vorläufigen Sicherung ein Überschwemmungsgebiet i.S.d. § 35 b Abs.1 WHG zugrunde liegt.

Des Weiteren muss hinzukommen, dass sie in ihrer Funktion als Rückhalteflächen betroffen werden.

aa) Überschwemmungsgebiete i.S.d. § 31 b Abs. 6 S. 1 Halbs. 1 WHG

Rein auf den Wortlaut des § 31 b Abs. 6 S. 1 WHG abgestellt, würde der Überschwemmungsgebieten durch § 31 b Abs. 6 S. 1 WHG eingeräumte Bestandsschutz nicht nur dann greifen, wenn diese durch eine Rechtsverordnung förmlich festgesetzt bzw. zumindest vorläufig gesichert wurden i.S.d. § 31 b Abs. 5 WHG. Durch die Bezugnahme auch auf den Absatz 1 würden dies ebenso für sonstige Gebiete gelten, sofern diese die Merkmale eines Überschwemmungsgebiets nach dieser Vorschrift zu erfüllen vermögen. Dies bedarf jedoch einer einschränkenden Auslegung. Wie gerade der Alternative 3 des § 31 b Abs. 1 WHG entnommen werden kann („sonstige Gebiete, die [...] für die Hochwasserentlastung oder Rückhaltung beansprucht werden“), zählen zu den Überschwemmungsgebieten ebenso Flächen, die zwar aktuell keinem Überschwemmungsrisiko ausgesetzt sind, die aber gezielt für die Entlastung bzw. für die Rückhaltung von Hochwasser benötigt werden.

Wie der Regelung in § 31 b Abs. 6 S. 2 WHG zu entnehmen ist, sollen frühere Überschwemmungsgebiete, die als Rückhalteflächen geeignet sind, zwar soweit wie möglich wieder hergestellt werden, wenn überwiegende Gründe des Wohles der Allgemeinheit nicht entgegenstehen. Im Unterschied zu Flächen, die einen aktuellen Beitrag zur Hochwasserentlastung leisten, sind diese Flächen aber nicht mit dem gleichen rechtlichen Gewicht ausgestattet. Während Ersteren ein grundsätzlich strikt zu beachtender Bestandsschutz zukommt, sind Letztere zwar mit dem ihnen zukommenden Gewicht im Rahmen von planerischen Abwägungsentscheidungen zu berücksichtigen. Letztlich besteht diesbezüglich noch ein Abwägungsspielraum[221]. Zusammenfassend ist deshalb festzuhalten, dass § 31 b Abs. 6 S. 1 Halbs. 1 WHG insoweit einschränkend ausgelegt werden muss, als nur solche

---

221 Vgl. *Czychowski/Reinhardt*, § 32 WHG Rdn. 13.

Flächen der Bestandsgarantie unterfallen, die noch aktuell einen Beitrag zum Hochwasserschutz leisten[222].

bb) Erhalt der Funktion von Überschwemmungsgebieten als Rückhalteflächen

Der Bestandsschutz des § 31 b Abs. 6 S. 1 WHG greift nur dann, wenn Überschwemmungsgebiete in ihrer Funktion als Rückhalteflächen beeinträchtigt werden.

Wenn eine Gemeinde einen Bebauungsplan ändert bzw. erstmalig im Innenbereich aufstellt, stellt sich die Frage, ob den bereits bebauten Bereichen, also den bereits existenten Siedlungsgebieten, noch die Funktion als Rückhaltefläche zugewiesen werden kann. Die Beantwortung dieser Frage ist in ihren Auswirkungen für den baurechtlichen Vollzug von gravierender Bedeutung und wird deshalb in den nächsten Jahren auch die Gerichte beschäftigen. Geht man nämlich davon aus, dass bebaute Siedlungsgebiete noch die Funktion von Rückhalteflächen haben, so wäre es Gemeinden, gerade unter Berücksichtigung der Hochwassersituation in manchen Talräumen, oft nicht möglich, den dann gem. § 31 b Abs. 6 S. 1 Halbs. 2 WHG erforderlich werdenden Retentionsraumausgleich zu schaffen, und zwar unabhängig davon, ob überwiegende Gründe des Gemeinwohls für die Aufstellung bzw. Änderung des Bebauungsplans geltend gemacht werden können.

Der bisherige § 32 Abs. 2 S. 1 WHG, dem der jetzige § 31 b Abs. 6 S. 1 WHG offensichtlich nachgebildet ist, unterschied sich von der jetzigen Fassung nur dadurch, dass ursprünglich bestimmt war, dass Überschwemmungsgebiete in ihrer Funktion als „natürliche" Rückhalteflächen zu erhalten seien. Der Begriff „natürlich" ist in der jetzt geltenden Fassung gestrichen worden. Zur ursprünglichen Gesetzesfassung vertrat *Knopp*[223] die Auffassung, dass vom Begriff „natürlich" ausgehend zu verlangen sei, dass die ursprüngliche Nutzungsstruktur noch im Wesentlichen unbeeinträchtigt sei. Dementsprechend können natürliche Rückhalteflächen nur solche Bereiche eines Überschwemmungsgebiets sein, deren auf ihrer natürlich vorhandenen Morphologie beruhende Funktion, aus dem Gewässerbett austretendes Wasser zurückzuhalten und auch schadlos abfließen zu lassen, noch nicht durch die menschliche Nutzungsstruktur beeinträchtigt sei, wobei unerhebliche Beeinträchtigungen außer Betracht bleiben sollen. Diese Auffassung kann aus folgenden Gründen nicht überzeugen:

1. So erscheint es zunächst nicht konsequent, wenn man im Rahmen der Bestimmung, was ein Überschwemmungsgebiet ist, bauliche Vorbelastungen ausblendet und sie deshalb zu Überschwemmungsgebieten erklärt, ihnen gleichzeitig aber die Funktion als Rückhalteflächen abspricht. Auch unterstellt der Gesetzgeber, da er in § 31 b Abs. 6 S. 1 WHG auf Abs. 2 Bezug

222 Hiervon unabhängig würde die Anwendung des § 31 b Abs. 6 S. 1 Halbs. 1 WHG jedenfalls auch deshalb ausscheiden, weil diese Gebiete bereits in der Vergangenheit ihre Funktion als Rückhaltsflächen verloren haben.

223 Vgl. *Knopp*, in Sieder/Zeitler/Dahme, § 32 WHG a.F. Rdn. 22.

nimmt, dass alle Gebiete[224], die der Legaldefinition von Überschwemmungsgebieten entsprechen, diese Funktion als Rückhalteflächen auch erfüllen. Anderenfalls hätte er nicht das Ziel vorgeben können, dass diese in ihrer Funktion als Rückhalteflächen zu „erhalten“ seien.

2. Orientiert man sich am Sinn und Zweck der Regelung, werden die mit der Aufnahme des § 31 b Abs. 6 S. 1 WHG in das Wasserhaushaltsgesetz verfolgten Ziele – soweit noch möglich – nur erreicht, wenn man noch davon ausgeht, dass auch überbaute Flächen noch die Funktion von Rückhalteflächen haben. § 31 b Abs. 6 S. 1 WHG ist offensichtlich dem bisherigen § 32 Abs. 2 WHG nachgebildet. Dieser wurde durch das Änderungsgesetz VI in den damals gültigen § 32 WHG eingefügt. Der Gesetzgeber verfolgte dabei das Ziel, dem vorbeugenden Hochwasserschutz dadurch ein besonderes Gewicht zu geben, dass er die Aufrechterhaltung und Wiederherstellung natürlicher Rückhalteflächen ausdrücklich zur Aufgabe in einem Überschwemmungsgebiet machte[225]. Selbst geringfügige Eingriffe, die für sich betrachtet nur untergeordnet zu einem Verlust an Retentionsraum führen, addieren sich und haben letztlich zur Konsequenz, dass notwendiger Retentionsraum verloren geht, wenn man den jetzt gültigen § 31 b Abs. 6 S. 1 WHG auf diese Fallgestaltungen nicht zur Anwendung bringt.
3. Gem. § 31 b Abs. 2 S. 4 WHG sollen Überschwemmungsgebiete insbesondere dort festgesetzt werden, wo infolge Hochwassers mit erheblichen Schäden zu rechnen ist. Aus diesem Grunde sollen insbesondere auch Siedlungsgebiete in den Geltungsbereich von Überschwemmungsgebieten einbezogen werden (vgl. hierzu § 31 b Abs. 2 S. 4 WHG). Es wäre ein nicht nachvollziehbarer Systembruch zwar vorzugeben, dass insbesondere Siedlungsgebiete als Überschwemmungsgebiete festzusetzen und bis zu deren Festsetzung gem. § 31 b Abs. 5 WHG zunächst vorläufig zu sichern sind, den Schutz faktischer Überschwemmungsgebiete bis zu deren förmlicher Unterschutzstellung aber abzulehnen. Dadurch würde die gesetzgeberische Intention gerade unterlaufen.
4. In Abschnitt 2 unter Punkt B. II. 2. a) bb) wurde dargestellt, dass – so auch die Rechtsprechung des Bayerischen Verwaltungsgerichtshofs – ein amtlich festgesetztes Überschwemmungsgebiet nicht dadurch funktionslos werden kann, dass zwischenzeitlich in diesem Gebiet Siedlungsstrukturen entstanden sind. Es ist nur konsequent, dies auf faktische Überschwemmungsgebiete zu übertragen.

Der Gesetzgeber hat sich in der jetzigen Fassung des § 31 b Abs. 6 S. 1 WHG dafür entschieden, auf den Begriff „natürlich“ zu verzichten. Der bisherigen gegenteiligen Auffassung ist damit die Argumentationsgrundlage entzogen. Das Gesetz stellt nur noch darauf ab, ob ein Gebiet einen Beitrag zur Hochwasserrückhaltung leistet. Dies ist – wenn auch nicht erwünscht – rein tatsächlich jedoch der Fall. Zusammenfassend ist deshalb festzuhalten, dass auch innerhalb bebauter Bereiche den Vorgaben des § 31 b Abs. 6 S. 1 WHG entsprochen werden muss.

---

224 und damit auch Siedlungsgebiete.

225 Vgl. *Czychowski/Reinhardt*, § 32 WHG Rdn. 12.

Ergänzend soll aber noch auf Folgendes hingewiesen werden: Selbst wenn man der Auffassung zuneigt, dass bebaute Bereiche ihre Funktion als Rückhalteflächen verloren haben und die Gemeinde im Rahmen des Verfahrens zur Aufstellung eines Bebauungsplans deshalb den ansonsten einem Überschwemmungsgebiet zukommenden Bestandsschutz nicht beachten muss, so hat dies gerade nicht zur Konsequenz, dass ein Bebauungsplan ohne Weiteres aufgestellt werden kann. Es darf gerade nicht verkannt werden, dass das Plangebiet gleichwohl einem Hochwasserrisiko ausgesetzt ist. Wie im Rahmen des Abschnitts 2 unter D. noch ausführlich dargelegt werden wird, hat sich die Gemeinde im Rahmen ihrer Abwägung mit der Hochwasserproblematik zu beschäftigen und diese letztlich zufrieden stellend zu lösen. Dabei muss einerseits sichergestellt werden, dass die Planunterworfenen vor Überschwemmungen geschützt werden; zum anderen darf sich die Hochwasserproblematik insbesondere auch außerhalb des Geltungsbereichs des Bebauungsplans nicht verschärfen. Sofern der Gemeinde dies nicht gelingt, wäre der Bebauungsplan zwar nicht wegen Verstoßes gegen § 31 b Abs. 6 S. 1 WHG unwirksam, aber wegen eines Verstoßes gegen das Gebot pflichtgemäßer Abwägung.

b) § 31 b Abs. 6 S. 1 Halbs. 2 WHG

Überschwemmungsgebiete genießen zwar einen Bestandsschutz, diesem sind allerdings auch Grenzen gesetzt. So bestimmt § 31 b Abs. 6 S. 1 Halbs. 2 WHG, dass Überschwemmungsgebiete nicht erhalten werden müssen, wenn dem überwiegende Gründe des Wohles der Allgemeinheit entgegenstehen und rechtzeitig die notwendigen Ausgleichsmaßnahmen getroffen werden.

aa) Entgegenstehen überwiegender Gründe des Wohles der Allgemeinheit

Ob überwiegende Gründe des Allgemeinwohls entgegenstehen, ist auf der Grundlage einer Interessenabwägung zu entscheiden. Die Begriffe „überwiegend“ und „entgegenstehen“ verdeutlichen aber, dass die Aufgabe eines Überschwemmungsgebiets nur dann in Betracht kommt, wenn die der Erhaltung entgegenstehenden Gründe des Wohles der Allgemeinheit die Belange des Hochwasserschutzes an Wichtigkeit noch übertreffen[226]. Ein Überschwemmungsgebiet kann in seiner Funktion als Rückhaltefläche daher nur eingeschränkt oder ganz aufgegeben werden, wenn ihm andere gewichtige Belange im konkreten Einzelfall vorgehen[227]. Da nicht gesetzlich bestimmt ist, was „überwiegende Gründe des Wohles der Allgemeinheit“ sind, muss dies unter Berücksichtigung der konkreten Umstände des Einzelfalls festgestellt werden. Insoweit muss zunächst herausgearbeitet werden, welche konkreten Gründe für die Aufstellung des Bebauungsplans sprechen. Diese werden dabei zumeist aus Bereichen außerhalb der Wasserwirt-

226 Vgl. BayVGH v. 27.4.2004 – 26 N 02.2437 –, NuR 2005, 109, 110.
227 Vgl. *Czychowski/Reinhardt*, § 32 WHG Rdn. 14.

schaft kommen. Zu denken wäre insbesondere an die Ansiedlung von Industrieunternehmen mit Standortzwang, die Schaffung einer größeren Anzahl von Arbeitsplätzen, die Sicherung von Verkehrsinfrastruktureinrichtungen oder die zwingend vorgegebene Richtung der Siedlungsentwicklung[228].

Die Entscheidung, welchem der im Einzelfall widerstreitenden öffentlichen Interessen der Vorrang einzuräumen ist, setzt – wie bereits ausgeführt – auf Seiten des Planers eine Interessenabwägung voraus.

Hierzu führt der Bayerische Verwaltungsgerichtshof in seinem Urteil vom 27. April 2004[229] wie folgt aus:

> „Es erscheint zweifelhaft, ob diese Interessenabwägung einer vollen gerichtlichen Kontrolle unterliegt. Denn die ‚Richtigkeit' des Ergebnisses der Interessenabwägung lässt sich häufig abschließend, so auch hier, nur unter Berücksichtigung einer ihrerseits auf planerischer Abwägung beruhenden Gesamtplanung der Gemeinde und der übrigen öffentlichen und privaten Belange, also im Wege einer Abwägungskontrolle entscheiden. Es spricht daher vieles dafür, dass insoweit die gerichtliche Kontrolldichte nach Maßgabe der zur Überprüfung von planerischen Abwägungsentscheidungen entwickelten Grundsätzen beschränkt ist."

Dem ist zuzustimmen. Wie unter Abschnitt 2 unter A. dargelegt, steht der Gemeinde bei der Entscheidung, ob sie einen Bebauungsplan aufstellen will, sowohl Entschließungs- als auch Gestaltungsermessen zu. D.h., sowohl die Entscheidung über das „Ob" und „Wann" als auch über das „Wie" der Aufstellung eines Bebauungsplans steht im planerischen Ermessen der Gemeinde. Eine Planung ohne diesen Gestaltungsspielraum wäre ein Widerspruch in sich selbst[230]. Ob ein Bebauungsplan nach Maßgabe des § 1 Abs. 3 S. 1 BauGB erforderlich ist, kann sich dementsprechend auch nur auf der Grundlage der planerischen Konzeption der Gemeinde beurteilen[231]. Dies hat aber zwingend zur Konsequenz, dass der einer Planung innewohnende Gestaltungsspielraum nur beschränkt gerichtlich überprüft werden kann.[232]. Eine Interessenabwägung, in die Elemente kommunaler Planung einfließen, muss diesem Umstand Beachtung schenken. Es ist deshalb nur konsequent, die im Rahmen des § 31 b Abs. 6 S. 1 WHG anzustellende Interessenabwägung einer nur eingeschränkten gerichtlichen Kontrolle zu unterwerfen.

Ob man mit dem Bayerischen Verwaltungsgerichtshof dazu tendiert, diese Entscheidung nur nach Maßgabe der für planerische Abwägungsentscheidungen

---

228 Vgl. *Czychowski/Reinhardt*, § 32 WHG Rdn. 16.

229 Vgl. BayVGH v. 27.4.2004 – 26 N 02.2437 –, NuR 2005, 109, 110.

230 Vgl. *Hoppe*, in: Hoppe/Bönker/Grotefels, § 5 Rdn. 9.

231 Vgl. *Söfker*, in: Ernst/Zinkahn/Bielenberg, § 1 BauGB Rdn. 30 unter Verweis auf die std. Rspr. des BVerwG.

232 Vgl. *Söfker*, in: Ernst/Zinkahn/Bielenberg, § 1 BauGB Rdn. 31.

entwickelten Kriterien einer gerichtlichen Kontrolle zu unterwerfen oder ob man den Gerichten eine umfassende Kontrolldichte zuerkennt, bedarf häufig aber keiner abschließenden Entscheidung. Unabhängig davon, welcher dieser beiden Auffassungen man zuneigt, ist dies letztlich in seinen praktischen Konsequenzen von eher untergeordneter Bedeutung. Sofern die Gemeinde für die Aufstellung eines Bebauungsplans keine gewichtigen Gründe anführen kann, wird der Bebauungsplan unwirksam sein, und zwar unabhängig davon, ob man die Prüfung dieser Frage nur einer Abwägungskontrolle unterwerfen will oder den Gerichten ein uneingeschränktes Prüfungsrecht zubilligt. Das Gebot einer sachgerechten Abwägung setzt nicht nur voraus, dass die betroffenen Belange umfassend ermittelt und bewertet werden. Hinzukommen muss, dass der Ausgleich zwischen den von der Planung berührten öffentlichen Belangen in einer Weise vorgenommen wird, die zur objektiven Gewichtigkeit einzelner Belange nicht außer Verhältnis steht. Sofern die Gemeinde keine schwerwiegenden Gründe für ihre Planung anführen kann, wird die Planung, selbst wenn man ihr einen Abwägungsspielraum zubilligen möchte, an einem rechtserheblichen Fehler leiden.

bb) Rechtzeitiges Treffen der notwendigen Ausgleichsmaßnahmen

Wenn der Geltungsbereich eines Bebauungsplans sich auf das Gebiet eines Überschwemmungsgebiets erstreckt, sind zwei Problemfelder zu trennen. Zum einen muss die Gemeinde die Hochwasserproblematik für das Baugebiet lösen, d.h., es dürfen im Plangebiet keine hochwasserbedingten Schäden entstehen können. Wie noch ausführlich dargestellt werden wird, kann ein Bebauungsplan deshalb nur dann als „abwägungsfehlerfrei" angesehen werden, wenn die Gemeinde die Hochwasserproblematik löst. Sofern es hierzu beispielsweise erforderlich ist, dass der betroffene Planbereich hochwasserfreigestellt wird, muss regelmäßig ein entsprechendes Planfeststellungsverfahren gem. § 31 Abs. 2 WHG durchgeführt werden.

Mit der Hochwasserfreilegung für die Ausweisung eines neuen Baugebiets ist zwangsläufig aber auch der Verlust an Retentionsraum verbunden[233].

Soweit nun § 31 b Abs. 6 S. 1 Halbs. 2 WHG fordert, dass rechtzeitig die notwendigen Ausgleichsmaßnahmen für den verloren gehenden Retentionsraum zu treffen sind, kommt dieser (gesetzlichen) Ausgleichsverpflichtung zunächst eine nur subsidiäre Bedeutung zu. So kommt sie erst zum Tragen, wenn die Pflicht zur Erhaltung von Überschwemmungsgebieten durch das Entgegenstehen überwiegender Gründe des Wohles der Allgemeinheit im konkreten Einzelfall suspendiert ist[234]. Falls dies allerdings der Fall ist, müssen „rechtzeitig die notwendigen Ausgleichsmaßnahmen" getroffen werden. Bereits diese Formulierung

[233] Wenn auf eine Hochwasserfreilegung verzichtet werden kann, geht Retentionsraum zumindest aber durch die entstehenden Gebäude verloren.

[234] Vgl. BayVGH v. 27.4.2004 – 26 N 02.2437 –, NuR 2005, 109, 110.

wirft zwei interessante Fragen auf. So ist zunächst fraglich, was unter notwendigen Ausgleichsmaßnahmen in diesem Sinne zu verstehen ist. Weiter muss geklärt werden, wann die Ausgleichsmaßnahmen „rechtzeitig" erbracht werden. Die erste Frage kann wie folgt beantwortet werden:

(1) Umfang der notwendigen Ausgleichsmaßnahmen

Von der Zielsetzung ausgehend, die der Gesetzgeber mit der Einführung des § 32 Abs. 2 WHG a.F., jetzt § 31 b Abs. 6 S. 1 WHG verfolgte, nämlich einer weiteren Zuspitzung der Hochwassergefahr durch Bodenversiegelung, einer nicht standortgerechten Bodennutzung und dem stetigen Verlust natürlicher Überschwemmungsgebiete entgegenzuwirken[235], ist zu verlangen, dass die beeinträchtigten Strukturen und Funktionen der Rückhaltefläche möglichst gleichartig wieder hergestellt werden[236]. Dies ist nicht bereits dann zwingend der Fall, wenn rechnerisch der verloren gegangene Retentionsraum ausgeglichen wird. Die Ausgleichsmaßnahmen müssen vielmehr in einem sachlich-funktionalen Zusammenhang[237] mit dem den Retentionsraum beeinträchtigenden Eingriff stehen. Dies bedeutet nicht, dass die Ausgleichsmaßnahmen ortsnah durchgeführt werden müssen, auch wenn dies rein tatsächlich häufig der Fall sein wird. Entscheidend ist vielmehr, dass die Auswirkungen durch den Eingriff in das Überschwemmungsgebiet im konkreten Teilraum ausgeglichen werden. Mit anderen Worten, der Ausgleich hat so zu erfolgen, dass sich die Situation im Ergebnis für die in diesem Raum Lebenden nicht verschlechtert.

Es ist auch nicht zulässig, auf einen Ausgleich zu verzichten, nur weil mit der Maßnahme lediglich geringfügig in die Funktion der Rückhalteflächen eingegriffen wird. Bei rein isolierter Betrachtung mag die Maßnahme als solche an sich nur vernachlässigbare Auswirkungen haben. Sofern aber nicht auszuschließen ist, dass sich untergeordnete Eingriffe wiederholen, besteht die Gefahr, dass die vom Gesetzgeber verfolgten Zielsetzungen nicht erreicht werden können[238], zumal sich dann die Auswirkungen kumulieren. Deshalb muss auch in diesen Fällen der notwendige Ausgleich erbracht werden. Im Übrigen sollte es in diesen Fällen im Regelfall auch möglich sein, mit verhältnismäßigen Mitteln diesen Ausgleich zu schaffen.

In diesem Zusammenhang ist gerade für die Praxis die Frage sehr interessant, ob die Gemeinde andere Optionen hat, als selbst den Eingriff auszugleichen. So könnte man beispielsweise daran denken, dass sich die Gemeinde in dem Maße, in dem sie die bisherige Funktion als Rückhaltefläche beeinträchtigt, mit einem finanziellen Beitrag an einer Maßnahme einer anderen öffentlichen Körperschaft

---

235 Vgl. *Czychowski/Reinhardt*, § 32 WHG Rdn. 2.
236 Vgl. *Czychowski/Reinhardt*, § 32 WHG Rdn. 15.
237 Vgl. *Knopp*, in: Sieder/Zeitler/Dahme, § 32 WHG a.F. Rdn. 32.
238 Vgl. *Czychowski/Reinhardt*, § 32 WHG Rdn. 2.

beteiligt, die dazu dient, Hochwasser zurückzuhalten. Angesichts der derzeitigen finanziellen Situation der öffentlichen Haushalte könnten hier gleichsam „zwei Fliegen mit einer Klappe geschlagen werden". Dies hätte nicht nur für die Gemeinde den Vorteil, dass sie die Maßnahme nicht selbst durchführen müsste. Hinzu käme, dass die öffentliche Körperschaft, z.B. der Freistaat Bayern, vertreten durch das jeweilige Wasserwirtschaftsamt, aufgrund der finanziellen Beiträge großflächiger planen könnte und dies möglicherweise auch kostengünstiger, zumindest im Verhältnis zum gewonnenen Rückhaltevolumen. Im Ergebnis bestehen keine Bedenken gegen diese Vorgehensweise, wenn sich die Gemeinde für diesen Weg entscheidet. Wie nachfolgend noch dargestellt werden wird, muss die Maßnahme, an der sich die Gemeinde beteiligt, jedoch „rechtzeitig" umgesetzt werden, weil sonst nicht mehr von einem Ausgleich, dem auch ein gleichzeitiges Moment innewohnt, gesprochen werden kann[239].

(2) Frist zur Umsetzung der Ausgleichsmaßnahmen

Weiter verlangt das Gesetz, dass die Ausgleichsmaßnahmen rechtzeitig getroffen werden. Diese Forderung hat zur Konsequenz, dass die Ausgleichsmaßnahme so zeitnah realisiert werden muss, dass es zu keinem Zeitpunkt zu einer Erhöhung der Hochwassergefahr kommt[240]. Es kann deshalb im Einzelfall erforderlich sein, dass die Ausgleichsmaßnahmen schon vor dem Eingriffsakt umgesetzt sein müssen[241].

Zusammenfassend ist deshalb festzuhalten, dass, sobald mit der Umsetzung des Bebauungsplans begonnen wird und es hierdurch bedingt zu einem Verlust an Retentionsraum kommt, spätestens zu diesem Zeitpunkt die Ausgleichsmaßnahmen umgesetzt sein müssen.

4. *Die Änderung von Bebauungsplänen innerhalb faktischer Überschwemmungsgebiete*

Wurde in der Vergangenheit ein Bebauungsplan aufgestellt, obwohl er sich auf Gebiete erstreckt, die überschwemmt werden, so hat dies nicht zwingend zur Folge, dass dieser unwirksam ist. Lagen z.B. in der Vergangenheit, d.h. zum Zeitpunkt des abschließenden Satzungsbeschlusses (§ 214 Abs. 3 S. 2 BauGB), keine fachlichen Erkenntnisse vor, aus denen sich ergab, dass die überplanten Gebiete überschwemmungsgefährdet sind, und war die Problematik ansonsten nicht für die Gemeinde erkennbar, dann ist der Bebauungsplan wirksam[242]. Das Gleiche gilt selbstverständlich auch für den Fall, wenn die Gefahr von Über-

239 Vgl. *Zeitler*, in: Sieder/Zeitler, Art. 61 BayWG Rdn. 40.
240 Vgl. *Knopp*, in: Sieder/Zeitler/Dahme, § 32 WHG a.F. Rdn. 32.
241 Vgl. *Czychowski/Reinhardt*, § 32 WHG Rdn. 15; *Gassner*, in: Gassner/Bendomir-Kahlo/Schmidt-Räntsch, § 19 BNatSchG Rdn. 29.
242 Vgl. hierzu insbesondere Abschnitt 2 unter A. IV.

schwemmungen sich erst nachträglich als Ergebnis von Maßnahmen der Oberlieger entwickelte bzw. die Folge von Klimaveränderungen ist.

Wenn nun die Gemeinde auf städtebauliche Erfordernisse reagieren möchte und beschließt, den Bebauungsplan zu ändern, dann stellt sich die Frage, ob im Hinblick auf die Regelung in § 31 b Abs. 6 S. 1 Halbs. 1 WHG eine solche Änderung überhaupt möglich und – wenn ja – ob und in welchem Umfang gegebenenfalls verloren gehender Retentionsraum auszugleichen ist.

a) Planänderung oder Änderungsplan

Bevor auf die aufgeworfene Frage eingegangen wird, soll noch auf Folgendes hingewiesen werden: Wenn die Gemeinde Festsetzungen eines Bebauungsplans überarbeiten will, muss sie sich zunächst entscheiden, ob sie eine bloße Planänderung oder den Erlass eines Änderungsplans beabsichtigt. D.h., es ist zu unterscheiden, ob durch die Änderung nur eine Modifikation des ursprünglichen Bebauungsplans beabsichtigt ist, die diesem – räumlich und/oder sachlich begrenzt – einen neuen Inhalt gibt, oder ob es sich um einen rechtlich selbstständig zu bewertenden neuen Plan handelt[243]. Die Unterscheidung zwischen einer bloßen Modifikation eines bestehenden Plans durch Planänderung und einer räumlich begrenzten Überplanung durch einen Änderungsplan ist von Bedeutung für die Frage der Wirksamkeit der Änderung. Diese hängt bei einer bloßen Planänderung davon ab, ob auch der Ursprungsplan wirksam ist, während die Wirksamkeit eines Abänderungsplans in verfahrensrechtlicher und materieller Hinsicht nur durch die Abwicklung seines Aufstellungsverfahrens und seiner Planinhalte bestimmt ist.

Sollten Zweifel bestehen, ob der zu ändernde Bebauungsplan die Hochwasserproblematik sachgerecht gelöst hat, ist der Gemeinde zu empfehlen, den Weg über einen Änderungsplan zu gehen. Sofern der Mangel offensichtlich ist, sollte die Gemeinde auch klarstellend darauf hinweisen, dass sie einen neuen Bebauungsplan aufstellt. Würde die Gemeinde dagegen die Lösung über eine Planänderung suchen, dann zöge eine Unwirksamkeit des zugrunde liegenden Plans zwingend die Unwirksamkeit auch des neuen Plans nach sich.

Auch wenn der zugrunde liegende Bebauungsplan wirksam ist, kann die Gemeinde – und zwar unabhängig davon, ob es sich um eine bloße Planänderung oder um einen Änderungsplan handelt – die Hochwasserproblematik nicht ausklammern. Der Regelung in § 1 Abs. 8 BauGB ist zu entnehmen, dass die Vorschriften des Baugesetzbuchs über die Aufstellung auch auf deren Änderung anzuwenden sind. Das heißt, für die Gemeinde ist die Sach- und Rechtslage im Zeitpunkt der Beschlussfassung über den ändernden Bebauungsplan maßgebend (§ 214 Abs. 3 S. 1 BauGB). Die Gemeinde muss sich deshalb mit der zwischen-

243 Vgl. *Kuschnerus*, Der sachgerechte Bebauungsplan, Rdn. 73.

zeitlich erkannten Hochwasserproblematik auseinander setzen und diese einer sachgerechten Lösung zuführen.

Hiervon ausgehend bestehen gegen einen Bebauungsplan nur dann keine Bedenken, wenn die Gemeinde

a) die Hochwasserproblematik im Wege einer pflichtgemäßen Abwägung, wobei im Besonderen dem Gebot der Konfliktbewältigung Rechnung zu tragen ist, bewältigt hat und
b) die Gemeinde die Hürde des § 31 b Abs. 6 S. 1 WHG zu nehmen vermag.

b) Berücksichtigung einer zwischenzeitlich erfolgten Hochwasserfreilegung

Welche Anforderungen das Gebot pflichtgemäßer Abwägung zum Schutz vor Hochwasser bei der Festsetzung neuer Baugebiete an die Gemeinde stellt, wird in Abschnitt 2 unter D. näher dargelegt. Zur Vermeidung von Wiederholungen darf auf die dortigen Ausführungen verwiesen werden. Hier soll nur vorab auf folgenden Punkt eingegangen werden.

Je nachdem, in welchem Umfang Überschwemmungen im Plangebiet drohen, hat die Gemeinde Sicherungsvorkehrungen gegen hochwasserbedingte Schäden zu treffen. Dies kann durchaus auch bedeuten, dass die Gemeinde das Plangebiet mit Hilfe technischer Bauten vor Hochwasser zu schützen hat. Wenn im Verfahren zur Aufstellung des Bebauungsplans die Hochwasserproblematik nicht erkannt bzw. diese nicht einer sachangemessenen Lösung zugeführt wurde, hat sich die Gemeinde spätestens dann, wenn sie das Risiko umfassend erkannt hat, mit der Frage auseinanderzusetzen, ob sie den Bebauungsplan aufhebt oder Maßnahmen zum Schutz des Baugebiets trifft, also technische Hochwasserschutzeinrichtungen, wie z.B. Dämme und Deiche, baut. Unter dem Begriff „Deiche“ werden künstliche, wallartige Erdaufschüttungen mit befestigten Böschungen verstanden, die dem Schutz des Teilraums vor Überschwemmungen dienen. Dämme dagegen sind künstliche Erhöhungen, die in erster Linie anderen Zwecken (z.B. dem Straßenbau), aber auch dem Hochwasserschutz dienen können[244]. Sofern die Gemeinde sich entscheidet, das Plangebiet nachträglich vor Hochwasser zu schützen, dann muss sie, da Deich- und Dammbauten, die den Hochwasserabfluss beeinflussen, einem Ausbau gleichstehen, gem. § 31 Abs. 2 S. 2 i.V.m. S. 1 WHG ein Planfeststellungsverfahren durchführen.

§ 35 Abs. 5 WHG fordert u.a. für das Planfeststellungsverfahren, dass trotz des Ausbaus

- die natürlichen Rückhalteflächen erhalten bleiben und
- keine erhebliche und dauerhafte, nicht ausgleichbare Erhöhung der Hochwassergefahr oder eine Zerstörung der natürlichen Rückhalteflächen zu erwarten ist.

[244] Vgl. *Zeitler*, in: Sieder/Zeitler/Dahme, § 31 WHG Rdn. 23.

Mit der Forderung, natürliche Rückhalteflächen zu erhalten, übernimmt § 31 Abs. 5 S. 1 WHG speziell für den planfeststellungsbedürftigen Gewässerausbau die Vorgaben der §§ 31 a ff. WHG und damit auch des § 31 b Abs. 6 S. 1 WHG[245]. Allerdings sind die Grenzen des § 31 b Abs. 6 S. 1 WHG für die planfeststellende Behörde bindend und nicht nur – wie sonst die Anforderungen des § 31 Abs. 5 S. 1 WHG – abwägungsbedürftig[246]. Dies bringt § 31 Abs. 5 S. 3 WHG zum Ausdruck, in dem bestimmt wird, dass der Planfeststellungsbescheid zu versagen sei, wenn eine erhebliche und dauerhafte, nicht ausgleichbare Erhöhung der Hochwassergefahr oder eine Zerstörung natürlicher Rückhalteflächen zu erwarten ist[247]. Der Bau technischer Hochwasserschutzeinrichtungen kann dementsprechend nur planfestgestellt werden, wenn diesen Vorgaben Rechnung getragen wird[248].

Hier besteht nun die Besonderheit, dass der Bau technischer Hochwasserschutzeinrichtungen regelmäßig zur Konsequenz hat, dass durch den Bau der Anlagen bereits Retentionsraum verloren geht, da diese typischerweise in Überschwemmungsgebieten realisiert werden müssen. Dies ist bei der Beurteilung der Frage, ob überwiegende Gründe für den Bau der Hochwasserschutzeinrichtungen sprechen, zu berücksichtigen[249].

Wenn in der Vergangenheit ein neues Siedlungsgebiet entstanden ist, das nicht den an sich notwendigen Hochwasserschutz aufweist, und zwar unabhängig davon, ob der die bauliche Entwicklung einleitende Bebauungsplan rechtlichen Bedenken begegnet, dann muss der tatsächlich vorhandene Baubestand in die Beurteilung, ob überwiegende Gründe des Wohles der Allgemeinheit für den Bau der technischen Hochwasserschutzeinrichtungen sprechen, eingestellt werden können. So weist *Knopp*[250], allerdings bezogen auf § 32 Abs. 2 S. 2 WHG a.F., der dem jetzigen § 31 b Abs. 6 S. 2 WHG entspricht, zu Recht darauf hin, dass allein die bestehenden Verhältnisse und Gegebenheiten entgegenstehende

---

245 Vgl. *Schenk*, in: Sieder/Zeitler/Dahme, § 31 WHG Rdn. 38 a.

246 Vgl. *Zeitler*, in: Sieder/Zeitler/Dahme, § 31 WHG Rdn. 38.

247 Vgl. *Zeitler*, in: Sieder/Zeitler/Dahme, § 31 WHG Rdn. 159.

248 Vgl. *Zeitler*, in: Sieder/Zeitler/Dahme, § 31 WHG Rdn. 38p.

249 Bei der erstmaligen Aufplanung eines neuen Baugebiets stellt sich diese Frage in dieser Form so nicht. Wie bereits dargestellt, kann ein neues Baugebiet u.a. nur dann ausgewiesen werden, wenn die für den Bebauungsplan sprechenden Gründe der Erhaltung der Retentionsflächen vorgehen. In der anzustellenden Interessenabwägung ist mit zu berücksichtigen, dass gegebenenfalls ein Deich zu errichten ist. Dementsprechend wurde die Frage bereits im Zusammenhang mit der Aufstellung des Bebauungsplans beantwortet. Der Bebauungsplan ersetzt zwar nicht den für den Bau der technischen Hochwasserschutzeinrichtungen erforderlichen Planfeststellungsbescheid. Es bedarf in diesem Verfahren deshalb an sich einer eigenständigen Prüfung. Allerdings kann diese Frage nur einheitlich beantwortet werden.

250 Vgl. hierzu *Knopp*, in: Sieder/Zeitler/Dahme, § 32 WHG a.F. Rdn. 34: Nach Auffassung von *Knopp* ist auch von überwiegenden Gründen des Gemeinwohls auszugehen, wenn z.B. eine Straße auf einer langen Strecke verlegt werden müsste. Anders wäre die Situation dagegen zu beurteilen, wenn es genügen würde, Durchlässe in den Straßendamm einzubauen.

überwiegende Gründe des Wohles der Allgemeinheit begründen können, sofern diese es unmöglich machen, ein funktionsfähiges Überschwemmungsgebiet, das diesen Namen verdiene, wiederherzustellen. Hiervon sei auszugehen, wenn die Maßnahmen zur Wiederherstellung des ursprünglichen Überschwemmungsgebiets außer Verhältnis zum Nutzen durch das wiederhergestellte Überschwemmungsgebiet stünden. Dies sei etwa dann der Fall, wenn ein ganzes Siedlungsgebiet und nicht nur einzelne Gebäude beseitigt werden müssten. Dies kann und muss im Regelfall auch auf § 31 b Abs. 6 S. 1 WHG übertragen werden.

Als Zwischenergebnis kann festgehalten werden, dass fehlender, aber notwendiger Hochwasserschutz für bereits bestehende Siedlungsstrukturen grundsätzlich überwiegende Gründe des Gemeinwohls für den Bau der technischen Hochwasserschutzeinrichtungen begründen können.

Bei der Bestimmung des verloren gehenden und damit ausgleichspflichtigen Retentionsraums darf nicht nur das Bauwerk als solches eingestellt werden. Auch die durch die Hochwasserschutzanlagen funktionsbedingten Eingriffe in die bisherigen Retentionsflächen sind zu ermitteln und auszugleichen.

Wenn ein bereits bestehendes Siedlungsgebiet durch technische Hochwasserschutzeinrichtungen seinen Charakter als Überschwemmungsgebiet verliert, dann steht der Gemeinde grundsätzlich die Möglichkeit offen, bestehende Bebauungspläne zu ändern bzw. neue aufzustellen. Dies gilt auch für den Fall, dass mit der Änderung des Bebauungsplans eine erweiterte bauliche Nutzbarkeit der Grundstücke verbunden ist. Mit der Schaffung der technischen Hochwasserschutzeinrichtungen hat das Plangebiet seinen Charakter als Überschwemmungsgebiet verloren[251]. § 31 b Abs. 6 S. 1 Halbs. 2 WHG kann dann nicht mehr zur Anwendung kommen. In welchem Umfang Retentionsraum auszugleichen ist, wurde bereits im Rahmen des die technischen Hochwasserschutzeinrichtungen genehmigenden Planfeststellungsverfahrens beantwortet. Allerdings hat die Gemeinde im Rahmen der Abwägung zu berücksichtigen, dass das Plangebiet innerhalb eines überschwemmungsgefährdeten Gebiets i.S.d. § 31 c WHG liegt.

c) Änderung bzw. Aufstellung eines Bebauungsplans in einem Siedlungsgebiet, das Hochwasserrisiken ausgesetzt ist

In Abschnitt 2 unter B. III. 3. a) bb) wurde dargelegt, dass nach der hier vertretenen Auffassung § 31 b Abs. 6 S. 1 WHG auch in bestehenden Siedlungsgebieten zur Anwendung kommt.

Die Änderung eines Bebauungsplans bzw. die erstmalige Aufstellung eines Bebauungsplans im Innenbereich kommt damit nur unter Einhaltung der Vorgaben des § 31 b Abs. 6 S. 1 Halbs. 2 WHG in Betracht. Dementsprechend kann die

---

251 Vgl. hierzu auch den Abschnitt 2 unter B. I. 2. „Überschwemmungsgebiete und Hochwasserfreilegung".

Gemeinde ein Bauleitplanverfahren nur dann Erfolg versprechend einleiten und auch zu Ende führen, und zwar unabhängig davon, ob sie den erforderlich werdenden Retentionsraum ausgleichen kann, wenn sie sich zugunsten ihrer Planung auf überwiegende Gründe des Gemeinwohls berufen kann.

Wenn das Plangebiet des ursprünglichen Bebauungsplans bereits weitgehend bebaut ist und über die Änderung des Bebauungsplans nur der Versuch unternommen werden soll, einer weiteren Verschärfung der Hochwassersituation entgegenzuwirken, indem die Bebaubarkeit eingeschränkt wird, dann kann wohl für den Regelfall davon ausgegangen werden, dass § 31 b Abs. 6 S. 1 Halbs. 2 WHG nicht entgegensteht, da für diesen Fall die Gemeinde nur den Maßgaben des § 31 b Abs. 6 S. 2 WHG Rechnung trägt.

Erweitert der Bebauungsplan dagegen sogar noch die bisherigen Nutzungsoptionen, wobei auf die theoretisch maximale Ausnutzung des Bebauungsplans abgestellt werden muss, greift zwar § 31 b Abs. 6 S. 1 Halbs. 2 WHG. Für diese Konstellation muss aber in die Interessenabwägung eingebracht werden, dass die Innenraumverdichtung und damit die „Lückenschließung" sicherlich auch ein städtebauliches Ziel ist. Nur so kann einer weiteren Zersiedlung des Außenbereichs entgegengewirkt werden. Ob dies letztlich den Verzicht auf die noch verbliebenen Retentionsflächen im Siedlungsgebiet rechtfertigt, ist allerdings eine Frage des konkreten Einzelfalls.

Ausgleichspflichtig ist aber nur der durch die Änderung des Bebauungsplans zusätzlich verloren gehende Retentionsraum, jedenfalls dann, wenn der ursprüngliche Bebauungsplan vor dem In-Kraft-Treten des § 32 Abs. 2 S. 1 WHG a.F., d.h. vor dem 19. November 1996, beschlossen wurde, da dieser Vorschrift keine Rückwirkung zukommt[252].

C. Bebauungspläne und Ziele und Grundsätze der Raumordnung

I. Vorbemerkung

Da Überschwemmungen nicht an Gemeindegrenzen Halt machen, bedarf es naturgemäß überörtlicher Planungen, um effektiv Hochwasserkatastrophen entgegenwirken zu können. Das Raumordnungsgesetz und das Bayerische Landesplanungsgesetz stellen hierfür ein wirksames Instrumentarium zur Verfügung. Allerdings kommt diesem keine generelle Bindungswirkung zu; vielmehr ist die Raumordnungsplanung häufig auf die Umsetzung ihrer Ziele durch Dritte angewiesen. Die gemeindliche Bauleitplanung ist dagegen auf das Gebiet der jeweiligen Gemeinde beschränkt, im Verhältnis zur überörtlichen Planung kann ihr deshalb nur eine ergänzende Funktion zukommen[253]. Im nachfolgenden Ab-

252 Vgl. *Knopp*, in: Sieder/Zeitler/Dahme, § 32 WHG a.F. Rdn. 34.
253 Vgl. *Engel*, KommPraxis-BY 2004, 249.

schnitt sollen die Auswirkungen überörtlicher Raumplanung auf die kommunale Bauleitplanung näher untersucht werden.

II. Darstellungsmöglichkeiten in Landesentwicklungsprogrammen und Regionalplänen

Die letzten Jahre haben leider immer wieder schmerzlich vor Augen geführt, dass man in der Vergangenheit den Belangen des Hochwasserschutzes nicht ausreichend Rechnung getragen hat. So sind natürliche Retentionsflächen u.a. durch die Ausweisung von neuen Baugebieten, Eindeichungen oder Gewässerausbauten zunehmend verkleinert worden[254]. Erschwerend kommt hinzu, dass nicht auszuschließen ist, dass eine fortschreitende Klimaveränderung die Hochwassersituation noch zusätzlich verschärfen wird. Es ist deshalb eine vordringliche Aufgabe, noch existierende Überschwemmungsflächen zu erhalten und, wenn möglich, verloren gegangene Retentionsflächen zurück zu gewinnen.

Wie der Handlungsempfehlung der Ministerkonferenz für Raumordnung zum vorbeugenden Hochwasserschutz vom 14. Juni 2000[255] (MKRO) entnommen werden kann, haben sich die Minister in Entschließungen vom 8. März 1995 und 26. März 1996 mit dem Beitrag der Raumordnung zu einem grenzübergreifenden vorbeugenden Hochwasserschutz befasst und mit ihrem Beschluss „Raumordnung und vorbeugender Hochwasserschutz" vom 4. Juni 1998 bekräftigt, dass die Raumordnung den ihr möglichen Beitrag zum Hochwasserschutz leisten soll. Die Länder wurden deshalb gebeten, von den zur Verfügung stehenden Gestaltungsmöglichkeiten Gebrauch zu machen.

Die Länder waren sich dahingehend einig, dass das hochwasserbezogene, raumordnerische Flächenmanagement folgende Zielsetzungen verfolgen muss:

a) Sicherung und Rückgewinnung von natürlichen Überschwemmungsflächen,
b) Risikovorsorge in potenziell überflutungsgefährdeten Bereichen (z.B. Schutz von Siedlungen hinter Deichen) und
c) Rückhalt des Wassers in der Fläche des gesamten Einzugsgebiets.

Das Raumordnungsrecht stellt ein wirksames Instrumentarium zur Verfügung, um diese Zielsetzungen, gerade auch im Verhältnis zur Bauleitplanung, erfüllen zu können.

So sollen gem. § 7 Abs. 2 S. 1 ROG in den Raumordnungsplänen[256] Festlegungen zur Raumstruktur aufgenommen werden. Hierzu zählen auch Freiräume zur Gewährleistung des vorbeugenden Hochwasserschutzes, wie Abs. 2 Nr. 2 Buchst. d

---

254 Vgl. hierzu Nr. 1.2. der Handlungsanleitung der ARGEBAU (s. hierzu FN 162).

255 Entnommen der Bekanntmachung des BMVBW v. 18.7.2000 – A 32 – 751200 – 8 –, veröffentlicht in GMBl. 2000, 514.

256 Insoweit ist auf die Legaldefinition in § 3 Nr. 7 ROG zu verweisen.

klarstellt, der durch das Gesetz zur Verbesserung des vorbeugenden Hochwasserschutzes vom 3. Mai 2005 neu in das Raumordnungsgesetz eingefügt wurde. Flankierend hierzu räumt § 7 Abs. 4 ROG die Möglichkeit ein, Vorrang-, Vorbehalts-, Eignungs- und Vorranggebiete mit Wirkung von Eignungsgebieten in den Festlegungen der Raumordnungspläne zu bezeichnen. Insoweit enthält § 7 Abs. 4 ROG eine Kategorisierung festlegungsfähiger Raumordnungsgebiete[257].

Wie der Definition von Eignungsgebieten in § 7 Abs. 4 S. 1 Nr. 3 ROG entnommen werden kann, hätte die Festlegung eines Eignungsgebiets z.B. für den Hochwasserschutz auch zur Konsequenz, dass außerhalb des Eignungsgebiets keine raumbedeutsamen Maßnahmen zum Schutz vor Hochwasser realisiert werden dürften. Dies ist sicherlich nicht gewollt. Als Instrumente des vorbeugenden Hochwasserschutzes werden deshalb nur die Festlegungen von Vorrang- und Vorbehaltsgebieten Bedeutung erlangen.

1. Vorranggebiete

§ 7 Abs. 4 Nr. 1 ROG eröffnet die Möglichkeit, Gebiete zu bezeichnen, die für bestimmte, raumbedeutsame Funktionen oder Nutzungen vorgesehen sind und andere raumbedeutsame Nutzungen in diesem Gebiet ausschließen, soweit diese mit den vorrangigen Funktionen, Nutzungen oder Zielen der Raumordnung nicht vereinbar sind. Hieran anknüpfend lässt sich die Funktion von Vorranggebieten dahingehend umschreiben, dass ein Gebiet für eine bestimmte Nutzungstypik reserviert wird, während gleichzeitig andere Nutzungsarten, zumindest wenn sie mit der vorrangigen Nutzungsart nicht vereinbar sind, ausgeschlossen werden[258].

Im Unterschied zu Vorbehaltsgebieten ist man sich bei Vorranggebieten im hohen Maße einig, dass diese Gebietskategorie als Ziele der Raumordnung einzustufen sind, da mit der Bezeichnung eine strikte Ausschlusswirkung gegenüber solchen raumbedeutsamen Nutzungen verbunden ist, die mit dem vorrangigen raumordnerischen Gebietszweck nicht vereinbar ist[259]. Den weiteren Ausführungen soll zugrunde gelegt werden, dass Vorranggebiete Ziele der Raumordnung sind, zumal auch das Bundesverwaltungsgericht diese Auffassung teilt[260].

Mit der Bezeichnung als Vorranggebiet zur Gewährleistung des vorbeugenden Hochwasserschutzes können insbesondere folgende Zielsetzungen verfolgt werden[261]:

1. Schutz der natürlichen Überschwemmungsflächen, wobei insoweit zumindest auf ein 100-jährliches Hochwasser abzustellen ist.

---

257 Vgl. *Hendler*, in: Koch/Hendler, § 3 Rdn. 33.

258 Vgl. *Hoppe*, in: Hoppe/Bönker/Grotefels, § 6 Rdn. 37.

259 Vgl. *Hendler*, in: Koch/Hendler, § 3 Rdn. 34; *Hoppe*, in: Hoppe/Bönker/Grotefels, § 6 Rdn. 37.

260 Vgl. BVerwG v. 13.3.2003 – 4 C 4/02 –, NVwZ 2003, 738, 742.

261 vgl. hierzu Nr. 1.2 und 1.3. der Handlungsanleitung der ARGEBAU (s. hierzu FN. 162).

2. Darstellung von geeigneten (re)aktivierbaren Flächen, die für den vorbeugenden Hochwasserschutz benötigt werden.

2. *Vorbehaltsgebiete*

Vorbehaltsgebiete sind demgegenüber letztlich nur Abwägungsbelange, wenn auch mit einem besonderen Gewicht. Im Unterschied zu Vorranggebieten ist bei Vorbehaltsgebieten zwar strittig[262], ob diese als Ziele oder als Grundsätze einzustufen sind[263]. Für die Einstufung als Grundsatz spricht sicherlich der Umstand, dass Vorbehaltsgebiete – wie es eben gerade typisch ist für Grundsätze – nur als Abwägungskriterien in nachgeordnete Planungen einfließen. Andererseits sind die Gemeinden nicht vollkommen frei in ihrer Abwägung. Vielmehr gibt § 7 Abs. 4 Nr. 2 ROG zwingend vor, dass bei der Abwägung mit konkurrierenden raumbedeutsamen Nutzungen der Bezeichnung als Vorbehaltsgebiet ein „besonderes Gewicht" beigemessen werden soll. Insoweit ist die Festsetzung als Vorbehaltsfläche auch das Ergebnis einer abschließenden Abwägung, was aber gerade wiederum typisch ist für ein Ziel der Raumordnung. Welcher der beiden sich konträr gegenüber stehenden Auffassungen zu folgen ist, kann zumindest im Rahmen dieser Arbeit dahinstehen. Der Disput beschränkt sich einzig auf die Frage, ob Vorbehaltsgebiete als Ziele oder als Grundsätze angesehen werden müssen. Unstrittig ist dagegen, welche Bedeutung, d.h., welches Gewicht dem Umstand zukommt, dass ein Vorbehaltsgebiet festgelegt ist[264]. So hat die Gemeinde, wenn ein Vorbehaltsgebiet bezeichnet ist, diesem Umstand im Rahmen ihres Abwägungsprozesses ein besonderes Gewicht beizumessen. Im Unterschied zu einem Vorranggebiet schließt dies aber eine den Hochwasserschutzzielen zuwiderlaufende Planung nicht von vornherein aus[265].

Soweit allerdings das bezeichnete Vorbehaltsgebiet flächenmäßig deckungsgleich ist z.B. mit dem Geltungsbereich eines durch eine Rechtsverordnung geschützten Überschwemmungsgebiets, dann scheidet im Regelfall bereits aus diesem Grunde für die Gemeinde die Möglichkeit aus, eine weitergehende Siedlungsentwicklung vorzubereiten.

Als Vorbehaltsflächen können insbesondere folgende Flächen festgesetzt werden:

1. Schutz natürlicher Überschwemmungsflächen, die nicht als Vorrangflächen festgesetzt werden[266].

[262] Zum Meinungsstand vgl. die umfassenden Rechtsprechungszitate und Literaturangaben bei *Hendler*, in: Koch/Hendler, FN 9 und 10 zu § 3 Rdn. 35.

[263] Nach welchen Kriterien Grundsätze und Ziele voneinander abzugrenzen sind, wird grundsätzlich in Abschnitt 2 unter A. III. 2. dargestellt.

[264] Vgl. hierzu BayVGH v. 10.4.2003 – 15 ZB 99.1658 –, BayVBl. 2003, 568, 569.

[265] Vgl. *Engel*, KommPraxis-BY 2004, 249.

[266] Die ARGEBAU (s. hierzu FN. 162) schlägt unter Nr. 1.3. die Darstellung von Vorbehaltsflächen insbesondere dann vor, wenn die Bezeichnung eines Vorranggebiets ausscheidet, weil die von der Wasserwirtschaft bereitzustellenden Planunterlagen noch nicht

2. Flächen, die als Überschwemmungsflächen wieder gewonnen werden sollen, sofern sie nicht bereits als Vorrangflächen dargestellt werden.
3. Die Bezeichnung von überschwemmungsgefährdeten Gebieten[267].

3. *Vorgaben der Landes- bzw. Regionalplanung in Bayern*

Das Raumordnungsgesetz trennt zwischen Raumordnungsplänen für das Landesgebiet (§ 8 ROG) und Regionalplänen (§ 9 ROG). Im Freistaat Bayern sieht der Entwurf der Verordnung zur Änderung der Verordnung über das Landesentwicklungsprogramm Bayern[268] als Raumordnungsplan für das Landesgebiet unter Teil B.I. „Nachhaltige Sicherung und Entwicklung der natürlichen Lebensgrundlagen und nachhaltige Wasserwirtschaft" bezüglich des Hochwasserschutzes unter Nr. 3.3 folgende Grundsätze vor:

> „3.3. Schutz vor Wassergefahren
>
> Es ist anzustreben, den Schutz vor den Gefahren des Wassers durch natürlichen Rückhalt in der Fläche, technische Schutzmaßnahmen und eine weitergehende Vorsorge sicherzustellen. Es ist von besonderer Bedeutung, das Risiko für bestehende Siedlungen und bedeutende Infrastrukturen ökologisch und sozial verträglich zu reduzieren.
>
> 3.3.1. Hochwasserschutz
>
> 3.3.1.1. Die Erhaltung und Verbesserung der Rückhalte- und Speicherfähigkeit der Landschaft ist anzustreben.

---

zur Verfügung stehen bzw. entsprechende Vorschläge fehlen oder eine raumordnerische Endabwägung nicht möglich ist; vgl. hierzu Nr. 1.2 (8) der Handlungsanleitung der ARGEBAU (s. hierzu FN. 162).

267 Auch wenn Baugebiete durch technische Hochwasserschutzeinrichtungen geschützt sind, so darf nicht verkannt werden, dass dies keinen absoluten Schutz gewährleistet. Gerade die Hochwasserkatastrophen der letzten Jahre haben gezeigt, dass Deiche brechen können oder ein Hochwasserereignis auftritt, welches die Leistungsfähigkeit der gebauten Hochwasserschutzeinrichtungen übersteigt. Auch hat beispielsweise eine Studie des Freistaates Bayern in Zusammenarbeit mit dem Deutschen Wetterdienst ergeben – so ein Bericht im Nachrichtenmagazin Spiegel 35/2005, S. 20 –, dass infolge Klimaänderungen bei neuen Hochwasserschutzbauten ein Zuschlag von 15% geboten ist. Es besteht deshalb die klare Notwendigkeit, in Planungsprozessen für neue Baugebiete sich des verbleibenden Restrisikos bewusst zu sein, auch wenn bereits technische Hochwasserschutzeinrichtungen existieren. Auf der Ebene der Regionalplanung kann dieser Problematik dadurch begegnet werden, dass durch Aufnahme von Grundsätzen oder der Darstellung von Vorbehaltsgebieten das verbleibende Restrisiko in den Abwägungsprozess eingebunden wird. Darüber hinaus kann es in konkreten Einzelfällen durchaus auch das Ergebnis einer sachgerechten Abwägungsentscheidung sein, in besonders gefährdeten Bereichen die Ausweisung neuer Baugebiete durch die Aufnahme von Vorranggebieten in Regionalplänen auszuschließen; vgl. hierzu z.B. ARGEBAU 1.4 „Raumordnerische Risikovorsorge in potentiellen Überflutungsbereichen" (s. hierzu FN. 162).

268 Der Bayerische Ministerrat hat in seiner Sitzung am 12.07.2005 den Entwurf der Fortschreitung des Landesentwicklungsprogramms Bayern (LEP) beschlossen.

> Es ist von besonderer Bedeutung, Überschwemmungsgebiete von konkurrierenden Nutzungen, insbesondere von Bebauung, freizuhalten.
>
> Es ist anzustreben, in natürlichen Rückhalteräumen die Bodennutzung auf die wasserwirtschaftlichen Anforderungen abzustimmen. Der Erhaltung oder Wiederherstellung regelmäßig überfluteter Flächen als Auwald oder Grünland kommt besondere Bedeutung zu. Es ist von besonderer Bedeutung, dass landwirtschaftliche Flächen in der Regel nicht hochwassergeschützt werden.
>
> 3.3.1.3. Es ist anzustreben, dass trotz aller Maßnahmen zur Sicherstellung des Hochwasserschutzes auch das vorhandene Schadenspotential reduziert wird."

Als Ziel gibt das Landesentwicklungsprogramm unter Nummer 3.3.1.2 Folgendes vor:

> „Gebiete außerhalb wasserrechtlich festgesetzter Überschwemmungsgebiete, sowie geeignete (re)aktivierbare Flächen, die für den vorbeugenden Hochwasserschutz benötigt werden, sollen als Vorranggebiete für den Hochwasserabfluss und -rückhalt (Vorranggebiete Hochwasser) in den Regionalplänen gesichert werden."

Von diesen Vorgaben ausgehend sind gem. § 9 Abs. 2 ROG die Regionalpläne zu entwickeln.

III. Die Bindung von Bebauungsplänen an Ziele der Raumordnung

1. Unterlassungspflichten

Bebauungspläne sind gem. § 1 Abs. 4 BauGB an die Ziele der Raumordnung anzupassen. Eine Bauleitplanung, die hiergegen verstößt, ist unwirksam. Dies gilt sowohl für die erstmalige Aufstellung als auch für die Änderung oder Aufhebung eines Bebauungsplans.

2. Planungspflichten

Im Rahmen dieses Teilabschnitts soll untersucht werden, ob den Gemeinden eine gegebenenfalls auch aufsichtlich durchsetzbare Pflicht obliegt, bauleitplanerisch tätig zu werden, selbst wenn sie zum derzeitigen Zeitpunkt hierzu an sich nicht bereit ist.

Wie bereits in Abschnitt 2 unter A. III. 2. b) aa) dargestellt, muss, auch wenn von der grundsätzlichen Möglichkeit auszugehen ist, dass der Gemeinde eine Erstplanungs- bzw. eine Planänderungspflicht obliegen kann, die auch aufsichtlich eingefordert werden kann, gleichwohl für den jeweiligen Einzelfall positiv festgestellt werden, ob die Ziele der Raumordnung der Umsetzung in eine kommunale Bauleitplanung bedürfen. Dies soll hier unter zwei Aspekten untersucht werden:

1. Ist die Aufstellung, Änderung oder Aufhebung eines Bebauungsplans „materiell“ tatsächlich notwendig, damit die Ziele der Raumordnung die mit ihnen verbundenen Aufgaben erfüllen können?[269]
2. Zu welchem Zeitpunkt hat die Gemeinde ein Planungsverfahren einzuleiten? Mit anderen Worten: Hat die Gemeinde die Möglichkeit, die Anpassung zurückzustellen, bis sie beabsichtigt, aus anderen Gründen den jeweiligen Bebauungsplan aufzustellen, zu ändern bzw. aufzuheben?

Um diese Fragen zufrieden stellend beantworten zu können, muss in einem ersten Schritt untersucht werden, inwieweit – wirksamen – Zielen der Raumordnung ohne die grundsätzlich gebotene Umsetzung durch den gemeindlichen Bebauungsplan, z.B. bei Projekten Privater, Bindungswirkung zukommt. Haben diese Ziele keine Bindungswirkung und hätte z.B. der Fortbestand eines Bebauungsplans zur Konsequenz, dass die konkrete Realisierung der Ziele der Raumordnung vereitelt würde, ist die Anpassung erforderlich[270]. Falls die Anpassung in diesem Sinne „materiell“ notwendig ist, dann muss – in einem zweiten Schritt – noch bestimmt werden, ob die Gemeinde unverzüglich ihren Bebauungsplan anzupassen hat oder ob sie die Anpassung zurückstellen darf, bis sie eigenverantwortlich entscheidet, ihren verbindlichen Bauleitplan zu ändern.

Klarstellend ist aber darauf hinzuweisen, dass es der Gemeinde selbstverständlich offen steht, auch wenn noch keine aufsichtlich durchsetzbare Anpassungspflicht besteht, einen Bebauungsplan erstmalig aufzustellen, zu ändern oder aufzuheben.

a) Die Bindungswirkung von Zielen der Raumordnung

Für das Raumordnungsgesetz wird diese Frage zusammenfassend durch § 4 ROG beantwortet[271]. Um sich diese Norm erschließen zu können, muss man sich zunächst bewusst machen, dass der Gesetzgeber zwischen unmittelbaren, mittelbaren und „bloßen“ Zielberücksichtigungspflichten differenziert. Raumbedeutsame Planungen öffentlicher Stellen i.S.v. § 3 Nr. 5 ROG[272] und damit auch die der Gemeinden unterliegen gem. § 4 Abs. 1 S. 1 ROG einer unmittelbaren Zielbeachtenspflicht. § 4 Abs. 1 ROG spricht zwar von „beachten“, in seiner Funktion und Bedeutung ist diese Pflicht aber dem Anpassungsgebot des § 1 Abs. 4 ROG vergleichbar. In beiden Fällen haben die Adressaten der Ziele diese zwar strikt einzuhalten, können allerdings, sofern die Ziele einen Ausfüllungs- oder

---

269 Hieran kann es beispielsweise fehlen, wenn die Ziele der Raumordnung unabhängig von der gemeindlichen Bauleitplanung die notwendige Regelungswirkung entfalten können.

270 Vgl. *Dirnberger*, in: Jäde/Dirnberger/Weiß, BauGB, 2. Aufl., § 1 BauGB Rdn. 49.

271 Vgl. *Runkel*, in: Ernst/Zinkahn/Bielenberg, § 1 BauGB Rdn. 45.

272 § 4 Abs. 3 ROG erweitert die unmittelbare Pflicht zur Beachtung der Ziele auf Privatpersonen, die raumbedeutsame Planungen und Maßnahmen in Wahrnehmung öffentlicher Aufgaben durchführen, wenn öffentliche Stellen an den Personen mehrheitlich beteiligt sind oder die Planungen und Maßnahmen überwiegend mit öffentlichen Mitteln finanziert werden.

Ausgestaltungsspielraum belassen, diesen innerhalb des vorgegebenen Rahmens konkretisieren[273].

Wenn der Maßnahmeträger einer raumbedeutsamen Maßnahme eine öffentliche Stelle ist und über die Genehmigungsfähigkeit des Vorhabens durch Genehmigung, Planfeststellung oder durch eine sonstige behördliche Entscheidung zu befinden ist, dann kommen Ziele der Raumordnung lediglich mittelbar zum Tragen (vgl. hierzu § 4 Abs. 1 S. 2 Nr. 1 ROG). D.h., die Behörde, die über den jeweiligen Antrag entscheidet, hat eine ablehnende Entscheidung zu treffen, wenn das Vorhaben nicht zielkonform ist.

Entsprechendes gilt gem. § 4 Abs. 1 S. 2 Nr. 2 ROG für raumbedeutsame Maßnahmen Privater, allerdings mit der Einschränkung, dass dies nur gilt, sofern das Vorhaben der Durchführung eines Planfeststellungsverfahrens bedarf, bzw. das jeweilige Verwaltungsverfahren mit einer Genehmigung abzuschließen ist, die die Rechtswirkungen einer Planfeststellung hat.

Wenn Ziele der Raumordnung weder unmittelbar noch mittelbar zu beachten sind, bestimmt § 4 Abs. 4 BauGB flankierend, dass Erfordernisse der Raumordnung und damit gem. § 3 Nr. 1 ROG auch Ziele der Raumordnung bei raumbedeutsamen Maßnahmen Privater „nur" nach Maßgabe der für diese Entscheidung geltenden Vorschriften zu berücksichtigen sind, es sei denn, der Fachgesetzgeber hat von der ihm durch § 4 Abs. 5 ROG eingeräumten Möglichkeit Gebrauch gemacht, weitergehende Bindungswirkungen anzuordnen[274].

Von dieser Möglichkeit hat der Bundesgesetzgeber z.B. mit § 1 Abs. 4 BauGB Gebrauch gemacht. Dieser konkretisiert einerseits die aus § 4 Abs. 1 ROG folgende Verpflichtung, Ziele der Raumordnung zu beachten, andererseits weitet sie die Zielbeachtenspflicht auf alle Bauleitpläne aus, und zwar unabhängig davon, ob diese raumbedeutsam sind[275]. Damit geht § 1 Abs. 4 BauGB in seinem Anwendungsbereich als speziellere Raumordnungsklausel § 4 Abs. 1 ROG vor.

Im Nachfolgenden wird dargestellt werden, inwieweit Ziele der Raumordnung auf der Grundlage des Bundesbaugesetzes in einem Baugenehmigungsverfahren Berücksichtigung finden können.

Zunächst kann aber als Zwischenergebnis festgehalten werden, dass das Raumordnungsgesetz zwischen unmittelbaren, mittelbaren und bloßen Zielberücksichtigungspflichten differenziert. Es muss für jeden Einzelfall gesondert festgestellt werden, ob das jeweilige Vorhaben Ziele der Raumordnung zu beachten hat. Weiter kann festgehalten werden, dass nach der Konzeption des Raumord-

---

273 Vgl. *Hendler*, in: Koch/Hendler, § 8 Rdn. 40; BVerwG v. 20.11.2003 – 4 CN 6.03 –, FStBay 2005 Rdn. 40.

274 § 1 Abs. 4 BauGB geht in seinem Anwendungsbereich als speziellere Raumordnungsklausel dem § 4 Abs. 1 ROG vor.

275 Vgl. *Runkel*, in: Ernst/Zinkahn/Bielenberg, § 1 BauGB Rdn. 46.

nungsgesetzes Ziele der Raumordnung nicht gegenüber jedermann unmittelbare Geltung beanspruchen können[276]. So unterliegen nicht raumbedeutsame Vorhaben Privater grundsätzlich keiner Bindungswirkung. Wenn den Zielen der Raumordnung keine Bindungswirkung zukommt, sei es über das Raumordnungsgesetz oder über spezielle Raumordnungsklauseln i.S.d. § 4 Abs. 5 ROG, können sie bei der Prüfung, ob etwa eine Baugenehmigung zu erteilen ist, auch nicht im Rahmen des Art. 72 BayBO berücksichtigt werden[277].

b) Die Erforderlichkeit der Anpassung eines Bebauungsplans an Ziele der Raumordnung in materieller Hinsicht

Wie bereits zum Ausdruck gebracht, besteht eine Anpassungspflicht gem. § 1 Abs. 4 BauGB in „materieller" Hinsicht zunächst[278] nur dann, wenn die Aufnahme in den Bebauungsplan tatsächlich erforderlich ist, damit die Ziele der Raumordnung die ihnen zugewiesenen Aufgaben erfüllen können. Dies setzt zunächst voraus, dass die Ziele ordnungsgemäß in dem nach dem jeweiligen Landesplanungsrecht[279] vorgesehen Verfahren zustande kamen und auch sonst keinen materiellen Bedenken begegnen[280].

aa) Wirksamkeit von Zielen der Raumordnung

Ob eine Bezeichnung als Vorrangfläche rechtlichen Bedenken begegnet, kann nicht pauschal beantwortet werden, vielmehr bedarf es – ausgehend von der jeweiligen Zielsetzung – einer Prüfung anhand der Gesamtumstände.

Ein Bebauungsplan ist unwirksam, wenn seiner Verwirklichung auf unabsehbare Zeit rechtliche oder tatsächliche Hindernisse im Wege stehen[281]. Dieser Grundsatz lässt sich auch auf Ziele der Raumordnung übertragen. Ziele der Raumordnung sind jedoch, sofern ihnen keine Bindungswirkung gem. § 4 ROG zukommt und keine sonstige Raumordnungsklausel greift, auf die Umsetzung und Konkretisie-

---

276 Trotz des insoweit beschränkten Adressatenkreises bejaht das BVerwG die Möglichkeit, dass von Gemeinden Ziele der Raumordnung als Rechtsvorschriften i.S.d. § 47 Abs. 1 Nr. 2 VwGO zum Gegenstand eines Normenkontrollverfahrens gemacht werden können; vgl. hierzu das Urteil des BVerwG vom 20.11.2003 – 4 CN 6.03 –, FStBay 2005 Rdn. 40).

277 Vgl. *Lechner*, in: Simon/Busse, Art. 72 BayBO Rdn. 201.

278 Spätestens im Falle der Änderung eines Bauleitplans muss der jeweilige Bebauungsplan bzw. Flächennutzungsplan an die Ziele der Raumordnung angepasst werden, da er anderenfalls wegen eines Widerspruchs gegen die vorgegebenen Ziele der Raumordnung unwirksam wäre.

279 In Bayern das Bayerische Landesplanungsgesetz (BayLplG).

280 Vgl. *Krautzberger*, in: Battis/ Krautzberger/ Löhr, § 1 BauGB Rdn. 39; *Runkel*, in: Ernst/ Zinkahn/Bielenberg, § 1 BauGB Rdn. 44; *Hoppe*, in: Hoppe/Bönker/Grotefels, § 6 Rdn. 18.

281 Vgl. BVerwG v. 18.3.2004 – 4 CN 4.03 –, NuR 2004, 662 663.

rung durch Bauleitpläne angewiesen. Dies bedingt, dass Zielen der Raumordnung ein großzügigerer Zeithorizont zur Umsetzung zugebilligt werden muss[282].

Gleichwohl wird die Bezeichnung eines Vorranggebiets mit dem Ziel, bisherige Retentionsflächen zurück zu gewinnen, in bereits realisierten Siedlungsbereichen regelmäßig ausscheiden, und zwar unabhängig davon, ob diese dem Innenbereich oder dem Geltungsbereich eines Bebauungsplans zugeordnet werden können. Zwar räumt das Baugesetzbuch den Gemeinden die grundsätzliche Möglichkeit ein anzuordnen, dass der Eigentümer eines Grundstücks die Beseitigung einer baulichen Anlage zu dulden hat, wenn das Gebäude den Festsetzungen eines Bebauungsplans nicht entspricht und diesem auch nicht angepasst werden kann. Von dem Umstand abgesehen, dass die Gemeinden häufig nicht die Mittel haben werden, die Betroffenen gem. § 179 Abs. 3 S. 1 BauGB zu entschädigen und deshalb eine Umsetzung des Bebauungsplans nicht erfolgt, wird wohl im Regelfall eine entsprechende, mit der bestehenden Bebauung im Widerspruch stehende Planungskonzeption auch an einem Abwägungsfehler leiden, zumal Art. 14 GG der gemeindlichen Planung eine strikte, nicht überwindbare Hürde entgegenstellen kann. Vorranggebiete werden deshalb wohl nur in Bereichen bezeichnet werden, die nicht, bzw. nur geringfügig, bebaut sind und einen Beitrag zum vorbeugenden Hochwasserschutz leisten können.

Grundsätzlich wäre es zwar denkbar, innerhalb bereits bestehender Siedlungsgebiete ein Vorranggebiet mit dem Ziel der Erhaltung noch bestehenden Retentionsraums zu bezeichnen. Damit könnte verhindert werden, dass noch bestehende Baulücken geschlossen und damit bisher noch vorhandene Retentionsflächen verloren gehen. Wie dem § 1 Abs. 1 S. 1 ROG entnommen werden kann, ist es aber Aufgabe der Raumordnung, den Gesamtraum der Bundesrepublik Deutschland und seine Teilräume durch zusammenfassende, übergeordnete Raumordnungspläne zu entwickeln, zu ordnen und zu sichern. Wesensmerkmal der Landes- und Regionalplanung ist damit grundsätzlich deren Überörtlichkeit. Dies schließt zwar im Einzelfall nicht aus, dass gebietsscharf in den Bereich kommunaler Planungshoheit eingegriffen werden kann. Mit dem Selbstverwaltungsrecht der Kommune ist dies aber nur dann zu vereinbaren, wenn überörtliche Interessen von höherem Gewicht den Eingriff tragen und auch dem Grundsatz der Verhältnismäßigkeit genügt ist[283]. Hieran wird es im Regelfall innerhalb bestehender Siedlungsflächen fehlen, zumindest wenn die noch verbliebenen Baulücken nur ein untergeordnetes Gewicht besitzen. Zielführender, und damit dem Verhältnismäßigkeitsgrundsatz folgend, erscheint es, den Weg über § 31 b Abs. 4 S. 3 WHG zu suchen.

Als Zwischenergebnis kann damit festgehalten werden, dass die Bezeichnung von Vorranggebieten als Mittel des vorbeugenden Hochwasserschutzes innerhalb bestehender Siedlungsgebiete regelmäßig ausscheidet. Die Frage nach der

---

282 Vgl. BVerwG v. 7.2.2005 – 4 BN 1.05 –, NuR 2005, 585, 586.

283 Vgl. BVerwG v. 15.5.2003 – 4 CN 9/01 –, BVerwGE 118, 181, 185.

Anpassung von Bebauungsplänen wird sich deshalb nur innerhalb des Geltungsbereichs eines Bebauungsplans stellen, der – zumindest weitgehend – noch nicht realisiert ist, sowie im sog. Außenbereich.

bb) Die Bindungswirkung von Zielen der Raumordnung innerhalb des Geltungsbereichs von Bebauungsplänen und im Außenbereich

Wie gerade § 4 Abs. 5 ROG belegt, steht es dem Gesetzgeber offen, Zielen der Raumordnung eine über das Raumordnungsgesetz hinausgehende Bindungswirkung zuzubilligen. Im Nachfolgenden soll untersucht werden, inwieweit Zielen der Raumordnung auf der Grundlage des Baugesetzbuchs innerhalb eines Bebauungsplans und im Außenbereich Bindungswirkung zukommen kann.

Vorab ist noch auf Folgendes hinzuweisen: Die Instrumente der Raumordnung zur Verbesserung des vorbeugenden Hochwasserschutzes zielen in erster Linie auf die Schaffung von Freiräumen zur Gewährleistung des vorbeugenden Hochwasserschutzes ab[284]. Zu diesem Zweck können z.B. durch die Bezeichnung von Vorranggebieten sowohl natürliche Überschwemmungsflächen erhalten als auch frühere Retentionsflächen reaktiviert werden. Die §§ 30 ff. BauGB regeln dagegen, unter welchen konkreten Voraussetzungen bauplanungsrechtlich die Realisierung eines Bauvorhabens möglich ist. Ziele der Raumordnung als Instrumente des vorbeugenden Hochwasserschutzes können sich – soweit sie Bindungswirkung entfalten – im Regelungskomplex der §§ 30 ff. BauGB funktionsbedingt nur als ein Zulässigkeitshindernis erweisen.

Durch das Gesetz zur Verbesserung des vorbeugenden Hochwasserschutzes wurde der bisherige § 7 Abs. 3 ROG um eine Nummer 5 ergänzt. Hiernach können in die Raumordnungspläne auch Festlegungen zu Planungen und Maßnahmen von öffentlichen Stellen und Personen des Privatrechts nach § 4 Abs. 3 ROG zu Maßnahmen des vorbeugenden Hochwasserschutzes nach den Vorschriften des Wasserhaushaltsgesetzes aufgenommen werden, soweit diese zur Aufnahme in Raumordnungspläne geeignet, nach Maßgabe des Abs. 7 erforderlich sind und diese durch Ziele der Raumordnung gesichert werden können.

Die hier angesprochenen Maßnahmen des vorbeugenden Hochwasserschutzes werden häufig technische Hochwasserschutzeinrichtungen sein. Sollten diese Maßnahmen auf Flächen geplant werden, die – im Wege der Konkretisierung der Kerninhalte[285] – im jeweiligen Raumordnungsplan z.B. als Vorrangflächen für entsprechende bauliche Anlagen bezeichnet sind, dann kann ausnahmsweise angedacht werden, ob die Ziele der Raumordnung diesen Vorhaben den Weg

---

284 Siehe hierzu § 7 Abs. 2 S. 1 Nr. 2 d ROG, der durch das Gesetz zur Verbesserung des vorbeugenden Hochwasserschutzes vom 3.5.2005 in das ROG eingefügt wurde.

285 Zum Zusammenhang zwischen den in § 7 Abs. 2 und 3 ROG angeführten Kerninhalten und den Zielen der Raumordnung ist auf *Spannowsky*, in: Bielenberg/Runkel/Spannowsky, K § 7 Rdn. 52 zu verweisen.

ebnen können, falls sonstige öffentlich-rechtliche Belange einer Genehmigung entgegenstehen[286]. Häufig werden diese Maßnahmen aber von überörtlicher Bedeutung sein, die der Durchführung eines Planfeststellungsverfahrens bedürfen. Für diese gilt gem. § 38 BauGB, dass § 30 BauGB nicht anzuwenden ist, sofern die Gemeinde in diesem Verfahren beteiligt wird[287].

(1) Der qualifizierte Bebauungsplan

Einem Bauvorhaben, das den Festsetzungen eines qualifizierten Bebauungsplans entspricht, stehen unter bauplanungsrechtlichen Gesichtspunkten keine öffentlich-rechtlichen Vorschriften i.S.d. Art. 72 BayBO entgegen. Dies gilt selbst dann, wenn der Bebauungsplan im Widerspruch zu Zielen der Raumordnung steht. Die Gemeinde mag zwar verpflichtet sein, den Bebauungsplan gem. § 1 Abs. 4 BauGB anzupassen. Bis die Ziele der Raumordnung in den Bebauungsplan integriert sind, ist für deren Berücksichtigung im Genehmigungsverfahren aber kein Raum[288]. Innerhalb des Geltungsbereichs eines qualifizierten Bebauungsplans können Ziele der Raumordnung deshalb nur Berücksichtigung finden, wenn der Bebauungsplan bereits an die Regional- bzw. Landesplanung angepasst ist. Einem Bauantrag müsste deshalb entsprochen werden, auch wenn das zu errichtende Gebäude innerhalb eines Vorranggebiets zur Bewahrung von Retentionsflächen verwirklicht werden soll.

Dies gilt selbst dann, wenn das Bauvorhaben auf die Gewährung einer Ausnahme i.S.d. § 31 Abs. 1 BauGB angewiesen ist[289]. Eine Ausnahme kann zwar gem. § 31 Abs. 1 BauGB durch die Baugenehmigungsbehörde zugelassen werden, wenn dies im Bebauungsplan nach Art und Umfang ausdrücklich zugelassen ist. Wie gerade der Wortlaut dieser Vorschrift belegt, steht die Erteilung der Ausnahme damit auch im pflichtgemäßen Ermessen[290]. Es könnte deshalb angedacht werden, im Rahmen des Ermessens ebenso Ziele der Raumordnung zu berücksichtigen. Allerdings wird Ermessen nicht schrankenlos eingeräumt. Vielmehr hat sich die Behörde bei der Ausübung des Ermessens am Zweck der Ermächtigungsgrundlage zu orientieren (vgl. Art. 40 BayVwVfG).

Ein Bebauungsplan ist, so § 1 Abs. 3 S. 1 BauGB, aufzustellen, wenn dies für die städtebauliche Entwicklung und Ordnung erforderlich ist[291]. Dies darf zwar nicht dahingehend verstanden werden, dass strikt zwischen der städtebaulichen Entwicklung und Ordnung i.S.d. § 1 Abs. 3 S. 1 BauGB und Zielen der Raumordnung getrennt werden muss. Vielmehr kann sich die Gemeinde hinsichtlich

---

286 Insoweit kann auf § 35 Abs. 3 S. 2 Halbs. 2 BauGB verwiesen werden.

287 Vgl. *Stüer*, NuR 2004, 415, 418.

288 Vgl. *Runkel*, in: Ernst/Zinkahn/Bielenberg, Stand November 1999, § 1 BauGB, Rdn. 78.

289 Vgl. *Runkel*, in: Ernst/Zinkahn/Bielenberg, Stand: November 1999, § 1 BauGB Rdn. 78.

290 Vgl. *Löhr*, in: Battis/Krautzberger/Löhr, § 31 BauGB Rdn. 17.

291 Vgl. *Runkel*, in: Ernst/Zinkahn/Bielenberg, § 1 BauGB Rdn. 78.

ihres städtebaulichen Planungskonzepts ebenso von Vorgaben leiten lassen, die sie den jeweiligen Raumordnungsplänen entnimmt[292]. D.h., in die ursprüngliche Planungskonzeption der Gemeinde können durchaus auch Ziele der Raumordnung eingeflossen sein. Damit ist die Berücksichtigung von Zielen der Raumordnung nicht per se ausgeschlossen. Für die hier interessierende Fallkonstellation ist aber gerade kennzeichnend, dass der Bebauungsplan an zwischenzeitlich wirksam gewordene Ziele der Raumordnung noch nicht angepasst ist. Dementsprechend können sie in das Verfahren zur Aufstellung des Bebauungsplans noch nicht eingeflossen sein. Eine Berücksichtigung im Rahmen des Ermessens wäre damit von der Ermächtigungsgrundlage nicht abgedeckt.

Neue Ziele der Raumordnung können auch für den Fall, dass über eine Befreiung gem. § 31 Abs. 2 BauGB zu befinden wäre, nicht berücksichtigt werden. Diese Entscheidung steht zwar grundsätzlich im pflichtgemäßen Ermessen der Behörde. Eine Berücksichtigung von Zielen der Raumordnung im Rahmen dieser Entscheidung scheidet jedoch gleichwohl aus. Wie bereits dargestellt, verfolgt ein Bebauungsplan, der Bauflächen ausweist, im Unterschied zu Zielen der Raumordnung, die zur Verbesserung der Hochwassersituation beitragen möchten, grundsätzlich konträre Absichten. Die Berücksichtigung der Ziele der Raumordnung im Rahmen dieser Entscheidung würde das Ziel des § 31 Abs. 2 BauGB, im Ausnahmefall Bauanträgen entsprechen zu können, negieren und kann damit nicht von der Ermächtigungsgrundlage abgedeckt sein. Im Übrigen scheidet die Versagung einer Befreiung jedenfalls deshalb aus, weil dadurch die Notwendigkeit einer Bebauungsplanänderung unterlaufen wird[293]. § 1 Abs. 4 BauGB gibt vor, dass Bebauungspläne anzupassen sind, wenn diese mit den Zielen der Raumordnung nicht vereinbar sind. Bereits hieraus ergibt sich, dass für den Regelfall die Integrierung der Ziele der Raumordung in den Bebauungsplan durch eine explizite Änderung desselben das zutreffende Mittel ist.

Als Zwischenergebnis kann festgehalten werden, dass innerhalb des Geltungsbereichs eines qualifizierten Bebauungsplans auf der Grundlage des Baugesetzbuchs Zielen der Raumordnung keine Bindungswirkung zukommen kann. Wenn über Ziele der Raumordnung darauf hingewirkt werden soll, dass Freiräume zur Gewährleistung des vorbeugenden Hochwasserschutzes bewahrt werden, dann wird dieses Bestreben, sofern der Bebauungsplan nicht geändert bzw. aufgehoben wird, bei Fortbestand des Bebauungsplans gefährdet. Eine Anpassung des Bebauungsplans an die Ziele der Raumordnung ist materiell damit erforderlich.

---

292 Vgl. *Runkel*, in: Ernst/Zinkahn/Bielenberg, Stand: November 1999, § 1 BauGB Rdn. 65 a; BVerwG v. 1.6.1994 – 4 NB 21/94 –, Buchholz 406.11 § 1 BauGB Nr. 47.

293 Vgl. *Reidt*, in: Gelzer/Bracher/Reidt, Rdn. 1727.

(2) Der einfache Bebauungsplan

Im Geltungsbereich eines Bebauungsplans, der die Voraussetzungen eines qualifizierten Bebauungsplans i.S.d. § 30 Abs. 1 BauGB nicht zu erfüllen vermag (sog. einfacher Bebauungsplan, vgl. § 30 Abs. 3 BauGB), bestimmt sich die bauplanungsrechtliche Zulässigkeit im Übrigen nach §§ 34 und 35 BauGB.

Soweit der einfache Bebauungsplan Regelungen getroffen hat, können Ziele der Raumordnung nicht berücksichtigt werden, selbst wenn die Festsetzungen im Widerspruch zu Zielen der Raumordnung stehen. Insoweit ist auf die Ausführungen zum qualifizierten Bebauungsplan zu verweisen. Außerhalb des Anwendungsbereichs der Festsetzungen des einfachen Bebauungsplans beurteilt sich die planungsrechtliche Zulässigkeit nach §§ 34 bzw. 35 BauGB. Innerhalb der im Zusammenhang bebauten Ortsteile wird sich die Frage der Anpassung an Ziele der Raumordnung nicht stellen. Ob und – wenn ja – in welchem Umfang im Außenbereich Ziele der Raumordnung berücksichtigt werden können, wird im nachfolgenden Abschnitt dargestellt.

(3) Der Außenbereich

Im Außenbereich bestimmt § 35 Abs. 3 S. 2 Halbs. 1 BauGB, das raumbedeutsame Vorhaben den Zielen der Raumordnung nicht widersprechen dürfen. Im Unterschied zur Bindungswirkung des § 4 ROG werden von § 35 Abs. 3 S. 2 Halbs. 1 BauGB generell alle raumbedeutsamen Vorhaben Privater erfasst, und zwar unabhängig davon, ob das jeweilige Vorhaben beispielsweise einer Planfeststellung bedarf (vgl. hierzu § 4 Abs. 1 Nr. 2 ROG). Soweit die Ziele räumlich und sachlich hinreichend konkret sind[294] und das Vorhaben raumbedeutsam ist, bedarf es deshalb an sich nicht der Aufstellung eines Bebauungsplans, da bereits aus anderen Gründen sichergestellt ist, dass die Vorgaben des jeweiligen Ziels der Raumordnung erreicht werden. Ein Bauantrag, dem ein Vorhaben zugrunde liegt, dessen Verwirklichung mit den Zielsetzungen des jeweiligen Raumordnungsplans nicht zu vereinbaren ist, müsste abgelehnt werden.

Allerdings gilt dies, wie bereits dem Wortlaut des § 35 Abs. 3 S. 2 BauGB explizit entnommen werden kann, nur für raumbedeutsame Vorhaben. Unterhalb dieser Schwelle können Ziele der Raumordnung einem Vorhaben nicht entgegengehalten werden. Da die Anpassungspflicht des § 1 Abs. 4 BauGB auch für Bebauungspläne gilt, die nicht raumbedeutsam sind, stellt sich die Frage, ob die Gemeinde erstmalig einen Bebauungsplan aufstellen muss, nur im Hinblick auf Vorhaben, die nicht raumbedeutsam sind.

Da Ziele der Raumordnung zur Verbesserung des vorbeugenden Hochwasserschutzes im Wesentlichen auf die Bewahrung bisheriger Retentionsflächen ab-

---

294 Vgl. *Jäde*, in: Jäde/Dirnberger/Weiß, BauGB, 2. Aufl., § 35 Rdn. 214.

zielen, müsste ein Bebauungsplan, um diesen Zielvorgaben genügen zu können, einer weiteren Bebauung die Grundlage entziehen.

cc) Die Erforderlichkeit der Anpassung eines Bebauungsplans an Ziele der Raumordnung in zeitlicher Hinsicht

(1) Innerhalb des Geltungsbereich eines Bebauungsplans

Wie dargelegt, kann die Notwendigkeit zur Aufhebung eines Bebauungsplans bestehen, wenn dieser Baurechte verleiht, während die Ziele der Raumordnung konträre Absichten verfolgen. Die Gemeinde ist dann verpflichtet, unverzüglich ihren Bebauungsplan an die Ziele der Raumordnung anzupassen, wenn ohne eine Aufhebung des Bebauungsplans, „die Verwirklichung der Raumordnungsziele bei Fortschreiten der [...] städtebaulichen Entwicklung auf unüberwindbare (tatsächliche oder rechtliche) Hindernisse stoßen oder wesentlich erschwert werden würde"[295]. D.h., spätestens dann, wenn sich der Gemeinde andeutet, dass Bauanträge eingereicht werden, muss sie tätig werden. Bis zum Abschluss des Verfahrens zur Aufhebung ihres Bebauungsplans kann sie über den Erlass einer Veränderungssperre gem. § 14 BauGB, zumindest aber über die Zurückstellung von Baugesuchen gem. § 15 BauGB, die Schaffung vollendeter Tatsachen verhindern.

(2) Im Außenbereich

Die Verpflichtung, einen Bebauungsplan im Außenbereich aufzustellen, damit den Zielen der Raumordnung Geltung vermittelt wird, hat die Gemeinde nicht. Bereits auf der Ebene des Flächennutzungsplans kann effektiv die Einhaltung der Zielvorgaben aus der Raumplanung sichergestellt werden[296].

Eine Pflicht zur Anpassung gemeindlicher Bebauungspläne an Ziele der Raumordnung besteht nur, wenn die Gemeinde aus eigenem Entschluss einen Bebauungsplan aufstellen möchte[297]. Diese Verpflichtung lässt sich aber bereits ohne weiteres aus dem Gebot ableiten, keine den Zielen der Raumordnung zuwiderlaufenden Bauleitpläne aufzustellen.

IV. Die Entschädigungspflicht des Freistaats Bayern

Gem. Art. 30 BayLplG kann die oberste Landesplanungsbehörde im Einvernehmen mit den beteiligten Staatsministerien verlangen, dass die Gemeinde ihre rechtswirksamen Bauleitpläne den Zielen der Raumordnung und Landesplanung anpasst. Für diesen Fall sieht Art. 30 Abs. 2 BayLplG allerdings vor, dass der

---

295 Vgl. BVerwG v. 17.9.2003 – 4 C 14.01 –, BauR 2004, 443, 449; vgl. hierzu auch *Dirnberger*, in: Jäde/Dirnberger/Weiß, BauGB, 2. Aufl., § 1 Rdn. 49.

296 Dies wird noch ausführlich in Abschnitt 3 unter D. II. 2. dargestellt werden.

297 Vgl. *Runkel*, in: Ernst/Zinkahn/Bielenberg, § 1 BauGB Rdn. 65 a.

Freistaat Bayern der Gemeinde Ersatz zu leisten hat, falls diese einen Dritten auf der Grundlage der §§ 39–44 BauGB entschädigen muss, weil sie ihren rechtsverbindlichen Bebauungsplan aufhebt oder ändert.

Dies gilt aber nur für den Bebauungsplan. Bereits dem Wortlaut dieser Vorschrift kann entnommen werden, dass nur die Änderung bzw. Aufhebung eines Bebauungsplans einen Entschädigungsanspruch gegen den Freistaat begründen kann. Die geforderte Änderung des Flächennutzungsplans löst dagegen keinen Entschädigungsanspruch aus.

Hiervon unabhängig muss der Freistaat Bayern die Gemeinden allerdings nur dann entschädigen, wenn der zu ändernde bzw. aufzuhebende Bebauungsplan rechtsverbindlich ist[298]. Von einem rechtsverbindlichen Bebauungsplan in diesem Sinne ist auszugehen, wenn dieser weder an einem formellen noch an einem materiellen Fehler leidet[299], der zur Unwirksamkeit des Bebauungsplans führt. Diese Einschränkung ist deshalb geboten, da nicht jeder Bebauungsplan, der an sich fehlerhaft ist, automatisch unwirksam ist[300]. So ist in §§ 214, 215 BauGB der Grundsatz der Planerhaltung gesetzlich geregelt. Dementsprechend ist anhand §§ 214, 215 BauGB noch zusätzlich zu prüfen, ob der Bebauungsplan, auch wenn er an sich mangelhaft ist, an einem derart gewichtigen Fehler leidet, welcher zur Unwirksamkeit führt. So zieht beispielsweise nicht jeder unwesentliche Verfahrens- oder Formverstoß die Unwirksamkeit des betreffenden Bebauungsplans nach sich, sondern nur wenn der Verstoß beachtlich ist i.S.d. § 214 Abs. 1 BauGB und auch rechzeitig gem. § 215 Abs. 1 BauGB geltend gemacht wurde.

Hiervon unabhängig kann die Gemeinde die ihr entstehenden Planungskosten auch dann nicht verlangen, wenn sie einen wirksamen Bebauungsplan aufheben muss. Diese Kosten werden generell nicht erstattet.

---

298 Die Entschädigungstatbestände der §§ 39 ff. BauGB setzten ebenfalls voraus, dass der Bebauungsplan wirksam ist. Damit hat die Gemeinde nur dann finanzielle Nachteile, wenn sie nach Amtshaftungsgrundsätzen bzw. auf der Grundlage des enteignungsgleichen Eingriffs Ersatz zu leisten hat.

299 Vgl. *Heigl/Hosch*, Art. 28 BayLplG Rdn. 14.

300 Nach alter Rechtslage war bei Bebauungsplänen zu unterscheiden zwischen (endgültiger) Nichtigkeit und (schwebender) Unwirksamkeit bei solchen Mängeln, die durch ein ergänzendes Verfahren behoben werden können; vgl. § 215 a Abs. 1 BauGB 1998 und § 47 Abs. 5 S. 2 und S. 4 VwGO 1998. Im BauGB 2004 ist eine vergleichbare Regelung zu § 215 a Abs. 1 BauGB 1998 nicht mehr enthalten sowie § 47 Abs. 5 S. 4 VwGO entfallen. Nach der Neufassung von § 47 Abs. 5 S. 2 VwGO gibt es nur noch die unwirksame Satzung.

D. Vorgaben des Gebots sachgerechter Abwägung an den Hochwasserschutz von Siedlungsgebieten

I. Vorbemerkung

Wie bereits in Abschnitt 2 unter A. IV. dargestellt, kommt dem Abwägungsprozess im Verfahren zur Aufstellung eines Bauleitplans eine zentrale Bedeutung zu. So werden die konkreten Festsetzungen bzw. Darstellungen in einem Bauleitplan erst als Abwägungsergebnis am Ende eines Prozesses zur Entscheidungsbildung festgezurrt[301]. Die Aufstellung eines Bauleitplans scheidet aber aus, wenn zwingende rechtliche Hindernisse auf Dauer dem gemeindlichen Planungskonzept entgegenstehen. Bevor sich die Gemeinde mit Detailfragen sinnvoll beschäftigen kann, muss deshalb geklärt sein, ob die zwingenden Schranken genommen werden können. Einer sinnvollen gemeindlichen Abwägung ist deshalb die Prüfung des § 1 Abs. 1, der Abs. 3–4 des § 1 BauGB und sonstiger öffentlicher Vorschriften i.S.d. § 6 Abs. 2 BauGB vorgelagert.

Des Weiteren wurde bereits in einigen grundsätzlichen Anmerkungen zum Gebot der Abwägung Stellung genommen. Detailfragen wurden darüber hinaus nur angesprochen, soweit es zum besseren Verständnis der nachfolgenden Abschnitte zwingend erforderlich war. Von diesen Ausführungen ausgehend soll im Rahmen dieses Abschnitts untersucht werden, welche Vorgaben das Gebot der Abwägung an die Gemeinde stellt, wenn das zu überplanende Gebiet einem Hochwasserrisiko ausgesetzt ist. Klarstellend ist aber darauf hinzuweisen, dass Zielsetzung dieses Abschnitts nicht sein kann, umfassend zum Gebot der Abwägung Stellung zu nehmen. Dies würde den Rahmen dieser Arbeit sprengen. Die nachfolgenden Ausführungen werden deshalb nur in dem Umfang auf das Gebot der Abwägung eingehen, soweit dies die Hochwasserproblematik erforderlich macht.

Ein nicht unerheblicher Teil dieser Arbeit setzte sich bereits mit zwingend zu beachtenden Schranken für die gemeindliche Bauleitplanung auseinander. Bevor auf das planungsrechtliche Abwägungsgebot eingegangen wird, soll vorab dargestellt werden, inwieweit der Gemeinde bei Einhaltung der zwingend zu beachtenden Hürden, die selbstverständlich alle eingehalten werden müssen, überhaupt noch Spielraum für eine Abwägung zukommt.

II. Spielraum für die gemeindliche Abwägung in Hochwassergebieten

1. Spielraum für die gemeindliche Abwägung innerhalb von Überschwemmungsgebieten

Wenn ein Bebauungsplan Flächen in seinen Geltungsbereich einbezieht, die der Legaldefinition des § 31 b Abs. 1 WHG unterfallen, dann wird im Ergebnis regelmäßig die Aufstellung eines Bebauungsplans ausscheiden. Als rechtliche

---

301 Vgl. *Reidt*, in: Gelzer/Bracher/Reidt, Rdn. 30; *Gierke*, in: Brügelmann, § 1 BauGB Rdn. 172.

Schranken kommen insoweit in Betracht: § 31 b Abs. 4 S. 2, § 31 b Abs. 5 S. 2 i.V.m. Abs. 4 und § 31 b Abs. 6 S. 1 WHG. Welche dieser drei Schranken zum Tragen kommt, ist zunächst davon abhängig, ob das Überschwemmungsgebiet bereits amtlich festgesetzt, bzw. zumindest vorläufig gesichert wurde, oder ob es als sog. faktisches Überschwemmungsgebiet in den Genuss des Bestandsschutzes des § 31 b Abs. 6 S. 1 WHG kommt. Allen drei Hürden ist gemeinsam, dass sie zwingend der Aufstellung eines Bauleitplans entgegenstehen können. Allerdings verbindet auch alle drei Schranken, dass sie unter gesetzlich vorgegebenen Ausnahmetatbeständen einer gemeindlichen Bauleitplanung den Weg öffnen. Zur Vermeidung von Wiederholungen darf hinsichtlich der Detailfragen auf die vorhergehenden Abschnitte verwiesen werden. Wenn die Gemeinde diese Hürde zu nehmen vermag und auch keine sonstigen, zwingend zu beachtenden rechtlichen Hindernisse entgegenstehen, kann die Gemeinde zielführend in den Prozess der Abwägung einsteigen.

2. *Spielraum für die gemeindliche Abwägung innerhalb von Vorrang- und Vorbehaltsgebieten*

a) Vorranggebiete

Wenn z.B. in Regionalplänen Vorranggebiete gem. § 7 Abs. 4 S. 1 Nr. 1 ROG bezeichnet sind, etwa mit der Zielsetzung der Erhaltung von noch vorhandenen Retentionsflächen, dann sind diese Flächen der gemeindlichen Abwägung entzogen. So ist es gerade kennzeichnend für Vorranggebiete, dass andere raumbedeutsame Nutzungen ausgeschlossen sind, die mit den Funktionen, Nutzungen und Zielen der Raumordnung nicht vereinbar sind. Einer Bauleitplanung, und zwar sowohl auf der Ebene des Flächennutzungsplans als auch auf der Stufe eines Bebauungsplans, ist damit grundsätzlich die rechtliche Grundlage entzogen. Sichergestellt wird dies über § 1 Abs. 4 BauGB. In den Abwägungsprozess kann die Gemeinde nur dann zielführend eintreten, wenn die entsprechende Zielvorgabe noch Raum für eine gemeindliche Abwägung bietet bzw. die angedachte Nutzung nicht im Widerspruch zu dem bezeichneten Ziel der Raumordnung steht.

b) Vorbehaltsgebiete

Vorbehaltsgebiete sind demgegenüber letztlich nur Abwägungsbelange, wenn auch mit einem besonderen Gewicht. Wenn die Gemeinde dies im Rahmen ihrer Abwägung berücksichtigt, ist eine den Hochwasserschutzzielen zuwiderlaufende Planung, selbst die Ausweisung eines Baugebiets, nicht von vornherein ausgeschlossen[302]. Wie bereits in Abschnitt 2 unter C. „Bebauungspläne und Ziele und

302 Vgl. *Engel*, KommPraxis-BY 2004, 249.

Grundsätze der Raumordnung" dargestellt, kommt die Bezeichnung von Vorbehaltsgebieten insbesondere unter folgenden Aspekten in Betracht:

1. Schutz natürlicher Überschwemmungsflächen
2. Rückgewinnung von Flächen, die als Überschwemmungsflächen reaktiviert werden können
3. die Bezeichnung von überschwemmungsgefährdeten Gebieten.

aa) Schutz natürlicher Überschwemmungsflächen

Wenn das Vorbehaltsgebiet Überschwemmungsflächen absichern will, dann werden diese Flächen in der Regel[303] deckungsgleich sein mit einem amtlich festgesetzten Überschwemmungsgebiet, einem vorläufig gesicherten Überschwemmungsgebiet bzw. mit Flächen, die den rechtlichen Vorgaben an faktische Überschwemmungsgebiete i.S.d. § 31 b Abs. 6 S. 1 WHG unterliegen. Im Regelfall wird die Ausweisung von Baugebieten bereits hieran scheitern. Sollten diese wasserrechtlichen Hürden genommen werden können, muss sich die Gemeinde im Rahmen ihrer Abwägung mit der Problematik zwar erneut beschäftigen, wenn auch unter dem Aspekt der Raumordnung. Dabei muss sie insbesondere das besondere Gewicht, das mit der Festlegung als Vorbehaltsgebiet verbunden ist, in ihren Abwägungsprozess mit einstellen. Unter Berücksichtigung der hohen Hürden, die das Wasserrecht der Gemeinde bei der Aufstellung von Baugebieten setzt, sollte es, wenn es eben der planerische Wille der Gemeinde ist, neue Bauflächen auszuweisen, letztlich aber möglich sein, ein Baugebiet auszuweisen.

bb) Rückgewinnung von Überflutungsflächen

Wenn das Vorbehaltsgebiet dagegen Flächen in seinen Regelungsgehalt einbezieht, die für den Hochwasserschutz wieder nutzbar gemacht werden sollen, dann hat die Gemeinde diese Flächen mit dem einem Vorbehaltsgebiet zukommenden besonderen Gewicht in ihrer Abwägung zu berücksichtigen. Die Ausweisung von Bauflächen ist damit grundsätzlich aber noch möglich. Sofern nicht ausnahmsweise diese Flächen amtlich als Überschwemmungsgebiete ausgewiesen werden[304], greifen für diese Flächen die wasserrechtlichen Hürden nicht.

---

303 Nur in der Regel, da die Regionalplanung nicht parzellenscharf ist (vgl. hierzu Nr. 1.2. der Handlungsanleitung der ARGEBAU). Dementsprechend kann es durchaus zu geringfügigen Unterschieden zwischen konkret ermittelten amtlich festgesetzten Überschwemmungsgebieten und den Gebietskategorien der Raumplanung kommen.

304 § 31 b Abs. 2 S. 6 Nr. 3 WHG geht explizit von dieser Möglichkeit aus.

cc) Überschwemmungsgefährdete Gebiete

Wenn Flächen, z.B. hinter Deichen, als Vorbehaltsflächen für den vorbeugenden Hochwasserschutz bezeichnet werden, dann hat dies nicht zur Konsequenz, dass es einer Gemeinde zwingend verwehrt wäre, neue Baugebiete festzusetzen.

Im Unterschied zu Vorbehaltsgebieten, die z.B. förmlich festgesetzte Überschwemmungsgebiete zum Schutzobjekt der raumordnerischen Darstellung haben, stehen hier auch keine zwingenden rechtlichen Schranken aus dem Bereich des Wasserrechts der Aufstellung eines Bebauungsplans entgegen. Sofern die betroffenen Gebiete – im Rahmen des rechtlich Gebotenen – hochwasserfreigelegt sind, kann die Festsetzung neuer Siedlungsgebiete weder an der Rechtsverordnung scheitern, die dem amtlich festgesetzten Überschwemmungsgebiet zugrunde liegt, noch an § 31 b Abs. 6 S. 1 WHG.

Wenn jedoch diese Flächen als Vorbehaltsflächen bezeichnet wurden, dann hat dies – wie bereits mehrfach erwähnt – zur Konsequenz, dass die Gemeinde diesem Umstand ein besonderes Gewicht beimessen muss. Ob dies letztlich dazu führt, dass die Gemeinde an einer Darstellung von Bauflächen bzw. Festsetzung von Baugebieten gehindert ist, bestimmt sich auf der Grundlage einer der Sache angemessenen Abwägung (vgl. § 1 Abs. 7 BauGB). Bei Gebieten, die im Falle eines Deichbruchs besonders gefährdet wären, z.B. weil im Hinblick auf den Geländezuschnitt extreme Hochwasserstände zu erwarten wären, spricht vieles dafür, dass die Gemeinde auf hochwasserangepasste Nutzungen auszuweichen hat.

III. Der Abwägungsvorgang und die Abwägungsentscheidung

Sofern keine zwingenden Rechtsgründe der Aufstellung eines Bebauungsplans entgegenstehen, schließt sich die gemeindliche Abwägung an. Die Abwägung ist im Regelfall das Kernstück der gesamten Bauleitplanung. In Abschnitt 2 unter A. IV. wurde bereits dargestellt, anhand welcher rechtlichen Kriterien die Gerichte, z.B. im Rahmen eines Normenkontrollantrages gem. § 47 VwGO, den gemeindlichen Entscheidungsprozess auf ihre Rechtmäßigkeit hin überprüfen.

Wie bereits die vom Bundesverwaltungsgericht herausgearbeiteten Planungsfehler nahe legen, liegen dem gemeindlichen Entscheidungsprozess vier Schritte zugrunde:

1. Ermittlung der abwägungsrelevanten Belange,
2. Einstellung der Belange in die Abwägung,
3. Gewichtung der in die Abwägung eingestellten Belange,
4. Ausgleich der konfligierenden und konkurrierenden Belange bei der Planungsentscheidung.

§ 2 Abs. 3 BauGB, der durch das EAG-Bau neu in das Baugesetzbuch eingefügt wurde, spricht nur noch von Ermitteln und Bewerten. Insoweit könnte man daran denken, dass der zweite Schritt, d.h. die Einstellung der Belange in die Abwägung, entfallen ist[305]. Wie der Begründung des Gesetzesentwurfs der Bundesregierung vom 15. Oktober 2003[306] aber zu entnehmen ist, war man der Auffassung, dass § 2 Abs. 3 BauGB als Verfahrensgrundnorm inhaltlich der bisherigen, sich aus dem Abwägungsgebot ergebenden Rechtslage entspreche. Die bisherige Dogmatik sah jedoch ein Ermitteln, ein Einstellen und ein Gewichten der Belange vor. Eine abweichende Auslegung gebietet weder primäres noch sekundäres Gemeinschaftsrecht. Diesem kommt zwar ein Anwendungsvorrang zu, da aber auch Art. 5 Abs. 1 RL 2001/42/EG hinsichtlich der Durchführung der Umweltprüfung und der Erstellung des Umweltberichts die Formulierung „ermitteln, beschreiben und bewerten" verwendet, kann davon ausgegangen werden, dass der zweite Schritt durch § 2 Abs. 3 BauGB nicht ausgeschlossen werden sollte[307].

Hiervon ausgehend lassen sich die vier Prüfungsschritte wie folgt näher umschreiben[308]:

In der ersten Phase werden aufgrund einer Grobselektion die generell abwägungsbeachtlich erkennbaren, mehr als geringwertigen und schützwürdigen – d.h. abwägungsrelevanten und zukünftigen – Belange mit bodenrechtlichem Bezug ermittelt. Insoweit ist von der Zusammenstellung des Abwägungsmaterials zu sprechen. Hiervon ausgehend sind in der zweiten Phase diejenigen abwägungsrelevanten Belange in die Abwägung einzustellen, deren Betroffenheit nach Lage der Dinge mehr als geringfügig, eintrittswahrscheinlich und erkennbar ist (sog. Feinselektion). Jedem Belang, der in die Abwägung eingestellt wird, ist dann das ihm nach den rechtlichen und tatsächlichen Gegebenheiten zukommende objektive Gewicht beizumessen. Abgeschlossen wird der Abwägungsprozess durch die eigentliche Planungsentscheidung. Dabei hat die Gemeinde in dieser vierten Phase einen Ausgleich zwischen harmonierenden und gegenläufigen Belangen herzustellen[309].

1. Zusammenstellung des Abwägungsmaterials

Zunächst setzt das Gebot der gerechten Abwägung voraus, dass das abwägungserhebliche Material ermittelt und festgestellt wird. D.h., die Gemeinde hat darüber zu befinden, welche Belange für die Abwägung überhaupt in Betracht kommen können, und sie muss weiter entscheiden, inwieweit das Abwägungsmaterial aufgrund der konkreten Umstände von Bedeutung, also abwägungserheblich, ist[310].

---

305 Vgl. *Hoppe*, in: Hoppe/Bönker/Grotefels, § 5 Rdn. 36.
306 BT-Drucks. 15/2250.
307 Vgl. hierzu auch *Battis*, in: Battis/Krautzberger/Löhr, § 2 BauGB Rdn. 5.
308 Vgl. hierzu *Hoppe*, in: Hoppe/Bönker/Grotefels, § 5 Rdn. 37–40.
309 Vgl. *Stollmann*, § 7 Rdn. 34.
310 Vgl. *Krautzberger*, in: Battis/Krautzberger/Löhr, § 1 BauGB Rdn. 96.

Wie § 4 a BauGB entnommen werden kann, sollen insbesondere die Verfahrensvorschriften über die Öffentlichkeits- und Behördenbeteiligung die vollständige Ermittlung und zutreffende Bewertung der von der Planung berührten Belange sicherstellen. § 4 a Abs. 1 BauGB ist insoweit Ausdruck der Grundentscheidung des EAG Bau, die materielle Rechtmäßigkeit des Bebauungsplans durch ein ordnungsgemäßes Verfahren zu gewährleisten[311]. Durch die Einhaltung des gesetzlich vorgegebenen Verfahrens wird die Gemeinde in die Lage versetzt, sachgerecht in einen Abwägungsprozess i.S.d. § 1 Abs. 7 BauGB einzusteigen. Hiervon unabhängig hat die Gemeinde Erkenntnisse, über die sie selbst bereits verfügt (z.B. aus alten Verfahrensakten), bzw. die sie auf sonstige Weise erhält, selbstverständlich ebenfalls zu berücksichtigen.

Der Wortlaut des § 4 a Abs. 1 BauGB knüpft an § 2 Abs. 3 BauGB an. Hiernach hat die Gemeinde bei der Aufstellung eines Bebauungsplans die Belange, die für die Abwägung von Bedeutung sind (Abwägungsmaterial), zu ermitteln und zu bewerten. Das EAG Bau hat § 2 Abs. 3 BauGB als neue „Verfahrensgrundnorm" für die Abwägung entwickelt[312]. Wie der Begründung des Gesetzesentwurfs der Bundesregierung vom 15. Oktober 2003[313] aber entnommen werden kann, entspricht die Vorschrift der bisherigen, sich bereits aus dem Abwägungsgebot abzuleitenden Rechtslage, nach der die Berücksichtigung aller bedeutsamen Belange in der Abwägung zunächst deren ordnungsgemäße Ermittlung und zutreffende Bewertung voraussetzt. § 2 Abs. 3 BauGB darf deshalb nicht dahingehend verstanden werden, dass mit der Einfügung der Norm in das Baugesetzbuch gleichsam ein „Suchverfahren" für die Gemeinden konstituiert wurde[314].

Hier soll nun aber untersucht werden, inwieweit die Gemeinde verpflichtet ist, (weitergehende) Untersuchungen anzustellen, wenn sie beispielsweise aufgrund der Öffentlichkeits- bzw. Behördenbeteiligung erfährt, dass das Plangebiet dem Risiko ausgesetzt ist, von Zeit zu Zeit überschwemmt zu werden.

Zunächst ist festzuhalten, dass die Gemeinde von weitergehenden Untersuchungen absehen kann, wenn sie auf eine Weiterführung des Bauleitplanverfahrens verzichtet. Es entspricht gerade der Planungshoheit einer Gemeinde, dass sie ein Bauleitplanverfahren auch jederzeit wieder einstellen kann.

Wenn sie aber an ihrem ursprünglichen städtebaulichen Planungskonzept, z.B. ein neues Baugebiet auszuweisen, festhalten möchte, dann muss die Gemeinde eigenverantwortlich für sich klären, in welchem Umfang sie gegebenenfalls fachliche Gutachten in Auftrag gibt, die angesichts der Komplexität der Frage-

---

311 Vgl. *Battis*, in: Battis/Krautzberger/Löhr, § 4a BauGB Rdn. 2.

312 Vgl. *Hoppe*, in: Hoppe/Bönker/Grotefels, § 5 Rdn. 2.

313 BT-Drucks. 15/2250, S. 117 f.: inhaltlich wiedergegeben bei *Hoppe*, in: Hoppe/Bönker/Grotefels, § 5 Rdn. 2.

314 So beispielsweise *Battis*, in: Battis/Krautzberger/Löhr, § 2 BauGB Rdn. 5 und *Reidt*, in: Gelzer/Bracher/Reidt, Rdn. 575 unter Verweis auf die Begründung des Gesetzesentwurfs.

stellung häufig mit erheblichen Kosten verbunden sein werden. Wie die bereits dargestellten, vom Bundesverwaltungsgericht herausgearbeiteten Planungsfehler belegen, muss der Sachverhalt zumindest so weit aufgeklärt werden, dass der Gemeinde auf der Grundlage des ermittelten Sachverhalts eine fehlerfreie Abwägung möglich ist. Die erforderliche Aufklärung muss gewährleisten, dass ein in die Abwägung einzustellender Belang mit dem ihm aufgrund der tatsächlichen Gegebenheiten zukommenden Gewicht in die Abwägung eingestellt werden kann. Die Untersuchungspflicht der Gemeinde zur vollständigen Ermittlung und Bewertung des Abwägungsmaterials wird dementsprechend durch die für die abschließende Planungsentscheidung erforderliche Untersuchungstiefe begrenzt[315]. Die Gemeinde hat deshalb so lange Ermittlungen anzustellen, soweit noch Klärungsbedarf hinsichtlich einer abschließenden Beurteilung abwägungsrelevanter Belange besteht. Hieran könnte es beispielsweise fehlen, wenn der Geltungsbereich des Bebauungsplans sich nur teilweise mit einem Überschwemmungsgebiet überschneidet und die Gemeinde für diesen Bereich Festsetzungen in dem Bebauungsplan vorsieht, die selbst durch Überschwemmungen nicht in Mitleidenschaft gezogen werden.

Ob die Gemeinde in einem Überschwemmungsgebiet ein Verfahren zur Aufstellung eines Bebauungsplans Erfolg versprechend durchführen kann, wird wesentlich durch die Vorgaben des § 31 b WHG determiniert. Diese Vorschrift unterscheidet zwischen drei Sachverhaltskonstellationen: Liegt das Plangebiet innerhalb eines amtlich festgesetzten Überschwemmungsgebiets oder ist es zumindest i.S.d. § 31 b Abs. 5 WHG vorläufig gesichert? Daneben werden auch sog. faktische Überschwemmungsgebiete nach Maßgabe des § 31 b Abs. 6 S. 1 WHG geschützt. Alle drei Alternativen stellen, wenn auch nicht in gleichem Umfang, konkrete Forderungen auf, die die Gemeinde zu erfüllen hat, wenn sie einen Bebauungsplan aufstellen möchte. Die Gemeinde hat zumindest in dem Umfang Untersuchungen anzustellen, dass ihr abschließend die Entscheidung möglich ist, ob das von ihr verfolgte und favorisierte städtebauliche Konzept den jeweiligen Ausnahmetatbestand zu erfüllen vermag.

Allen drei Ausnahmetatbeständen des § 31 b WHG ist beispielsweise gemeinsam, dass der jeweils verloren gehende Retentionsraum auszugleichen ist. Vor diesem Hintergrund kann sich eine Gemeinde nicht darauf beschränken, in sachgerechter Weise zu ermitteln, ob und – wenn ja – in welcher Häufigkeit und in welchem Umfang das zu überplanende Gebiet einem Hochwasser ausgesetzt wird[316]. Insoweit wird der Gemeinde zwar ebenfalls eine weitergehende Untersuchungspflicht zukommen, wenn z.B. trotz der Stellungnahme des Wasserwirtschaftsamts noch Klärungsbedarf besteht. Daneben hat die Gemeinde aber gerade auch zu ermitteln, in welchem Umfang infolge der Umsetzung des jeweiligen

---

315 Vgl. *Reidt*, in: Gelzer/Bracher/Reidt, Rdn. 600.
316 Vgl. *Dirnberger*, in: Jäde/Dirnberger/Weiß, BauGB, 2. Aufl., § 1 Rdn. 74.

Bebauungsplans Retentionsraum verloren geht und wie dieser in sachgerechter Weise ausgeglichen werden kann[317].

2. *Die Gewichtung von Belangen*

Die 2. Phase wird mit der Einstellung der mehr als geringfügigen, eintrittswahrscheinlichen und erkennbaren Belange abgeschlossen. Sie bildet insoweit ein „Nadelöhr" für die beiden die Abwägung abschließenden Verfahrensschritte der Gewichtung der Belange und der den Abwägungsprozess abschließenden Entscheidung. Bildhaft kann von einem „Nadelöhr" gesprochen werden, da nur die Belange, die in die Abwägung eingestellt wurden, zu gewichten sind und damit als Grundlage für die abschließende Abwägungsentscheidung herangezogen werden können.

Bei der Gewichtung ist zu berücksichtigen, dass zunächst alle Belange abstrakt gleichwertig sind[318]. So räumt der Gesetzgeber grundsätzlich weder den öffentlichen noch den privaten Belangen einen automatischen Vorrang ein[319]. Vielmehr gibt § 1 Abs. 7 BauGB lediglich vor, dass die öffentlichen und die privaten Belange gegeneinander und untereinander gerecht abzuwägen sind. Die Gemeinde ist deshalb grundsätzlich rechtlich ungebunden, sich im Rahmen ihrer Entscheidung für die Vorzugswürdigkeit eines bestimmten Belangs unter Hintansetzung eines anderen Belangs zu entscheiden.

Soweit in der juristischen Fachliteratur versucht wird, Ansätze zu finden, die es ermöglichen, die abwägungsrelevanten Belange systematisch zu klassifizieren und mit Etiketten zu versehen, die bestimmte Vorrangkategorien vorgeben[320], so ist dies eher rechtstheoretisch von hohem Interesse, in seinem praktischen Nutzen aber wenig hilfreich. So wird beispielsweise zwischen Planungsleitsätzen, Planungsleitlinien, Optimierungsgeboten, Planungsgrundsätzen und anderem mehr differenziert[321]. Diese Kriterien tragen, zumindest wenn sie in der Anwendung nicht zum Dogma erhoben werden und deswegen den Blick auf den zugrunde liegenden Sachverhalt versperren, sicherlich dazu bei, der Gemeinde die Gewichtung der Belange zu erleichtern. Allerdings darf nicht übersehen werden, dass das Bundesverwaltungsgericht von der grundsätzlichen Gleichwertigkeit aller öffentlichen und privaten Belange ausgeht:

> „Eine Gemeinde ist grundsätzlich rechtlich ungebunden, sich im Rahmen der ihr aufgetragenen Abwägung für die Vorzugswürdigkeit eines bestimmten Belangs unter Hintansetzung eines anderen Belangs zu entscheiden. Das folgt

---

317 Vgl. Nds. OVG v. 15.5.2003 – 1 KN 3008/01 –, BauR 2003, 1524, 1526.

318 Vgl. *Koch*, in: Koch/Hendler, § 17 Rdn. 31.

319 Vgl. *Kuschnerus*, Der sachgerechte Bebauungsplan, Rdn. 191.

320 Vgl. *Kuschnerus*, Der sachgerechte Bebauungsplan, Rdn. 193.

321 Hierzu beispielsweise umfassend *Hoppe*, in: Hoppe/Bönker/Grotefels, § 5 Rdn. 12 ff., zu Optimierungsgeboten: *Koch*, in: Koch/Hendler, § 17 Rdn. 31.

aus § 1 Abs. 6 BauGB [Anmerkung: jetzt § 1 Abs. 7 BauGB]. Zwischen den in § 1 Abs. 5 S. 2 BauGB [Anmerkung: jetzt § 1 Abs. 6 BauGB] genannten Belangen besteht keine Vorzugsregelung. Die Belange sind vielmehr abstrakt gleichwertig."[322]

Die Verwendung von Vorrangregeln kann deshalb zwar Hilfestellung sein, birgt zugleich aber die Gefahr, zumindest wenn man die Rechtsprechung des Bundesverwaltungsgerichts zugrunde legt, dass man einen Belang nicht mit dem ihm an sich zustehenden Gewicht in die Abwägung einstellt. Zumindest für die in § 1 Abs. 6 BauGB genannten Belange sollte im Hinblick auf die Rechtsprechung des Bundesverwaltungsgerichts deshalb davon ausgegangen werden, dass keinem der dort genannten Belange ein weder abstrakter noch relativer Vorrang zukommt[323]. Abwägungsfehleinstellungen und dadurch bedingten Abwägungsdisproportionalitäten sollte so zuverlässig entgegengewirkt werden können. Dies gilt selbstverständlich nur für den Regelfall. So hat der Gesetzgeber die Möglichkeit, durch gesetzliche Gewichtungsvorgaben auf den Abwägungsprozess steuernd Einfluss zu nehmen. Entsprechend klare gesetzliche Vorgaben an die Gewichtung müssen beachtet werden.

In diesem Zusammenhang ist insbesondere auf zwei Regelungen einzugehen: Wie bereits ausführlich dargestellt, räumt das Raumordnungsgesetz den Landesplanungsbehörden bzw. den regionalen Planungsverbänden die Möglichkeit der Festlegung von Vorbehaltsflächen ein. Für diese ist gem. § 7 Abs. 4 S. 1 Nr. 2 ROG kennzeichnend, dass ihnen bei der Abwägung mit konkurrierenden raumbedeutsamen Nutzungen ein besonderes Gewicht beigemessen werden soll. Kraft Gesetzes ist ihnen ein besonderes Gewicht bei der Abwägung zugewiesen[324].

Daneben bestimmt § 31 b Abs. 6 S. 2 WHG, dass frühere Überschwemmungsgebiete, die als Rückhalteflächen geeignet sind, soweit wie möglich wieder hergestellt werden sollen, wenn nicht überwiegende Gründe des Gemeinwohls entgegenstehen. Wenn die in dieser Vorschrift bezeichneten tatbestandlichen Voraussetzungen erfüllt sind, soll die Gemeinde frühere Rückhalteflächen zurück zu gewinnen versuchen[325].

Im Ergebnis bedeutet dies für die Gemeinde, dass sie in der 3. Stufe des Abwägungsprozesses allen nach Lage der Dinge in die Abwägung eingestellten Belangen ein nach den rechtlichen Vorgaben und tatsächlichen Gegebenheiten zukommendes objektives Gewicht zuzuordnen hat. Als Ergebnis kann deshalb weiter festgehalten werden, dass die Prüfung der Gewichtung der Gemeinde in

---

322 Vgl. BVerwG v. 15.10.2002 – 4 BN 51/02 –, BauR 2004, 641 f., 641.

323 Vgl. *Kuschnerus*, Der sachgerechte Bebauungsplan, Rdn. 194.

324 Vgl. *Hoppe*, in Hoppe/Bönker/Grotefels, § 6 Rdn. 40.

325 Bezüglich der Detailfragen zu dieser Vorschrift ist auf den Abschnitt 2 unter D. III. 3. e) zu verweisen.

zwei Schritten abläuft[326]. Zum einen muss die Gemeinde prüfen, ob der Gesetzgeber dem eingestellten Belang kraft Gesetzes ein besonderes Gewicht zugewiesen hat (Wichtigkeitsgrad). Zum anderen muss die Gemeinde das Ausmaß der tatsächlichen Betroffenheit im Einzelfall feststellen. Auch das quantitative Maß des tatsächlichen Betroffenseins des einzelnen Belangs muss in der jeweiligen städtebaulichen Situation gewichtet werden[327].

Bezogen auf den Hochwasserschutz werden regelmäßig folgende Belange einer eingehenden Betrachtung und Gewichtung bedürfen:

1. die Vorgaben aus der Raumordnungsplanung,
2. die allgemeinen Anforderungen an gesunde Wohn- und Arbeitsverhältnisse und die Sicherheit der Wohn- und Arbeitsbevölkerung,
3. die Darstellungen von Landschaftsplänen sowie von sonstigen Plänen, insbesondere des Wasserrechts,
4. die Belange des Hochwasserschutzes[328],
5. Art. 2 Abs. 2 und 14 GG[329].

3. *Die Abwägungsentscheidung*

Wie in Abschnitt 2 unter A. IV. bereits dargestellt, gelten die durch das Bundesverwaltungsgericht erarbeiteten Fehlerkategorien zum gemeindlichen Abwägungsprozess, mit Ausnahme des Abwägungsausfalls, sowohl für den Abwä-

---

326 Vgl. *Kuschnerus*, Der sachgerechte Bebauungsplan, Rdn. 189; *Hoppe*, in: Hoppe/Bönker/Grotefels, § 5 Rdn. 71.

327 Vgl. *Reidt*, in: Gelzer/Bracher/Reidt, Rdn. 608.

328 § 1 Abs. 6 Nr. 12 BauGB erwähnt ausdrücklich als zu berücksichtigenden Aspekt die Belange des Hochwasserschutzes. Diese Vorschrift wurde durch das Gesetz zur Verbesserung des vorbeugenden Hochwasserschutzes neu in das BauGB eingefügt. Der Gesetzgeber hat diesen Weg beschritten, um die Bedeutung dieses Belangs in der kommunalen Bauleitplanung hervorzuheben (vgl. hierzu *Knopp*, in: Sieder/Zeitler/Dahme, § 31 a WHG Rdn. 4). Der Bedeutungsgehalt dieser Regelung ist allerdings gering, da die Vorgaben des WHG der kommunalen Bauleitplanung bereits strikte und sehr eng gesetzte Grenzen setzen. Insoweit stellt diese Regelung nur eine Klarstellung dar. Soweit allerdings diese strikten Hürden genommen werden, kann der Belang zum Tragen kommen.

329 Weitere Gewichtungsvorgaben können sich auch aus verfassungsrechtlichen Rechtspositionen ergeben (vgl. hierzu *Hoppe*, in: Hoppe/Bönker/Grotefels, § 5 Rdn. 76). So wurde beispielsweise hinsichtlich des Eigentums vom BVerwG wiederholt betont, dass dieses in der planerischen Abwägung in hervorgehobener Weise zu berücksichtigen sei. So hat das BVerwG beispielsweise in einem Urteil aus dem Jahre 2002 (BVerwG v. 21.3.2002 – 4 CN 14/00 –, BauR 2002, 1650, 1652) ausgeführt, dass planbedingte Missstände, die den Grad der Eigentumsverletzung erreichen und einer Rechtfertigung vor Art. 14 Abs. 1 S. 2 und Abs. 2 GG nicht standhalten, der bauleitplanerischen Gestaltungsfreiheit eine strikte, d.h. eine äußerste, mit einer „gerechten Abwägung“ nicht überwindbare Grenze setzen. Gerade wenn derartige Eigentumsverletzungen drohen und der Beeinträchtigungsgrad des privaten Belanges derart massiv berührt ist, muss dies entsprechenden Ausdruck in der Gewichtung finden.

gungsvorgang als auch für das Abwägungsergebnis. Auch bezogen auf das Abwägungsergebnis muss die Gemeinde damit sicherstellen, dass ihr letztlich bei der Entscheidungsbildung weder ein Abwägungsdefizit, eine Abwägungsfehleinstellung noch ein Fall der Abwägungsdisproportionalität angelastet werden kann. Bezogen auf die Hochwasserproblematik wird – jedenfalls dann, wenn im Rahmen der Öffentlichkeits- bzw. Behördenbeteiligung der Gemeinde die Problematik bewusst wurde – im Regelfall der Belang mit dem ihm zukommenden Gewicht in den Abwägungsprozess eingestellt werden.

Der Abwägungsprozess wird abgeschlossen mit der Planungsentscheidung. Die Gemeinde setzt als planende Stelle fest, welche Darstellungen sie in den Flächennutzungsplan bzw. welche Festsetzungen sie in den Bebauungsplan aufnehmen möchte[330]. Bei der Entscheidungsfindung steht der Gemeinde ein grundsätzlich nur eingeschränkt gerichtlich überprüfbarer Entscheidungsspielraum zu. So wäre eine Planung ohne Gestaltungsfreiheit ein Widerspruch in sich[331]. Die letztlich gefundene Abwägungsentscheidung genügt dem Gebot gerechter Abwägung, wenn die Gemeinde den Ausgleich der zutreffend ermittelten und gewichteten Belange in einer Weise vornimmt, der zur objektiven Gewichtigkeit der betroffenen Belange nicht außer Verhältnis steht[332]. Solange die Gemeinde diesen Rahmen beachtet, wird das Abwägungsgebot nicht verletzt, auch wenn sich die Gemeinde im Falle der Kollision zwischen verschiedenen Belangen für die Bevorzugung des einen und damit notwendig für die Zurückstellung eines anderen entscheidet.

Gleichwohl ist die letztlich den Abwägungsprozess abschließende Entscheidungsfindung für die Gemeinde, die diese eigenverantwortlich zu treffen hat, eine besondere Herausforderung, die gerade in der besonderen Komplexität der bauleitplanerischen Abwägung begründet ist. Im Unterschied zu rein bipolaren Abwägungsprozessen, bei denen nur zwischen zwei sich diametral gegenüber stehenden Interessen ein Ausgleich gefunden werden muss, liegt der Bauleitplanung ein vielschichtiges Interessengeflecht zugrunde[333]. Hier besteht die Kunst gerade darin, einen sachgerechten Ausgleich zu finden.

Wenn die Gemeinde sich mit Fragen zum Schutz vor Hochwasser auseinandersetzt, kann dies unter zwei Zielaspekten erfolgen. Zum einen muss die Gemeinde sicherstellen, dass sowohl die Planunterworfenen als auch die im Umfeld des Geltungsbereichs des Bebauungsplans Lebenden nicht durch Überschwemmungen in Mitleidenschaft gezogen werden können. Insoweit steht der Sicherheitsaspekt im Vordergrund. Zum anderen kann die Gemeinde z.B. über Festsetzungen in ihrem

330 Vgl. *Hoppe*, in: Hoppe/Bönker/Grotefels, § 5 Rdn. 81.

331 Vgl. *Hoppe*, in: Hoppe/Bönker/Grotefels, § 5 Rdn. 9.

332 Vgl. *Stollmann*, § 7 Rdn. 36.

333 Vgl. *Kuschnerus*, Der sachgerechte Bebauungsplan, Rdn. 172; *Reidt*, in: Gelzer/Bracher/Reidt, Rdn. 611.

Bebauungsplan gleichwohl einen Beitrag leisten, dass die Hochwassergefahr, z.B. durch vermeidbare Versiegelungen, nicht noch verstärkt wird.

Wie bereits hervorgehoben, muss mit der Befugnis zur Planung grundsätzlich ein mehr oder weniger ausgedehnter Spielraum an Gestaltungsmöglichkeiten verbunden sein, weil eine Planung ohne Gestaltungsfreiheit ein Widerspruch in sich wäre. Die nachfolgenden Ausführungen müssen sich dementsprechend naturgemäß darauf beschränken aufzuzeigen,

a) welche grundsätzlichen Möglichkeiten der Gemeinde zur Verfügung stehen, die Hochwasserproblematik zu lösen,

b) welche inhaltlichen Forderungen die Wassergesetze an den Inhalt kommunaler Bebauungspläne stellen und

c) welche äußersten Grenzen die Gefahr eines Hochwassers dem Inhalt der Abwägungsentscheidung setzt.

Hiervon unabhängig hat die Gemeinde bei ihrer abschließenden Entscheidung alle anderen in den Abwägungsprozess eingestellten Belange selbstverständlich entsprechend ihrem Gewicht zu berücksichtigen.

Soweit es sich anbietet, wird beim jeweiligen Prüfungspunkt noch ergänzend darauf eingegangen, welche Möglichkeiten die Gemeinde hat, einen vorbeugenden Beitrag zur Entschärfung des Entstehens von Hochwasser zu leisten.

a) Möglichkeiten zur Bewältigung der Hochwasserproblematik – Das Gebot der Konfliktbewältigung

Eine Abwägungsentscheidung genügt dem Gebot gerechter Abwägung, wenn die Gemeinde den Ausgleich der umfassend ermittelten und in ihrem rechtlichen und tatsächlichen Gewicht zutreffend gewichteten Belange in einer Weise vornimmt, der zur objektiven Gewichtigkeit der betroffenen Belange nicht außer Verhältnis steht[334]. Bezogen auf den Hochwasserschutz kann eine Bauleitplanung diesen Vorgaben an eine Abwägungsentscheidung nur genügen, wenn sie die ihr zurechenbaren Konflikte, d.h. die vorgefundenen wie auch die durch die Planung neu aufgeworfenen, bewältigt[335]. Entwickelt wurde das Gebot der Konfliktbewältigung teilweise aus den generellen Planungszielen des § 1 Abs. 5 BauGB und den konkreten Planungsleitlinien des § 1 Abs. 6 BauGB[336]. Daneben wird als Grundlage auch das Verfassungsrecht, und hier im Besonderen Art. 14 GG, herangezogen[337]. Das Gebot der Konfliktbewältigung wurde u.a. auch entwickelt, um den

---

334 Vgl. *Stollmann*, § 7 Rdn. 46.

335 Vgl. *Krautzberger*, in: Battis/Krautzberger/Löhr, § 1 BauGB Rdn. 115.

336 Vgl. *Hoppe*, in: Hoppe/Bönker/Grotefels, § 5 Rdn. 39.

337 Vgl. *Krautzberger*, in: Battis/Krautzberger/Löhr, § 1 BauGB Rdn. 115, sieht beispielsweise das Verfassungsrecht als Ursprung an, weil der Bauleitplan durch Einwirkungen auf Nachbargrundstücke enteignend wirken kann.

Gemeinden eine „Gebrauchsanweisung" an die Hand zu geben, wie sie typische Fallgestaltungen sachgerecht angehen kann, um die Gefahr von Abwägungsfehlern im Abwägungsergebnis zu minimieren[338]. Wie zur dritten Phase des Abwägungsprozesses bereits ausgeführt, darf die Anwendung von Hilfskonstruktionen bei der Entscheidungsfindung jedoch nicht dazu verleiten, dass die planende Gemeinde den Blick auf den zugrunde liegenden Sachverhalt verliert bzw. sie diesen nicht im erforderlichen Maße im Auge behält. Die letztlich getroffene Entscheidung muss immer konkret einzelfallbezogen sein und darf sich gerade nicht auf pauschale Lösungspatentrezepte verlassen.

Zunächst stehen der Gemeinde drei Möglichkeiten, die auch kumulativ zur Anwendung kommen können, zur Verfügung, die Hochwasserproblematik anzugehen. Sie kann zum einen das gesamte Plangebiet durch technische Bauwerke vor Hochwasser schützen. Sie kann aber ebenso versuchen, über Festsetzungen im Bebauungsplan die Problematik zu lösen. Letztlich kann sie die Verantwortung, sprich den Eigenschutz, den Planunterworfenen zuweisen. Jeder Weg, für den sich die Gemeinde entscheidet, muss aber dem Gebot gerechter Abwägung genügen.

aa) Die Hochwasserfreilegung

Nach der Legaldefinition des § 31 b Abs. 1 WHG sind Überschwemmungsgebiete Gebiete zwischen oberirdischen Gewässern und Deichen oder Hochufern und sonstige Gebiete, die bei Hochwasser überschwemmt oder durchflossen oder die für Hochwasserentlastung oder Rückhaltung beansprucht werden. Für den Regelfall, sofern nicht – so die ausdrückliche Regelung des § 31 b Abs. 2 S. 3 WHG – auch Gebiete als Überschwemmungsgebiete festgesetzt werden, die statistisch seltener als alle 100 Jahre überflutet werden, ist davon auszugehen, dass ein Gebiet seinen – rechtlichen – Charakter als Überschwemmungsgebiet verloren hat[339], wenn dieses statistisch seltener als alle 100 Jahre überschwemmt wird (sog. Bemessungshochwasser). Wenn dies der Fall ist, z.B. weil die Gemeinde das Plangebiet durch einen Damm schützt, dann kann die Gemeinde diesen Belang als gelöst ansehen.

Klarstellend ist aber darauf hinzuweisen, dass, auch wenn das neue Baugebiet durch technische Hochwasserschutzeinrichtungen vor einem Hochwasser geschützt wird, die Gemeinde gleichwohl die Hochwasserproblematik nicht vollständig ausblenden darf. Wie leider Naturkatastrophen in den letzten Jahren immer wieder schmerzlich belegten, können Hochwasserschutzanlagen keine absolute Sicherheit gewährleisten. Die Gemeinden müssen sich der Möglichkeit bewusst sein, dass diese im Ernstfall versagen, beispielsweise Deiche brechen können. Inwieweit die Gemeinde dieses verbleibende Restrisiko im Rahmen ihrer

---

338 Vgl. *Stollmann*, § 7 Rdn. 44.

339 Vgl. hierzu den Abschnitt 2 unter B. I. 2. „Überschwemmungsgebiete und Hochwasserfreilegung".

Abwägung berücksichtigen muss, wird noch gesondert in Abschnitt 2 unter D. III. 3. b) cc) dargestellt.

Hochwasserschutzeinrichtungen, wie Deiche und Dämme, dürfen allerdings nicht, wie z.B. Erschließungsstraßen, allein auf der Grundlage eines Bebauungsplans gebaut werden. Vielmehr bedarf es hierzu eines die Bauarbeiten rechtfertigenden Planfeststellungsbescheides. So setzt § 31 Abs. 2 S. 1 WHG Deich- und Dammbauten, die den Hochwasserabfluss beeinflussen, einem planfeststellungspflichtigen Gewässerausbau i.S.d. § 31 Abs. 2 S. 1 WHG gleich. Wenn die Gemeinde beabsichtigt, diesen Weg zu beschreiten und so der Hochwasserproblematik zu begegnen, dann hat sie, zumindest parallel zum Bebauungsplanverfahren, ein Planfeststellungsverfahren mit dem Ziel der Hochwasserfreilegung des Plangebiets einzuleiten. Im Zeitpunkt des abschließenden Satzungsbeschlusses (vgl. hierzu § 214 Abs. 3 S. 2 BauGB) über den Bebauungsplan ist es rechtlich noch nicht erforderlich, dass die Hochwasserschutzanlagen bereits gebaut und damit ihre Funktion erfüllen können. Es ist auch noch nicht zwingend notwendig, wenn auch wünschenswert, dass der die Hochwasserfreilegung genehmigende Planfeststellungsbescheid bereits bestandskräftig ist. Allerdings ist zumindest zu fordern, dass zu diesem Zeitpunkt die „parallele Planung bereits so weit fortgeschritten ist, dass an ihrer Verwirklichung und damit an der Lösung der durch den B-plan aufgeworfenen Probleme sinnvoll nicht mehr zu zweifeln ist[340]“. Dies setzt nicht nur voraus, dass die Gemeinde realistisch davon ausgehen darf, dass ihr die finanziellen Mittel zur Verfügung stehen, die Hochwasserschutzanlagen zu bauen[341]; weiter muss gefordert werden, dass die zum Schutz des Baugebiets erforderlichen Hochwasserschutzeinrichtungen in einem überschaubaren Zeitraum realisiert werden[342].

Ergänzend ist in diesem Zusammenhang noch auf Folgendes hinzuweisen: Die Erteilung einer Baugenehmigung setzt u.a. voraus, dass die Erschließung für das jeweilige Bauvorhaben gesichert ist. Hiervon kann wiederum nur ausgegangen werden, wenn die notwendigen technischen Hochwasserschutzeinrichtungen spätestens dann funktionstüchtig sind, sobald die nach dem Bebauungsplan zulässigen baulichen Anlagen fertig gestellt und nutzbar sind (vgl. hierzu § 123

---

340 Vgl. hierzu BVerwG v. 14.7.1994 – 4 NB 25.94 –, DVBl. 1994, 1152; so auch *Krautzberger*, in: Battis/Krautzberger/Löhr, § 1 BauGB Rdn. 119; *Stüer*, DVBl. 2005, 461, 465; a.A.: BayVGH v. 24.11.1994 – 2 N 93.3393 –, NuR 1995, 411: Sicherheitsfragen, die die Ausweisung einer Bebauung in einem bei Hochwasser überschwemmten Bereich aufwerfen, können durch Maßnahmen der Hochwasserfreilegung nur dann als gelöst angesehen werden, wenn der die Hochwasserfreilegung genehmigende Planfeststellungsbescheid bereits bestandskräftig ist.

341 Vgl. Nds. OVG v. 20.2.2002 – 1 K 3499/00 –, NuR 2003, 241, 242.

342 Anderenfalls wäre der Bebauungsplan bereits deshalb unwirksam, weil er nicht erforderlich wäre i.S.d. § 1 Abs. 3 S. 1 BauGB. Bezogen auf eine durch einen Bebauungsplan erfolgte Straßenplanung hat das BVerwG in einem Urteil vom 25.2.2004, NVwZ-RR 2004, 726, 727; als Zeitvorgabe einen maximalen Umsetzungszeitraum von zehn Jahren genannt.

Abs. 2 BauGB)[343, 344]. Wie ein Vergleich mit dem Wortlaut des § 133 Abs. 2 BauGB ergibt, ist dies aber nicht dahingehend zu verstehen, dass der Bau dieser Anlagen bereits zu diesem Zeitpunkt vollständig abgeschlossen sein muss. Es genügt, wenn z.B. die Bauarbeiten an einem erforderlichen Deich so weit fortgeschritten sind, dass die Grundstücke schadlos nutzbar sind.

Da die Baugenehmigung aber bereits dann zu erteilen ist, wenn zum Zeitpunkt der Entscheidung über den Bauantrag unter Zugrundelegung objektiver Kriterien damit gerechnet werden kann, dass die Hochwasserschutzanlagen spätestens im Zeitpunkt der Fertigstellung des Bauvorhabens ihre Funktion erfüllen können[345], liegt es in der Natur der Sache, dass die zu schaffenden Hochwasserschutzeinrichtungen während der Bauphase noch keine bzw. keine umfassende Wirksamkeit entfalten können. Während der Bauphase der technischen Hochwasserschutzanlagen können deshalb hochwasserbedingte Schäden drohen. Ein die Haftung der Gemeinde nach sich ziehender Vorwurf kann regelmäßig hieraus nicht abgeleitet werden. Dies käme allenfalls in Betracht, wenn vorläufige Sicherungsmaßnahmen gegen Überschwemmungen möglich gewesen wären[346]. Dies wird bei komplexen technischen Hochwasserschutzeinrichtungen eher selten der Fall sein. Den Gemeinden ist dringend anzuraten, die Bauherren auf das Schadensrisiko hinzuweisen, um Schäden und dem Verlangen nach Schadensersatz vorzubeugen.

bb) Festsetzungen in einem Bebauungsplan

Der Bebauungsplan enthält gem. § 8 Abs. 1 S. 1 BauGB die rechtsverbindlichen Festsetzungen für die städtebauliche Ordnung, wobei den Gemeinden grundsätzlich[347] nur die in § 9 BauGB genannten Festsetzungen zur Verfügung stehen. An diesen Numerus clausus der planerischen Festsetzungsmöglichkeiten ist der Plangeber gebunden. Ein darüber hinausgehendes Festsetzungsfindungsrecht scheidet aus.

Aber auch unabhängig davon, ob das Baugesetzbuch die Möglichkeit einer bestimmten Festsetzung vorsieht, muss weiter gefordert werden, dass die Gemeinde sich für diese aus städtebaulichen Gesichtspunkten entscheidet. Unbedenklich ist allerdings, wenn neben den städtebaulichen Zielsetzungen weitere Gesichtspunkte in den Entscheidungsprozess der Gemeinde einfließen. So ist es durchaus

---

343 Vgl. hierzu BVerwG v. 31.3.2002 – 4 CN 14.00 –, BayVBl. 2003, 53, 54.

344 In Abschnitt 4 unter B. III. 2. a) bb) wird noch ausführlich dargestellt werden, dass Hochwasserschutzeinrichtungen unter bestimmten Umständen Erschließungsanlagen i.S.d. § 123 Abs. 2 BauGB sein können.

345 Vgl. hierzu beispielhaft *Löhr*, in: Battis/Krautzberger/Löhr, § 30 BauGB Rdn. 17.

346 Vgl. hierzu BGH v. 4.4.2002 – III ZR 70/01 –, BauR 2003, 143.

347 Bei einem vorhabensbezogenen Bebauungsplan ist die Gemeinde z.B. ausnahmsweise gem. § 12 Abs. 2 S. 2 BauGB nicht an die Festsetzungen nach § 9 BauGB gebunden.

möglich, dass die Gemeinde neben den städtebaulichen Aspekten Ziele des Naturschutzes verfolgt, wie z.B. gem. § 19 Abs. 2 BNatSchG vermeidbare Beeinträchtigungen von Natur und Landschaft auszuschließen bzw. unvermeidbare Beeinträchtigungen auszugleichen oder in sonstiger Weise zu kompensieren. Diese Doppelfunktion wird beispielsweise von § 1 Abs. 3 S. 1 BauGB vorausgesetzt.

Neben diesen generellen Schranken für die Aufnahme einer Festsetzung in einen Bebauungsplan muss die Gemeinde die spezifischen Vorgaben der jeweiligen Festsetzungsalternative beachten. Diese werden – zumindest hinsichtlich der wichtigsten Alternativen – in Abschnitt 2 unter E. „Zulässige Festsetzungen nach § 9 BauGB/nachrichtliche Übernahmen, Kennzeichnungen und Vermerke" dargestellt.

Der Entscheidung der Gemeinde zur Aufnahme einer bestimmten Festsetzung in einen Bebauungsplan aus Gründen des Hochwasserschutzes können im Wesentlichen drei Zielsetzungen zugrunde liegen, wobei diese – soweit möglich – durchaus auch miteinander verbunden werden können.

a) Die Gemeinde kann über Festsetzungen in einem Bebauungsplan Nutzungen vorgeben, die, selbst wenn das Plangebiet überschwemmt wird, nicht in Mitleidenschaft gezogen werden. Als Beispiel hierfür kann die Ausweisung von Grünflächen, wie Parkanlagen, genannt werden[348].

b) Wenn die von der Gemeinde primär verfolgte „Hauptnutzung" mit den Belangen des Hochwasserschutzes nicht vereinbar ist, z.B. wenn Siedlungsflächen in einem von Hochwasser bedrohten Bereich festgesetzt werden, dann hat die Gemeinde flankierend zu der primär verfolgten städtebaulichen Konzeption Festsetzungen vorzugeben, die dem Schutz der „Hauptnutzung" dienen. Im Unterschied zur gerade genannten Zielsetzung „Festsetzung von Nutzungen, die mit dem Überschwemmungsrisiko vereinbar sind" steht hier der schützende Charakter im Vordergrund[349].

c) Allein im Freistaat Bayern werden derzeit täglich ca. 15,2 ha neue Baugebiete ausgewiesen[350]. Die hierdurch bedingte, fortschreitende Bodenversiegelung trägt dazu bei, dass die Hochwasserproblematik sich in der Vergangenheit verschärft hat und noch weiter verschärfen wird. So werden Siedlungsgebiete, die ursprünglich keinem rechtlich relevanten Hochwasserrisiko ausgesetzt waren, durch diesen schleichenden Prozess fortschreitender Bodenversiegelung mittlerweile dem Risiko ausgesetzt, überschwemmt zu werden. Diesem schleichenden Prozess kann entgegengewirkt werden.

---

348 Jedenfalls dann, wenn mit der Festsetzung von Flächen für eine Parkanlage nicht die Errichtung von baulichen Anlagen verbunden ist.

349 *März*, KommPraxis-BY 2001, 244, 246, betont in diesem Zusammenhang, dass Darstellungen und Festsetzungen sowohl abwehrend als auch vorsorgend eingesetzt werden können, um den Anforderungen des Hochwasserschutzes gerecht zu werden.

350 Wie einer Pressemitteilung des Bayerischen Landkreistages vom 23.3.2006 entnommen werden kann, geht allerdings der Flächenverbrauch seit fünf Jahren kontinuierlich zurück. Während im Jahre 2000 noch täglich 28,4 ha Fläche pro Tag versiegelt wurden, sind es – wie oben erwähnt – im Jahre 2005 „nur" noch die erwähnten 15,2 ha.

Hiervon unabhängig darf das Gefährdungspotenzial von wild abfließendem Niederschlagswasser für das Baugebiet selbst, aber auch für die Angrenzer, nicht unterschätzt werden. So ist es leider keine Seltenheit, dass in der Folge von Starkregenereignissen, selbst wenn Flüsse noch nicht ausufern, Keller voll laufen, die die Feuerwehr auspumpen muss, weil die gemeindliche Kanalisation die abfließenden Niederschlagsmengen nicht aufnehmen kann. Nicht nur erhebliche Schäden am Eigentum sind die Folge, bisweilen werden auch Menschen an Leib und Leben bedroht. Das von einer Gemeinde verfolgte städtebauliche Konzept kann diese Problematik aufgreifen und versuchen, ihren Beitrag dafür zu leisten, dass sich die Hochwasserproblematik im Rahmen des Machbaren nicht weiter verschärft. So kann es durchaus ein Anliegen der Gemeinde sein, über Festsetzungen in einem Bebauungsplan sicherzustellen, dass anfallendes Regenwasser vor Ort zurückgehalten wird.

Von diesen drei Zielsetzungen ausgehend, kommen insbesondere folgende Festsetzungsalternativen für einen Bebauungsplan in Betracht[351]:

- Ausweisung von Freiflächen und Schutzflächen (§ 9 Abs. 1 Nr. 9 und 15 BauGB).
- Festsetzung von Flächen, die von einer Bebauung freizuhalten sind, und Festsetzung ihrer Nutzung (§ 9 Abs. 1 Nr. 10 BauGB).
- Festsetzung von Flächen für die Abwasserbeseitigung, einschließlich der Flächen, auf denen Niederschlagswasser zurückgehalten bzw. versickert werden soll (§ 9 Abs. 1 Nr. 14 BauGB).
- Ausweisung von öffentlichen und privaten Grünflächen (§ 9 Abs. 1 Nr. 15 BauGB).
- Flächen für die Wasserwirtschaft, für Hochwasserschutzanlagen und für die Regelung des Wasserabflusses (§ 9 Abs. 1 Nr. 16 BauGB).
- Festsetzung von Flächen oder Maßnahmen zum Schutz, zur Pflege und zur Entwicklung von Boden, Natur und Landschaft (§ 9 Abs. 1 Nr. 20 BauGB).
- Festsetzung der Höhenlage von Gebäuden (§ 9 Abs. 3 S. 1 BauGB)[352].

Sofern nicht zwingend die Gemeinde auf das Mittel der Hochwasserfreilegung zurückzugreifen hat, wird das Ergebnis einer sachgerechten Abwägung häufig die Bündelung von verschiedenen Festsetzungen sein, über die versucht wird, allen drei Zielvorgaben, soweit es die angestrebte städtebauliche Konzeption noch zulässt, Rechnung zu tragen.

cc) Die Eigenverantwortung

Der Gemeinde obliegt zwar grundsätzlich die Pflicht, die durch die Aufstellung eines Bebauungsplans losgelösten und diesem dadurch zurechenbaren Konflikte

---

351 Vgl. hierzu *Gierke*, in: Brügelmann, § 1 BauGB Rdn. 647.

352 Vgl. *Bracher*, in: Gelzer/Bracher/Reidt, Rdn. 362.

zu lösen. Aus diesem Grunde darf eine gemeindliche Planung auch nicht zur Konsequenz haben, dass Konflikte, die durch sie hervorgerufen werden, in ihrer letzten Konsequenz ungelöst bleiben. Hochwasserbedingte Missstände hat die Gemeinde deshalb grundsätzlich auf der Ebene des Bebauungsplans zu lösen. Dies darf aber nicht dahingehend verstanden werden, dass dem Gebot der planerischen Konfliktbewältigung nur dann Rechnung getragen ist, wenn der Bebauungsplan die abschließende Problemlösung selbst vorsieht. Im Allgemeinen genügt ein Bebauungsplan dem Gebot der Konfliktbewältigung, wenn „die abschließende Problemlösung außerhalb des Planungsverfahrens auf der Stufe der Verwirklichung der Planung sichergestellt ist“[353]. Hiervon ist auszugehen, wenn in einem späteren Genehmigungsverfahren die Gesamtproblematik durch Fein- bzw. Nachsteuern gelöst werden kann[354]. Wie in Abschnitt 1 unter B. II. 1. dargelegt wurde, hat die Genehmigungsbehörde innerhalb des Geltungsbereichs eines qualifizierten Bebauungsplans, selbst wenn beispielsweise ein Baugenehmigungsverfahren durchzuführen ist, keine Möglichkeit, den Hochwasserschutz in die bauplanungsrechtliche Prüfung einfließen zu lassen. Der qualifizierte Bebauungsplan gibt insoweit ein abschließendes Prüfungsraster vor. Die Verlagerung der Hochwasserproblematik auf die nachfolgende Vollzugsebene scheidet damit aus.

Der Gemeinde ist es aber nicht verwehrt, bei der planerischen Konfliktbewältigung auch zu berücksichtigen, dass den Planunterworfenen aufgrund der Situationsgebundenheit ihres Eigentums die Obliegenheit trifft, in einer ihnen wirtschaftlich zumutbaren Weise Überschwemmungsschäden vorzubeugen[355]. Diese aus Art. 14 GG folgende Obliegenheit hat zwischenzeitlich in § 31 a Abs. 2 WHG, der durch das Gesetz zur Verbesserung des vorbeugenden Hochwasserschutzes vom 3. Mai 2005 neu in das Wasserhaushaltsgesetz eingefügt wurde, eine explizite gesetzliche Ausformung gefunden. So wird nunmehr jede Person verpflichtet, die durch Hochwasser bedroht sein kann, das ihr Mögliche und Zumutbare zu tun, um geeignete Vorsorgemaßnahmen zum Schutz vor Hochwassergefahren und zur Schadensminderung zu treffen. Hierzu zählt insbesondere, dass die Nutzung von Grundstücken den möglichen Gefährdungen von Mensch, Umwelt oder Sachwerten durch Hochwasser angepasst wird.

b) Inhaltliche Vorgaben des Wasserhaushaltsgesetzes an einen Bebauungsplan

Gerade § 31 b WHG setzt der kommunalen Bauleitplanung in überschwemmungsgefährdeten Bereichen enge Grenzen. Im Rahmen dieses Abschnitts soll dargestellt werden, welche Forderungen diese Vorschrift an den Inhalt eines Bebauungsplans stellt, wenn ausnahmsweise die Ausweisung von Siedlungsgebieten möglich ist. Daneben soll untersucht werden, was eine Gemeinde bei der Aufstellung eines

353 Vgl. *Reidt*, in: Gelzer/Bracher/Reidt, Rdn. 737.
354 Vgl. hierzu auch *Reidt*, in: Gelzer/Bracher/Reidt, Rdn. 738.
355 Vgl. hierzu BVerwG v. 21.3.2002 – 4 CN 14.00 –, BayGTZeitung 2002, 414, 416.

Bebauungsplans zu beachten hat, wenn sich dessen Geltungsbereich mit einem überschwemmungsgefährdeten Gebiet i.S.d. § 31 c WHG überschneidet.

aa) Amtlich festgesetzte bzw. vorläufig gesicherte Überschwemmungsgebiete

Wie in Abschnitt 2 unter B. II. dargelegt, scheidet im Regelfall die Aufstellung eines Bebauungsplans aus, wenn das zu überplanende Gebiet unter die Legaldefinition des § 31 b Abs. 1 WHG subsumiert werden kann. Dies gilt für bereits förmlich festgesetzte Überschwemmungsgebiete unmittelbar gem. § 31 b Abs. 4 S. 1 WHG. Für vorläufig gesicherte Überschwemmungsgebiete i.S.d. § 31 b Abs. 5 S. 1 WHG gilt dies in entsprechender Anwendung des § 31 b Abs. 4 S. 1 WHG über den Verweis in § 31 b Abs. 5 S. 2 WHG. Insoweit stellt § 31 b Abs. 4 S. 1 WHG eine zwingend zu beachtende rechtliche Hürde für die gemeindliche Bauleitplanung dar. Nur ausnahmsweise unter den in § 31 b Abs. 4 S. 2 WHG genannten Voraussetzungen kann ein neues Baugebiet ausgewiesen werden.

Aber selbst wenn nach Maßgabe des § 31 b Abs. 4 S. 2 WHG die grundsätzliche Möglichkeit besteht, dass die Gemeinde ein neues Baugebiet ausweisen kann, hat dies selbstverständlich nicht zur Konsequenz, dass die Gemeinde ein neues Baugebiet dann auch ausweisen muss. Eine zwingende Notwendigkeit zur Aufstellung eines Bebauungsplans kann nur bejaht werden, wenn hierfür eine zwingende städtebauliche Notwendigkeit i.S.d. § 1 Abs. 3 S. 1 BauGB besteht. Dies ist für die Ausweisung von Siedlungsgebieten in Überschwemmungsgebieten zwar nur sehr schwer vorstellbar, aber nicht auszuschließen, insbesondere wenn man sich die hohen Hürden des § 31 b Abs. 4 S. 2 WHG vergegenwärtigt.

Wenn sich die Gemeinde für die Aufstellung eines Bebauungsplans entscheidet, dann hat sie sicherzustellen, dass den Vorgaben des § 31 b Abs. 4 S. 2 WHG entsprochen wird. Auf welche Weise sie dies tut, bleibt der Gemeinde grundsätzlich unbenommen. So steht es ihr beispielsweise offen, dies über Festsetzungen i.S.d. § 9 Abs. 1 BauGB oder über einen städtebaulichen Vertrag[356] sicherzustellen. § 31 b Abs. 4 S. 2 WHG setzt insoweit lediglich voraus, dass das Baugesetzbuch der Gemeinde das rechtliche Instrumentarium zur Verfügung stellt, dies über Festsetzungen bzw. auf andere Weise sicherzustellen[357].

---

356 Vgl. BVerwG v. 31.1.1997 – 4 NB 27/96 –, BauR 1997, 794, 795.

357 Ein vergleichbares Problem warf § 8 a BNatSchG a.F. auf. Dieser hatte im Wesentlichen folgenden Inhalt: „Sind aufgrund der Aufstellung, Änderung, Ergänzung oder Aufhebung eines Bebauungsplans Eingriffe in Natur und Landschaft zu erwarten, dann hat die Gemeinde zu ermitteln und zu entscheiden, ob vermeidbare Beeinträchtigungen von Natur und Landschaft zu unterlassen sind und ob und wie unvermeidbare Beeinträchtigungen auszugleichen oder durch Ersatzmaßnahmen zu kompensieren sind." Hierzu vertrat das BVerwG mit Beschluss vom 31.1.1997 – 4 NB 27/96 –, BauR 1997, 794, 795, die Auffassung, dass § 8 a Abs. 1 S. 2 BNatSchG voraussetzte, dass Ausgleichs- und Ersatzmaßnahmen durch planerische Festsetzungen getroffen werden können.

Weiter ist darauf hinzuweisen, dass § 31 b Abs. 4 S. 2 WHG lediglich einen Mindeststandard vorgibt, der erfüllt sein muss, wenn die Gemeinde einen Bebauungsplan aufstellen möchte. So steht es der Gemeinde grundsätzlich auch offen, weitergehende Anordnungen zu treffen, als es der § 31 b Abs. 4 S. 2 WHG an sich verlangt. So muss die Gemeinde sich entsprechend dem Vorsorgegrundsatz in der Bauleitplanung nicht auf die Gefahrenabwehr beschränken. Auch bei geringeren Belastungen als solchen, die z.B. Gefahren für die Wohn- und Arbeitsbevölkerung begründen, kann die Gemeinde die aus ihrer Sicht notwendigen planerischen Konsequenzen ziehen[358]. Deshalb ist die Gemeinde auch nicht daran gehindert, weitergehende verhältnismäßige[359] Anforderungen zum Schutz des Baugebiets vorzusehen. Für welches städtebauliche Konzept sich letztlich die Gemeinde dann entscheidet, obliegt ihrer eigenen Verantwortung.

Zusammenfassend kann deshalb festgehalten werden, dass § 31 b Abs. 4 S. 2 WHG zwar Forderungen an die Bauleitplanung stellt, die strikt einzuhalten sind, hiervon unabhängig es der Gemeinde aber freisteht zu entscheiden, auf welche Weise sie diese Vorgaben erfüllen möchte und ob sie gegebenenfalls weitergehende, allerdings noch verhältnismäßige Anforderungen über den Bebauungsplan festschreibt. § 31 b Abs. 4 S. 2 WHG beinhaltet lediglich einen Mindeststandard, den die Gemeinde bei der Aufstellung eines Bebauungsplans sicherstellen muss.

bb) Faktische Überschwemmungsgebiete

Das Konfliktpotenzial im Zusammenhang mit der Überplanung von Überschwemmungsgebieten ist breit gefächert. Sowohl § 31 b Abs. 4 S. 2 Nr. 1 WHG als auch § 31 b Abs. 6 S. 1 Halbs. 2 WHG haben zwar gemeinsam, dass verloren gehender Retentionsraum ausgeglichen werden muss. Damit können Dritte, d.h. außerhalb des Geltungsbereichs des Bebauungsplans Ansässige, durch die plangemäße Umsetzung des Bebauungsplans nicht in Mitleidenschaft gezogen werden. Für die Planunterworfenen selbst besteht das Überschwemmungsrisiko dagegen grundsätzlich fort, d.h. im Falle von Überschwemmungen können sie z.B. mit ihrem Eigentum in Mitleidenschaft gezogen werden.

Mit diesem Problemkreis setzten sich die Ausnahmetatbestände des § 31 b WHG in unterschiedlichem Umfang auseinander. Für amtlich festgesetzte als auch für zumindest vorläufig gesicherte Überschwemmungsgebiete normiert § 31 b Abs. 4 S. 2 Nr. 3 WHG, dass neue Baugebiete nur dann ausgewiesen werden dürfen, wenn eine Gefährdung von Leben, erheblichen Gesundheits- oder Sachschäden nicht zu erwarten ist. Ein Bebauungsplan, der diesen Mindeststandard nicht zu erfüllen vermag, wäre unwirksam. Die in Abschnitt 2 unter D. III. 3. c) aufgezeigten äußersten Grenzen einer gemeindlichen Abwägung werden deshalb, zumindest

---

358 Vgl. BayVGH v. 25.5.2000 – 2 N 97.3096 –, FStBay 2001, 13, 15.

359 Vgl. hierzu *Kuschnerus*, Der sachgerechte Bebauungsplan, Rdn. 196.

soweit es die beschriebenen Schutzgüter betrifft, bei pflichtgemäßer Umsetzung dieser Vorgaben im Regelfall eingehalten. Hier stellt sich für die Gemeinde in erster Linie die Fragestellung, ob sie in geeigneter und rechtsfehlerfreier Weise, z.B. über Festsetzungen gem. § 9 BauGB, diese Vorgaben umgesetzt hat bzw., sofern sie weitergehende Festsetzungen in ihren Bebauungsplan aufnahm, ob diese verhältnismäßig sind.

Für faktische Überschwemmungsgebiete fehlt dagegen eine vergleichbare Regelung. Dem Gebot gerechter Abwägung wird regelmäßig aber nur dann entsprochen sein, wenn die Gemeinde den Sicherheitsvorgaben des § 31 b Abs. 4 S. 2 WHG im Ergebnis ebenfalls Rechnung trägt.

cc) Vorgaben des Wasserhaushaltsgesetzes an einen Bebauungsplan in überschwemmungsgefährdeten Gebieten

Was unter überschwemmungsgefährdeten Gebieten zu verstehen ist, wird in § 31 c Abs. 1 S. 1 WHG legaldefiniert. Hiernach sind überschwemmungsgefährdete Gebiete Bereiche, die Überschwemmungsgebiete i.S.d. § 31 b Abs. 1 WHG sind, aber keiner Festsetzung nach § 31 b Abs. 2 S. 3 und 4 WHG bedürfen oder die bei Versagen von öffentlichen Hochwasserschutzeinrichtungen, insbesondere Deichen, überschwemmt werden können.

Amtlich festzusetzende Überschwemmungsgebiete unterliegen bereits, so der ausdrückliche Wortlaut dieser Vorschrift, nicht der Definition von überschwemmungsgefährdeten Gebieten. Dies gilt zwar nicht für faktische Überschwemmungsgebiete i.S.d. § 31 b Abs. 6 S. 1 WHG. Diese sind zugleich überschwemmungsgefährdete Gebiete. Diese genießen damit auch den Bestandsschutz des § 31 b Abs. 6 S. 1 WHG.

Wie in Abschnitt 2 unter B. I. 2. dargelegt, ist von einem Überschwemmungsgebiet i.S.d. § 31 b Abs. 1 WHG im Regelfall nur dann auszugehen, wenn dieses statistisch zumindest einmal alle 100 Jahre überschwemmt wird. Aber auch jenseits dieser naturgemäß mit erheblichen Unsicherheiten belasteten statistischen Prognose droht die Gefahr, dass Baugebiete überschwemmt werden. Auch diese Gebiete werden gem. § 31 c Abs. 1 S. 1 WHG als überschwemmungsgefährdete Gebiete bezeichnet[360]. Das in diesen Gebieten bestehende Restrisiko muss die Gemeinde im Rahmen ihrer Abwägung berücksichtigen.

Die zweite Alternative des § 31 c Abs. 1 S. 1 WHG weist nachdrücklich darauf hin, dass es nicht genügen kann, darauf zu vertrauen, dass ein neu auszuweisendes Baugebiet hochwasserfreigelegt wurde bzw. wird[361]. Wie einem Bericht im

360 Vgl. *Kotulla*, NVwZ 2006, 129, 132.

361 Hier wird unterstellt, dass die Hochwasserdeiche zumindest so ausgelegt sind, dass sie ein HQ 100 grundsätzlich schadlos zurückhalten können. Anderenfalls wäre das Gebiet weiterhin als Überschwemmungsgebiet zu betrachten.

Nachrichtenmagazin „Der Spiegel“ Heft 35/2005, S. 20, entnommen werden kann, hat eine Studie, die den Titel „Klimawandel und Hochwasserschutz“ trägt und vom Bayerischen Staatsministeriums für Umwelt, Gesundheit und Verbraucherschutz mit dem Deutschen Wetterdienst erarbeitet wurde, ergeben, dass bei neuen Hochwasserschutzbauten ein 15%iger Klimaänderungsaufschlag einzuplanen ist. In der Vergangenheit errichtete Hochwasserdämme müssen deshalb gegebenenfalls nachgerüstet werden, um noch den – zumindest in rechtlicher Hinsicht – gebotenen Schutz vorhalten zu können. Hiervon unabhängig haben gerade die letzten Jahre (z.B. das Oderhochwasser) immer wieder leidvoll vor Augen geführt, dass Deiche und Dämme auch brechen können. Dieses letztlich nicht ausräumbare Risiko steht einer gemeindlichen Bauleitplanung zwar nicht als zwingende rechtliche Hürde entgegen. Gleichwohl hat die Gemeinde das verbleibende Restrisiko in ihre Abwägung mit einzustellen und mit dem ihm zukommenden Gewicht in ihrer Abwägung zu berücksichtigen. Dies kann, zumindest wenn der Gemeinde alternative Standorte zur Ausweisung neuer Siedlungsflächen zur Verfügung stehen, zur Konsequenz haben, dass auf die Ausweisung eines neuen Baugebiets hinter einem Deich zu verzichten ist.

c) Inhaltliche Grenzen der Abwägungsentscheidung

Mit der Befugnis zur Planung muss zunächst ein mehr oder weniger ausgedehnter Spielraum an Gestaltungsmöglichkeiten verbunden sein, weil eine Planung ohne Gestaltungsfreiheit ein Widerspruch in sich wäre. Hierzu zählt zunächst ebenso die Entscheidung, ob die Gemeinde überhaupt ein Bauleitplanverfahren einleiten möchte.

Auch wenn der Gemeinde grundsätzlich ein rechtlich nicht überprüfbarer Entscheidungsspielraum zukommt, darf dies nicht dahingehend verstanden werden, dass die getroffene Planungsentscheidung vollkommen frei ist, d.h. keinen Bindungen unterworfen ist. Im Unterschied zu den bereits aufgezeigten rechtlich strikten, d.h. im Wege der Abwägung nicht überwindbaren Schranken für die kommunale Bauleitplanung der Gemeinde, stellen die nachfolgenden rechtlichen Vorgaben aber nicht die Bauleitplanung der Gemeinde im Ganzen auf den Prüfstand. Die nachfolgenden rechtlichen Schranken schränken lediglich den Entscheidungsspielraum der Gemeinde ein.

Der grundsätzlich jeder Planung immanente Gestaltungsspielraum bedingt jedoch, dass sich die Ausführungen zwangsläufig darauf beschränken müssen aufzuzeigen, welche äußersten Grenzen die Gemeinde bei der Bewältigung der Hochwasserproblematik zu beachten hat. Innerhalb dieser Grenzen ist die Gemeinde grundsätzlich frei, sich für ein Konzept zur Lösung der aufgeworfenen Fragen zu entscheiden.

Im Zusammenhang mit der Raumordnungsplanung und hier im Besonderen mit der Bezeichnung von Vorranggebieten wurde bereits dargestellt, dass ein Bebauungsplan, der im Widerspruch zu Zielen der Raumordnung steht, unwirksam ist. Spielraum für eine gemeindliche Abwägungsentscheidung besteht nur insoweit, als die gemeindliche Planung sich innerhalb des vorgegebenen, abgesteckten Rahmens hält. Zur Vermeidung von Wiederholungen ist auf die dortigen Ausführungen zu verweisen. Bezüglich amtlich festgesetzter bzw. vorläufig gesicherter Überschwemmungsgebiete wurde bereits erläutert, dass eine gemeindliche Abwägungsentscheidung nur dann als sachgerecht angesehen werden kann, wenn diese z.B. über Festsetzungen i.S.d. § 9 Abs. 1 BauGB sicherstellt, dass der „Mindeststandard" des § 31 b Abs. 4 S. 2 WHG eingehalten wird.

Bei faktischen Überschwemmungsgebieten i.S.d. § 31 b Abs. 6 S. 1 WHG gilt § 31 b Abs. 4 S. 2 WHG zwar nicht. Allerdings muss, so der ausdrückliche Wortlaut des § 31 b Abs. 6 S. 1 WHG, sichergestellt sein, dass die notwendigen Ausgleichsmaßnahmen rechtzeitig getroffen werden. Dementsprechend muss die Gemeinde dies über Festsetzungen im Bebauungsplan oder über den Abschluss eines entsprechenden städtebaulichen Vertrags sicherstellen. Auf welche Weise sie diese Vorgaben erfüllt, steht dann im Planungsermessen der Gemeinde. Sofern ihr dies allerdings nicht gelingt, ist der Bebauungsplan unwirksam.

Daneben können sich insbesondere Art. 14 GG Art. 2 Abs. 2 S. 1 GG als äußerste und damit zwingend zu beachtende rechtliche Grenzen für eine gemeindliche Entscheidung erweisen.

aa) Art. 14 GG

Durch einen Bebauungsplan werden Inhalt und Schranken des Eigentums i.S.d. Art. 14 Abs. 1 S. 2 GG durch planerische Festsetzungen unmittelbar und rechtssatzmäßig bestimmt. Das Eigentum gehört deshalb „im Rahmen einer hoheitlichen Planungsentscheidung selbstverständlich und in hervorgehobener Weise zu den abwägungserheblichen Belangen"[362]. Eine Inhalts- und Schrankenbestimmung kann aber nicht schrankenlos erfolgen. Wie jede staatliche Maßnahme unterliegt auch diese dem Grundsatz der Verhältnismäßigkeit. Wie bereits dargestellt, stehen der Gemeinde grundsätzlich drei Möglichkeiten zur Verfügung, sich der Herausforderung Hochwasser zu stellen:

1. Sie legt das Plangebiet durch technische Hochwasserschutzeinrichtungen hochwasserfrei.
2. Sie versucht über Festsetzungen im Bebauungsplan, drohenden Schäden durch Überschwemmungen im Siedlungsgebiet entgegenzuwirken.
3. Sie weist die Risikovorsorge der Eigenverantwortung der Planunterworfenen zu.

Je nach dem, für welches städtebauliche Konzept sich die Gemeinde zur Bewältigung der Hochwasserproblematik entscheidet, kann das Eigentum der Planun-

---

362 Vgl. hierzu BVerwG v. 21.3.2002 – 4 CN 14.00 –, BayGTZeitung 2002, 414, 415; *Gierke*, in: Brügelmann, § 1 BauGB Rdn. 535.

terworfenen in unterschiedlicher Weise und Umfang betroffen sein. Nachfolgend sollen zwei Teilaspekte herausgegriffen werden:

(1) Schadenspotenzial

Sofern in Umsetzung des Bebauungsplans den Planbetroffenen planbedingt massive Schäden drohen, die diesem zurechenbar sind[363], setzt dies dem Plangeber eine äußerste, mit einer gerechten Abwägung nicht überwindbare Grenze. Der Plangeber ist dann von Rechts wegen verpflichtet sicherzustellen, dass die Beeinträchtigungen auf ein Maß zurückgeführt werden, die mit Art. 14 Abs. 1 GG noch vereinbar sind[364]. Dies kann z.B. je nach dem, in welchem Maße Überschwemmungen drohen, zur Konsequenz haben, dass die Gemeinde auf die Ausweisung eines Baugebiets verzichten muss, sofern sie nicht gewillt ist, durch technische Hochwasserschutzanlagen das Plangebiet zu schützen.

(2) Fremdnützige Festsetzungen

Sofern die Gemeinde zur Lösung der Hochwasserproblematik Festsetzungen in Betracht zieht, die in erster Linie eine fremdnützige Nutzung vorsehen, wie z.B. die Festsetzung von Flächen für Hochwasserschutzanlagen gem. § 9 Abs. 1 Nr. 16 BauGB, dann hat auch hier die Gemeinde die verfassungsrechtlichen Vorgaben des Art. 14 GG zu berücksichtigen. Mit einer fremdnützigen Festsetzung ist zwar noch keine enteignungsrechtliche Wirkung verbunden. So führt das Bundesverfassungsgericht in einem Beschluss vom 22. Februar 1999[365] im Wesentlichen aus, dass die Aufstellung eines Bebauungsplans zwar nach § 85 Abs. 1 Nr. 1 BauGB eine Verwaltungsentscheidung sei, die dem städtebaulichen Enteignungsverfahren vorangehe. Der Bebauungsplan als solcher treffe aber noch keine verbindliche Aussage über die Zulässigkeit der Enteignung. Ob die Enteignungsvoraussetzungen vorliegen, unterliege ausschließlich der Prüfungskompetenz der Enteignungsbehörde[366].

---

363 Vgl. hierzu auch *Gierke*, in: Brügelmann, § 1 BauGB Rdn. 582.

364 Vgl. hierzu *Stüer*, NVwZ 2004, 814, 815: Dieser weist darauf hin, dass der Gemeinde grundsätzlich drei rechtliche Möglichkeiten zur Verfügung stehen, unzumutbare Beeinträchtigungen auf ein zumutbare Maß zurückzuführen: Sie kann, wie oben ausgeführt, die Beeinträchtigung auf ein zumutbares Maß reduzieren, sie kann weiter durch eine Änderung der Planung die Voraussetzungen für eine unmittelbare Eigentumsinanspruchnahme schaffen oder zumindest einen entsprechenden Ausgleich gewähren, der eine Kompensation für die Beeinträchtigung darstellt. Die zuletzt genannten Möglichkeiten scheiden, zumindest soweit es das Thema dieser Arbeit betrifft, aus, da primärer Untersuchungsgegenstand die Ausweisung von Siedlungsgebieten in Überschwemmungsgebieten ist.

365 Vgl. hierzu BVerfG v. 22.2.1999 – 1 BvR 565/91 –, NVwZ 1999, 979; BVerfG v. 16.12.2002 – 1 BvR 171/02 –, NVwZ 2003, 726; *Kuschnernus*, Der sachgerechte Bebauungsplan, Rdn. 218.

366 Vgl. *Kuschnerus*, Der sachgerechte Bebauungsplan, Rdn. 219.

Als Inhalts- und Schrankenbestimmung hat die Gemeinde bei der Aufstellung eines Bebauungsplans das Eigentum Privater aber selbstverständlich und in hervorgehobener Weise mit dem ihm zukommenden Gewicht in die Abwägung mit einzustellen. Dies wird im Regelfall zur Konsequenz haben, dass Eingriffe in das private Eigentum einer besonderen Rechtfertigung aus Gründen des Wohles der Allgemeinheit bedürfen und die Privatnützigkeit soweit wie möglich erhalten bleiben muss[367]. Eine Planungsentscheidung wird deshalb mit dem Gebot gerechter Abwägung nicht vereinbar sein, wenn sie private Grundstücke fremdnützig überplant, obwohl gleich geeignete Grundstücke der öffentlichen Hand zur Verfügung stehen, mittels derer das städtebauliche Plankonzept verwirklicht werden könnte und auch keine sonstigen Gründe gerade für die Inanspruchnahme des Grundstücks des Privaten sprechen. Dies begegnet ihrerseits keinen verfassungsrechtlichen Bedenken. Das Eigentum der öffentlichen Hand hat, so das Bundesverwaltungsgericht in einem Urteil vom 6. Juni 2002[368], ein geringeres Gewicht als das Eigentum Privater, weil Hoheitsträger angesichts des personalen Schutzzwecks der Eigentumsgarantie nicht Inhaber von Rechten aus Art. 14 Abs. 1 GG sein können. Im Übrigen wird mit dem stärkeren Schutz des Privateigentums im Rahmen der Abwägung auch ein Gleichklang zu § 90 Abs. 1 Nr. 2 BauGB hergestellt, wonach Grundstücke Privater nur enteignet werden dürfen, wenn die öffentliche Hand nicht über geeignetes Ersatzland verfügt. Die Festsetzung einer Fläche beispielsweise für Hochwasserschutzanlagen gem. § 9 Abs. 1 Nr. 16 BauGB muss deshalb grundsätzlich ausscheiden, wenn gleich geeignete Ersatzgrundstücke der öffentlichen Hand zur Verfügung stehen.

bb) Art. 2 Abs. 2 S. 1 GG

Gem. § 1 Abs. 6 Nr. 1 BauGB haben die Gemeinden bei der Aufstellung eines Bebauungsplans die allgemeinen Anforderungen an gesunde Wohn- und Arbeitsverhältnisse und die Sicherheit der Wohn- und Arbeitsbevölkerung zu berücksichtigen. Während der zweiten Alternative als Schutzgut „Leben und Gesundheit von Menschen“ zugrunde liegt, stellt die erste Alternative gesellschafts- und sozialpolitische Anforderungen an städtebauliche Verhältnisse[369] in den Vordergrund. Da hierin auch der Schutz von Menschen einfließt, kann der Anwendungsbereich der beiden Alternativen nicht trennscharf abgegrenzt werden[370]. Bezogen auf den Schutz vor Überflutungen wird aber eher die zweite Alternative „Sicherheit der Wohn- und Arbeitsbevölkerung“ im Vordergrund stehen[371]. Regel-

---

367 Vgl. *Kuschnerus*, Der sachgerechte Bebauungsplan, Rdn. 216.

368 Vgl. BVerwG, Urteil vom 6.6.2002 – 4 CN 6/01 –, BayVBl. 2003, 181 f., 181.

369 Vgl. *Gierke*, in: Brügelmann, § 1 BauGB Rdn. 563.

370 Vgl. *Gierke*, in: Brügelmann, § 1 BauGB Rdn. 563; *Söfker*, in: Ernst/Zinkahn/Bielenberg, § 1 BauGB Rdn. 114.

371 Zu einem ähnlichen Problem *Runkel*, in: Ernst/ Zinkahn/ Bielenberg, Vorb. §§ 39–44 BauGB Rdn. 97 („Baugrund weist verborgene Hohlräume infolge Bergbaus aus“).

mäßig wird zwar dieser Alternative keine eigenständige Bedeutung zugemessen, da gesunde Wohn- und Arbeitsverhältnissen auch das sichere Wohnen mit einschließt[372]. Hier darf aber nicht übersehen werden, dass an sich z.B. das Wohnen keinerlei Bedenken begegnet, bis sich das – zunächst lediglich latent vorhandene – Gefährdungsrisiko einer Überschwemmung realisiert. Durch die Betonung in § 1 Abs. 6 Nr. 1 BauGB, dass auch die Sicherheit der Wohn- und Arbeitsbevölkerung gewährleistet sein muss, soll sichergestellt werden, dass gerade auch solche Sachverhalte in den Entscheidungsprozess einfließen[373]. Je nach dem, in welchem Maße Überschwemmungen drohen, kann dies dazu führen, dass die Gemeinde gezwungen sein kann, entweder technische Hochwasserschutzeinrichtungen vorzusehen oder von ihrer Planung abzusehen[374]. § 1 Abs. 6 Nr. 1 BauGB kommt zwar grundsätzlich auch kein Vorrang gegenüber anderen berührten öffentlichen und privaten Belangen zu. Durch das Vorsehen von technischen Hochwasserschutzeinrichtungen wird aber zugleich der Schutzpflicht des Art. 2 Abs. 2 S. 1 GG entsprochen. Die Grundrechte wurden zwar in ihrem klassischen Verständnis als Abwehrrechte gegenüber gezielten staatlichen Eingriffen angesehen. Nach ständiger Rechtsprechung des Bundesverfassungsgerichts stellen Grundrechte aber nicht nur subjektive Abwehrrechte des Einzelnen gegenüber dem Staat dar, sondern sie begründen, da sie eben und gerade auch eine objektive Werteordnung verkörpern, auch Schutzpflichten gegenüber dem Staat[375] und damit auch gegenüber dem Träger der Bauleitplanung[376]. Sollten Überschwemmungen in einem Ausmaße drohen, dass die Folgen für die Schutzgüter Leben und Gesundheit nicht mehr akzeptiert werden können, dann ist die Gemeinde verpflichtet, bei Ausweisung eines Baugebiets für entsprechenden Schutz zu sorgen.

Zusammenfassend lässt sich Folgendes festhalten: Auch wenn sich allgemeine Aussagen an sich verbieten, wird die Gemeinde, wenn sie von der Ausweisung eines neuen Baugebiets nicht absehen möchte, dieses häufig nur ausweisen können, wenn sie entsprechende technische Hochwasserschutzeinrichtungen vorsieht. Dies gilt jedenfalls dann, wenn durch Festsetzungen in einem Bebauungsplan nicht sichergestellt werden kann, dass Menschen oder bauliche Anlagen im Plangebiet im Falle von Überschwemmungen erheblich in Mitleidenschaft gezogen werden. Eine Abwägung, die entsprechende Schutzmaßnahmen nicht vorsieht, wird sich zumindest den Vorwurf gefallen lassen müssen, dass sie die be-

---

372 Vgl. *Söfker*, in: Ernst/Zinkahn/Bielenberg, § 1 BauGB Rdn. 119.

373 Vgl. *Söfker*, in: Ernst/Zinkahn/Bielenberg, § 1 BauGB Rdn. 119.

374 Vgl. hierzu auch *Söfker*, in: Ernst/ Zinkahn/ Bielenberg, § 1 BauGB Rdn. 118: Er hebt hervor, dass die Gemeinde, zumindest wenn die Anforderungen an gesunde Wohn- und Arbeitsverhältnisse nicht gewährleistet sind, entweder auf die Festsetzung schutzwürdiger Nutzungen verzichtet oder aber entsprechende Vorkehrungen zum Schutz vorsehen muss; *Engel*, KommPraxis-BY 2004, 249, 252.

375 Vgl. hierzu BVerfG v. 25.2.1975 – 1 BvF 1,2,3,4,5,6/74 –, BVerfGE 39, 1, 41.

376 Vgl. *Gierke*, in: Brügelmann, § 1 BauGB Rdn. 567.

troffenen Belange nicht mit dem ihnen zustehenden Gewicht im Rahmen des Abwägungsprozesses berücksichtigt hat.

d) Überplanung von Siedlungsgebieten

§ 31 b Abs. 4 S. 1 WHG bestimmt, dass keine „neuen“ Baugebiete innerhalb amtlich festgesetzter Überschwemmungsgebiete ausgewiesen werden dürfen. Vom Anwendungsbereich dieser Vorschrift ist damit die Änderung eines (wirksamen) Bebauungsplans, der Baugebiete festsetzte und die erstmalige Aufstellung eines Bebauungsplans im Innenbereich nicht erfasst. Entsprechendes gilt, wenn ein Bebauungsplan zwar unwirksam ist, weil er beispielsweise den Hochwasserbelang nicht sachgerecht abgearbeitet hat, dieser aber bereits so weitgehend realisiert ist, das die Vorgaben des § 34 BauGB greifen. Sollte ein solcher Grad an Bebauung allerdings noch nicht erreicht sein, dann ist das Gebiet im Falle der Unwirksamkeit des Bebauungsplans als Außenbereich anzusehen. Dann allerdings muss sich die Aufstellung eines Bebauungsplans am Maßstab des § 31 b Abs. 4 S. 1 und 2 WHG messen lassen.

Außerhalb des Anwendungsbereichs des § 31 b Abs. 4 WHG kommt zwar subsidiär § 31 b Abs. 6 S. 1 WHG zum Tragen. D.h., die erstmalige Aufstellung bzw. Änderung eines Bebauungsplans ist nur dann zulässig, wenn überwiegende Gründe des Wohles der Allgemeinheit für den Bebauungsplan streiten und der verloren gehende Retentionsraum ausgeglichen werden kann[377]. Im Unterschied zu den vorhergehenden Ausführungen zum Gebot der Konfliktbewältigung innerhalb faktischer Überschwemmungsgebiete besteht hier die Besonderheit, dass nicht ein neues Baugebiet ausgewiesen wird, sondern ein Gebiet neu überplant wird, das bereits existiert und dementsprechend bereits aktuell von Hochwasser bedroht ist[378]. Ein Bebauungsplan darf zwar grundsätzlich Konflikte, die durch ihn hervorgerufen werden, letztlich nicht ungelöst lassen[379]. Es gibt aber auch keinen allgemeinen Rechtsgrundsatz, dass ein Planungsträger, der sich der Mittel des Planungsrechts bedient, Konflikte, die er vorfindet, stets restlos entschärfen muss[380]. Dies darf allerdings nicht dahingehend verstanden werden, dass eine Planung, die ein bereits konfliktbehaftetes Gebiet überplant, stets zulässig ist, sofern es nur die bisherige Situation nicht verschlechtert. Auch genügt es nicht,

---

377 Bezüglich der Details ist auf den Abschnitt 2 unter B. III. 3. zu verweisen.

378 In diesem Sinne beispielsweise auch *Söfker*, in: Ernst/Zinkahn/Bielenberg, § 1 BauGB Rdn. 118: Dieser weist zutreffend im Zusammenhang mit der Frage, welche Anforderungen an gesunde Wohn- und Arbeitsverhältnisse i.S.d. § 1 Abs. 6 Nr. 1 BauGB in einem Plangebiet einzuhalten sind, darauf hin, dass regelmäßig eine Differenzierung zwischen Neubaugebieten einerseits und Bestandsgebieten andererseits geboten sein kann. Dies könne planerisch gerade zur Konsequenz haben, dass in Neubaugebieten die planerischen Anforderungen weiter gesteckt werden können.

379 Vgl. *Reidt*, in: Gelzer/Bracher/Reidt, Rdn. 734.

380 Vgl. *Reidt*, in: Gelzer/Bracher/Reidt, Rdn. 735.

wenn die neue Planung den bestehenden Konflikt etwas entschärft. Wie oben bereits dargestellt, setzten planbedingte Missstände, die den Grad der Eigentumsverletzung erreichen, der Planung äußerste, im Wege der Abwägung nicht überwindbare Grenzen. Die Planungsentscheidung der Gemeinde kann auch im Falle der Überplanung bereits aktuell bedrohter Gebiete deshalb nur dann als sachgerecht angesehen werden, wenn z.B. über Festsetzungen im Bebauungsplan sichergestellt wird, dass drohende Beeinträchtigungen jedenfalls auf ein Maß zurückgeführt werden, dass die Schranken des Art. 14 Abs. 1 S. 1 GG noch eingehalten werden[381].

e) § 31 b Abs. 6 S. 2 WHG

Gem. § 31 b Abs. 6 S. 2 WHG sollen frühere Überschwemmungsgebiete, die als Rückhalteflächen geeignet sind, so weit wie möglich wieder hergestellt werden, wenn überwiegende Gründe des Gemeinwohls nicht entgegenstehen. Dies sind Flächen, die insbesondere durch menschliche Eingriffe ihre Funktion als Rückhalteflächen verloren haben[382].

Unter rein tatsächlichen Aspekten kann diese Vorgabe beispielsweise dadurch umgesetzt werden, dass bestehende Bodenverdichtungen oder Bodenversiegelungen rückgängig oder etwa Deiche zurückverlegt werden[383].

Bezogen auf die Bauleitplanung der Kommunen kann der Vollzug dieser Vorschrift durchaus auch zur Konsequenz haben, dass die Gemeinde verpflichtet sein kann, bestehende Bebauungspläne aufzuheben. Allerdings ist § 31 b Abs. 6 S. 2 WHG nicht mit dem gleichen rechtlichen Gewicht ausgestattet, wie vergleichsweise Satz 1 dieses Absatzes. So ist zunächst festzuhalten, dass § 31 b Abs. 6 S. 2 WHG den Gemeinden keine strikte Pflicht zum Handeln vorgibt. Wie bereits dem Wortlaut entnommen werden kann, „soll" die Gemeinde diese Aufgabe erfüllen. Rechtsdogmatisch sind Sollvorschriften zwar grundsätzlich wie Mussvorschriften strikt zu beachten, allerdings nur, wenn es sich um keine atypischen Fälle handelt[384].

Hiervon unabhängig obliegt den Gemeinden diese Verpflichtung nur dann, wenn es zum einen überhaupt möglich ist, die Rückhalteflächen zu reaktivieren und zum anderen keine überwiegenden Gründe des Gemeinwohls der Reaktivierung entgegenstehen. Letzteres ist eine Frage des konkreten Einzelfalls. Innerhalb von bestehenden Siedlungsgebieten wird die Rückgewinnung der Rückhalteflächen aber regelmäßig ausscheiden.

---

381 Vgl. BVerwG v. 21.3.2002 – 4 CN 14.00 –, BayGTZeitung 2002, 414, 415.
382 Vgl. *Drost*, Band 1, § 31 b WHG Rdn. 116.
383 *Czychowski/Reinhardt*, § 32 WHG Rdn. 16.
384 Vgl. *Knopp*, in: Sieder/Zeitler/Dahme, § 31 b WHG Rdn. 80.

E. Zulässige Festsetzungen nach § 9 BauGB/nachrichtliche Übernahmen, Kennzeichnungen und Vermerke

In einem Bebauungsplan wird über Festsetzungen die zukünftige städtebauliche Ordnung festgezurrt. Dies ist aber nicht alleiniger Zweck, der mit der Aufstellung eines Bebauungsplans verfolgt wird. Daneben soll der Bürger noch über sonstige tatsächliche oder rechtliche Besonderheiten informiert werden, die diesem bei seiner Entscheidung über eine Investition auf einem Grundstück behilflich sein können.

I. Festsetzungen

Der Gemeinde stehen grundsätzlich drei Möglichkeiten zur Verfügung, die Hochwasserproblematik anzugehen. Neben der Hochwasserfreilegung und dem Verweis auf die Eigenverantwortung der Planunterworfenen sind Festsetzungen ein geeignetes Mittel, hochwasserbedingten Schäden vorzubeugen. In Abschnitt 2 D. III. 3. a) bb) wurden bereits denkbare Festsetzungen benannt, die die Gemeinde in ihren Bebauungsplan aufnehmen kann. Von den dort genannten Möglichkeiten sollen § 9 Abs. 1 Nr. 16 BauGB und § 9 Abs. 3 BauGB herausgegriffen und näher beleuchtet werden. Zunächst soll aber noch die Frage untersucht werden, ob Überschwemmungsgebiete auch über Festsetzungen in einem Bebauungsplan festgesetzt werden können.

1. Festsetzung eines Überschwemmungsgebiets

Der Gemeinde stehen grundsätzlich[385] nur die in § 9 BauGB abschließend aufgeführten Festsetzungsalternativen für Bebauungspläne zur Verfügung. Die Möglichkeit der Festsetzung eines Überschwemmungsgebiets in einem Bebauungsplan ist aber nicht vorgesehen.

§ 9 Abs. 4 BauGB räumt zwar noch zusätzlich die Möglichkeit ein, dass auf Landesrecht beruhende Regelungen als Festsetzungen in einen Bebauungsplan aufgenommen werden können. Dies würde aber nicht nur voraussetzen, dass der Landesgesetzgeber eine entsprechende Aufnahme in den Bebauungsplan ausdrücklich zugelassen hat, sondern auch, dass die Gemeinde für den Erlass der Verordnung zur Festsetzung eines amtlich festgesetzten Überschwemmungsgebiets zuständig wäre[386]. Beide Voraussetzungen liegen aber nicht vor. Von dem Umstand abgesehen, dass im Regelfall nur das Landratsamt als untere Staatsbehörde gem. Art. 61 BayWG befugt ist, eine Verordnung zur Festsetzung eines Überschwemmungsgebiets zu erlassen[387] und gerade nicht die Gemeinde, ist ein

385 Zu den Ausnahmen vgl. *Löhr*, in: Battis/Krautzberger/Löhr, § 9 BauGB Rdn. 5.

386 Vgl. *Löhr*, in: Battis/Krautzberger/Löhr, § 9 BauGB Rdn. 107.

387 Lediglich kreisfreie Gemeinden sind im Freistaat Bayern für den Erlass von Verordnungen zur Festsetzung von Überschwemmungsgebieten zuständig.

Ersatz der förmlichen Festsetzungen eines Überschwemmungsgebiets durch eine Rechtsverordnung nach den wasserrechtlichen Vorschriften durch einen Bebauungsplan weder durch das Wasserhaushaltsgesetz noch durch das Bayerische Wassergesetz vorgesehen[388].

2. *§ 9 Abs. 1 Nr. 16 BauGB*

Auf der Grundlage des § 9 Abs. 1 Nr. 16 BauGB können u.a. Flächen für die Wasserwirtschaft, für Hochwasserschutzanlagen und für die Regelung des Wasserabflusses festgesetzt werden. Zu den hier angesprochenen Hochwasserschutzanlagen zählen beispielsweise Deiche und Dämme, aber auch Gräben, Kanäle und künstliche Vorfluter[389]. Retentionsflächen können dagegen den Flächen für die Regelung des Wasserabflusses zugeordnet werden[390].

Einer Festsetzung von Hochwasserschutzanlagen in einem Bebauungsplan steht auch nicht entgegen, dass diese im Regelfall nur nach Durchführung eines Planfeststellungsverfahrens gem. § 31 Abs. 2 S. 2 WHG i.V.m. Satz 1 dieses Absatzes realisiert werden dürfen.

Zwar gab die bis zum 31. Dezember 1997 geltende Fassung des § 9 Abs. 1 Nr. 16 BauGB vor, dass Festsetzungen für Hochwasserschutzanlagen nicht in den Bebauungsplan aufgenommen werden dürfen, wenn diese auf der Grundlage anderer Vorschriften getroffen werden können. Hieraus zog beispielsweise das Bundesverwaltungsgericht den Schluss, dass Flächen für Hochwasserschutzanlagen nicht zum Gegenstand einer bauleitplanerischen Festsetzung gemacht werden können[391]. Dem hielt der Bayerische Verwaltungsgerichtshof zwar entgegen, dass eine wasserrechtliche Planfeststellung keine normative Regelung in diesem Sinne sei. Vielmehr werde dem Vorhabenträger lediglich die Möglichkeit eingeräumt, nach seinem Willen von seiner Gestattung Gebrauch zu machen. Aus diesem Grunde seien Entscheidungen nach § 31 WHG als Verwaltungsakte keine bindenden Entscheidungen im Sinne der Vorbehaltsklausel des § 9 Abs. 1 Nr. 16 BauGB a.F[392]. Zumindest seit durch das Bau- und Raumordnungsgesetz mit Wirkung zum 1. Januar 1998 die bisherige Subsidiaritätsklausel in § 9 Abs. 1 Nr. 16 BauGB gestrichen wurde[393], hat sich diese Streitfrage erledigt. Jedenfalls auf der Grundlage der Neufassung ist davon auszugehen, dass entsprechende Festsetzungen getroffen werden können[394].

---

388 Vgl. *Knopp*, in: Sieder/Zeitler/Dahme, § 32 WHG a.F. Rdn. 37.
389 Vgl. *Bracher*, in: Gelzer/Bracher/Reidt, Rdn. 302.
390 Vgl. *Bracher*, in: Gelzer/Bracher/Reidt, Rdn. 302.
391 Vgl. hierzu BVerwG v. 25.1.1985 – 8 C 82/83 –, KStZ 1985, 150, 152.
392 Vgl. BayVGH v. 3.3.1998 – 27 N 93.3748 –, NuR 2000, 100, 101.
393 Vgl. *Bracher*, in: Gelzer/Bracher/Reidt, Rdn. 300.
394 Vgl. *Jäde*, in: Jäde/Dirnberger/Weiß, BauGB, 2. Aufl., § 9 Rdn. 46.

Ein Bebauungsplan darf gem. § 1 Abs. 3 S. 1 BauGB nur aufgestellt werden, sobald und soweit es für die städtebauliche Entwicklung und Ordnung erforderlich ist. Entsprechendes gilt für die Aufnahme einer Festsetzung in einen Bebauungsplan. Die Gemeinde darf auch diese nur dann in den Bebauungsplan aufnehmen, wenn sie eine entsprechende städtebauliche Erforderlichkeit begründen kann. Bei der Prüfung dieser Voraussetzung ist zwischen zwei Varianten zu trennen:

- Ist der die Hochwasserschutzanlage festsetzende Planfeststellungsbescheid bereits bestandskräftig oder
- muss ein entsprechendes Verfahren erst noch durchgeführt werden?

Zunächst ist die Gemeinde jedenfalls dann nicht gehindert, eine entsprechende Festsetzung in den Bebauungsplan aufzunehmen, wenn der die Hochwasserschutzanlage genehmigende Planfeststellungsbescheid noch nicht bestandskräftig ist, und zwar unabhängig davon, ob diese von überörtlicher Bedeutung ist oder lediglich Wirkungen entfaltet, die auf das Gemeindegebiet begrenzt sind. Eine entsprechende Festsetzung im Bebauungsplan entfaltet bei überörtlichen Hochwasserschutzanlagen, die der Planfeststellung bedürfen, zwar keine strikte Bindungswirkung. Der Bebauungsplan konkretisiert aber die städtebaulichen Belange, die gem. § 38 S. 1 Halbs. 2 BauGB in dem wasserrechtlichen Planfeststellungsverfahren berücksichtigt werden müssen. Die städtebauliche Erforderlichkeit kann deshalb bejaht werden.

Nicht unproblematisch ist die zweite Sachverhaltsvariante, d.h., wenn der die Hochwasserschutzanlagen festsetzende Planfeststellungsbescheid im Zeitpunkt des abschließenden Satzungsbeschlusses bereits bestandskräftig ist. Damit steht nicht nur fest, dass der Realisierung der Hochwasserschutzeinrichtungen keine Vorschriften entgegenstehen, die im Planfeststellungsverfahren zu berücksichtigen waren; vielmehr regelt der Planfeststellungsbescheid auch verbindlich, auf welchen Flächen die Baumaßnahmen durchzuführen sind.

Die städtebauliche Erforderlichkeit für eine entsprechende Festsetzung lässt sich im Regelfall nicht damit begründen, dass der Vorhabenträger im Zeitpunkt der Bestandskraft des Planfeststellungsbescheides häufig noch nicht Eigentümer der für den Bau der Dämme und Deiche notwendigen Grundstücke sein wird. Auf der Grundlage der §§ 85 ff. BauGB kann zwar ein Enteignungsverfahren durchgeführt werden, sofern das Wohl der Allgemeinheit die Enteignung erfordert und der Enteignungszweck nicht auf andere Weise erreicht werden kann, um ein Grundstück entsprechend den Festsetzungen eines Bebauungsplans nutzen zu können[395]. Diese Möglichkeit sieht das Bayerische Wassergesetz in Art. 72 aber ebenfalls zur Umsetzung eines Planfeststellungsbescheids vor. Im Unterschied

395 Vgl. *Söfker*, in: Ernst/Zinkahn/Bielenberg, § 9 BauGB Rdn. 138; *Bracher*, in: Gelzer/Bracher/Reidt, Rdn. 304.

zur Enteignung auf der Grundlage der §§ 85 ff. BauGB ist es dem betroffenen Eigentümer im „wasserrechtlichen" Enteignungsverfahren sogar verwehrt, Einwendungen zu erheben, über die im Planfeststellungsverfahren der Sache nach entschieden wurde. D.h., der zu Enteignende kann sich im Rahmen des Enteignungsverfahrens nicht mehr darauf berufen, dass seine privaten Belange im Planfeststellungsverfahren nicht die gebotene Berücksichtigung gefunden haben[396]. Demgegenüber ist im „baurechtlichen" Enteignungsverfahren sehr wohl noch zu prüfen, ob das Wohl der Allgemeinheit den Zugriff auf das Eigentum im konkreten Einzelfall i.S.v. § 87 Abs. 1 BauGB erfordert, auch wenn die Festsetzung von Flächen für den Hochwasserschutz nur auf der Grundlage einer Abwägung unter Berücksichtigung aller öffentlichen und privaten Belange getroffen werden kann[397]. Der Bebauungsplan als Inhalts- und Schrankenbestimmung orientiert sich eben nicht an dessen zwangsweisen Durchsetzung[398].

Gleichwohl sollte die Gemeinde von der Möglichkeit der Festsetzung Gebrauch machen können. Zwar räumt § 9 Abs. 6 BauGB den Gemeinden die Möglichkeit ein, den Planfeststellungsbescheid nachrichtlich zu übernehmen. Die Gemeinde könnte deshalb sicherlich auch von dieser Möglichkeit Gebrauch machen. Für nachrichtliche Übernahmen ist aber kennzeichnend, dass sie grundsätzlich das Ergebnis rechtlicher Entscheidungen sind, die außerhalb des Verfahrens zur Aufstellung eines Bebauungsplans getroffen wurden[399]. Wenn allerdings das Baugebiet nur beschlossen werden kann, sofern dieses hochwasserfreigelegt wird, das neue Baugebiet damit mit der Hochwasserfreilegung gleichsam steht und fällt, dann erscheint es sachgerecht, dies über eine Festsetzung in das städtebauliche Nutzungskonzept zu integrieren.

3. *§ 9 Abs. 3 BauGB*

Gem. § 9 Abs. 3 S. 1 BauGB kann bei Festsetzungen nach § 9 Abs. 1 BauGB auch die Höhenlage festgesetzt werden. Bereits dieser Verweis auf Absatz 1 macht deutlich, dass es sich bei Festsetzungen auf der Grundlage dieser Vorschrift nur um flankierende Anordnungen handeln kann, d.h., isoliert können sie nicht stehen (sog. unselbstständige Festsetzung[400]).

Auf der Grundlage des § 9 Abs. 3 BauGB kann, sofern z.B. gem. § 9 Abs. 1 Nr. 1 BauGB i.V.m. der Baunutzungsverordnung Wohnbauflächen festgesetzt

---

396 Vgl. *Zeitler*, in: Sieder/Zeitler/Dahme, § 31 WHG Rdn. 355.

397 Vgl. hierzu BVerfG v. 16.12.2002 – 1 BvR 171/02 –, BauR 2003, 1351, 1352; BVerwG v. 6.6.2002 – 4 CN 6/01 –, BauR 2002, 1660.

398 Vgl. BVerfG v. 16.12.2002 – 1 BvR 171/02 –, BauR 2002, 1660; vgl. hierzu auch die Ausführungen in Abschnitt 2 unter D. III. 3. c) bb) zur Rechtmäßigkeit fremdnütziger Festsetzungen in der gemeindlichen Abwägung.

399 Vgl. hierzu *Gierke*, in: Brügelmann, § 9 BauGB Rdn. 650.

400 Vgl. *Gierke*, in: Brügelmann, § 9 BauGB Rdn. 517.

wurden, zusätzlich bestimmt werden, dass diese nicht unterhalb eines bestimmten Bezugspunkts (z.B. in Meter über NN) errichtet werden dürfen[401]. So kann sichergestellt werden, dass Gebäude nicht unterhalb der vom Wasserwirtschaftsamt für ein HQ 100 ermittelten Hochwasserkoten gebaut werden. Hochwasserbedingte Schäden am Gebäude können so zuverlässig verhindert werden.

II. Kennzeichnungen, nachrichtliche Übernahmen und Vermerke

1. Hochwasserwarnungen in Bebauungsplänen

Neben der bereits dargestellten Möglichkeit, Festsetzungen in einen Bebauungsplan aufzunehmen, konnte die Gemeinde zur Information der Bürger vor Hochwasserrisiken bisher nur nach Maßgabe des § 9 Abs. 5 BauGB Flächen kennzeichnen bzw. nach anderen Vorschriften getroffene Festsetzungen in einen Bebauungsplan nachrichtlich übernehmen[402].

Nachrichtlich übernommen werden die Ergebnisse rechtlicher Entscheidungen, wie z.B. Planfeststellungsbescheide für Hochwasserschutzanlagen oder die Festsetzung eines Überschwemmungsgebiets[403]. Kennzeichnungen sind dagegen dadurch geprägt, dass sie nicht Ausdruck z.B. einer planerischen Entscheidung sind; vielmehr geben sie nur die tatsächliche Faktenlage wieder[404]. Dementsprechend besitzen Kennzeichnungen auch keine normativen Rechtswirkungen[405].

Zur Kennzeichnung überschwemmungsgefährdeter Flächen wurde bisher § 9 Abs. 5 Nr. 1 BauGB herangezogen. Hiernach sind Flächen zu kennzeichnen, bei deren Bebauung besondere bauliche Vorkehrungen gegen äußere Einwirkungen oder bei denen besondere bauliche Sicherungsmaßnahmen gegen Naturgewalten – und hierzu zählen auch Überschwemmungen[406] – notwendig sind[407].

Ein Verstoß gegen die Kennzeichnungspflicht hat zwar nicht zur Konsequenz, dass ein Bebauungsplan unwirksam ist, da er gerade keine planerische Entscheidung der Gemeinde widerspiegelt[408]. Allerdings kann das Fehlen ein Indiz dafür sein, dass die Gemeinde bei der Aufstellung des Bebauungsplans Belange, die

---

401 Vgl. *Schrödter*, in: Schrödter, § 9 Rdn. 171; OVG Saarland v. 27.2.1974 - II R 88/73 –; BRS 28 Nr. 66; *Gierke*, in: Brügelmann, § 9 BauGB Rdn. 518.

402 Vgl. zur letztgenannten Alternative § 9 Abs. 6 BauGB.

403 Vgl. *Corell*, UPR 1996, 246, 247.

404 Vgl. *Gierke*, in: Brügelmann, § 9 BauGB Rdn. 650.

405 Vgl. *Gierke*, in: Brügelmann, § 9 BauGB Rdn. 602.

406 Vgl. *Engel*, KommPraxis-BY 2004. 249, 253.

407 Für Kennzeichnungen gem. § 9 Abs. 5 Nr. 1 BauGB sieht die PlanzVO das Planzeichen Nr. 15.11 der Anlage zur PlanzVO vor; vgl. hierzu auch *Gierke*, in: Brügelmann, § 9 BauGB Rdn. 63.

408 Vgl. *Gierke*, in: Brügelmann, § 9 BauGB Rdn. 603.

nach Lage der Dinge in den Abwägungsprozess einzustellen gewesen wären, nicht erkannt hat[409].

Das Gesetz zur Verbesserung des vorbeugenden Hochwasserschutzes hat die bisherigen Möglichkeiten des Baugesetzbuchs, die Bürger vor den Risiken von Hochwasser in den betroffenen Gebieten zu warnen, erweitert[410]. So wurde durch die Hochwasserschutznovelle 2005 in den bisherigen § 9 BauGB ein neuer Abs. 6 a eingefügt. Hiernach sollen festgesetzte Überschwemmungsgebiete i.S.d. § 31 b Abs. 2 S. 3 und 4 WHG nachrichtlich übernommen werden. Noch nicht festgesetzte Überschwemmungsgebiete i.S.d. § 31 b Abs. 5 WHG sowie überschwemmungsgefährdete Gebiete i.S.d. § 31 c WHG sollen dagegen im Bebauungsplan vermerkt werden.

Bis Überschwemmungsgebiete nach Maßgabe des § 31 b Abs. 2 BauGB amtlich festgesetzt sind, bzw. diese zumindest i.S.d. § 31 b Abs. 5 WHG vorläufig gesichert wurden, ergibt sich, zumindest soweit rein auf den Gesetzeswortlaut abgestellt wird, eine sicherlich nicht vom Gesetzgeber gewollte Regelungslücke. § 31 c Abs. 1 Alt. 1 WHG definiert als überschwemmungsgefährdete Gebiete diejenigen Flächen, welche die Vorgaben des § 31 b Abs. 1 WHG erfüllen, die aber keiner amtlichen Festsetzung bedürfen, weil bei Hochwasser allenfalls geringfügige Schäden entstanden sind bzw. zu erwarten wären. D.h., auch Gebiete, die erst in der Zukunft förmlich festzusetzen sind, unterfallen nicht der Alternative 1 des § 31 c Abs. 1 S. 1 WHG. Gebiete, die amtlich festzusetzen sind, aber noch nicht – auch nicht vorläufig – gesichert wurden, erfüllen damit an sich nicht die Kriterien, die § 9 Abs. 6 a BauGB vorgibt, um die Pflicht zu einer nachrichtlichen Übernahme bzw. zu einem Vermerk im Bebauungsplan auszulösen. Auch wenn es sicherlich möglich ist, für einen Übergangszeitraum, d.h. bis die entsprechenden Vorgaben des § 9 Abs. 6 a BauGB erfüllt sind, wie in der Vergangenheit § 9 Abs. 5 Nr. 1 BauGB heranzuziehen, erscheint es gleichwohl vorzugswürdig, die sicherlich vom Gesetzgeber nicht gewollte Regelungslücke zu schließen und diese Gebiete entsprechend dem Vorgehen für überschwemmungsgefährdete Gebiete i.S.d. § 31 c WHG im Bebauungsplan zu vermerken.

2. Neue Erkenntnisse

Sollte sich nach Aufstellung eines Bebauungsplans herausstellen, dass innerhalb dessen Geltungsbereichs Bereiche liegen, die der Gefahr ausgesetzt sind, bei Hochwasser überflutet zu werden, dann stellen sich der Gemeinde zwei Fragen. Zum einen muss die Gemeinde sich darüber im Klaren werden, ob die neu bekannt gewordenen Umstände die Notwendigkeit begründen, ihren Bebauungsplan inhaltlich zu ändern, zu ergänzen oder sogar aufzuheben. Dies bestimmt

409 Vgl. *Bracher*, in: Gelzer/Bracher/Reidt, Rdn. 377.
410 Vgl. *Stüer*; Handbuch des Bau- und Fachplanungsrechts, Rdn. 384.

sich nach § 1 Abs. 3 S. 1 BauGB. Daneben muss sich die Gemeinde aber auch fragen, ob sie nicht die an sich notwendigen Kennzeichnungen bzw. Vermerke in den jeweiligen Plan zu integrieren hat und – wenn ja – zu welchem Zeitpunkt.

Bevor auf die Beantwortung der beiden aufgeworfenen Fragen eingegangen wird, soll noch auf Folgendes hingewiesen werden: Möchte die Gemeinde einen Bebauungsplan ändern, dann stehen ihr grundsätzlich zwei Möglichkeiten offen[411]. Sie kann sich darauf beschränken, neue Festsetzungen in den alten verbindlichen Bauleitplan zu integrieren (sog. Planänderung). In dieser Variante steht und fällt die Wirksamkeit der Änderung mit der Rechtmäßigkeit des zugrunde liegenden Bebauungsplans. Nur wenn auch dieser wirksam ist, kann die Änderung Bestand haben. Sie kann sich aber auch dafür entscheiden, den bisherigen Bauleitplan teilweise durch einen als rechtlich selbstständig zu bewertenden neuen Plan zu ersetzen (sog. Änderungsplan). Innerhalb des Geltungsbereichs des neuen Plans wird der bisherige verdrängt („lex posterior derogat legi priori“[412]). Von einem Änderungsplan ist auszugehen, wenn der geänderte Plan auch ohne den Fortbestand des vorausgehenden Plans in der Lage ist, Grundlage für die städtebauliche Entwicklung und Ordnung innerhalb des Geltungsbereichs des neuen Plans zu sein.

Von diesen beiden Möglichkeiten ausgehend kann zumindest für den Änderungsplan festgehalten werden, dass die Gemeinde die entsprechenden Kennzeichnungen bzw. Vermerke jedenfalls dann in den Bebauungsplan zu integrieren hat, wenn sie ein Verfahren zur Änderung oder Ergänzung des bestehenden verbindlichen Bauleitplans durchführt und dieser für seinen Geltungsbereich den bisherigen Plan ersetzt. Sowohl § 9 Abs. 5 Abs. 3 Nr. 1 BauGB als auch § 9 Abs. 6 a BauGB verpflichten die Gemeinde, Kennzeichnungen bzw. Vermerke im Falle von Hochwasserrisiken in den Bebauungsplan aufzunehmen. Wie § 1 Abs. 8 BauGB entnommen werden kann, gelten diese Vorschriften ebenso im Falle der Änderung oder Ergänzung eines Bebauungsplans. Dementsprechend hat die Gemeinde in beiden Varianten, d.h. im Falle der Änderung als auch der Ergänzung eines Bebauungsplans, die Flächen zu kennzeichnen[413].

Söfker[414] ist zwar der Auffassung, dass dies nur dann gelte, wenn die Gründe, die die Gemeinde zu einer Änderung des Bebauungsplans bewegen, zugleich eine Kennzeichnung bzw. Vermerk bedingen. Entgegen *Söfker* löst jedoch jede Änderung eines Bebauungsplans im Sinne eines Änderungsplans entsprechende Pflichten für die Gemeinde aus. Der neue Plan ersetzt für seinen Geltungsbereich vollständig den bisherigen Plan. Er ist damit die alleinige Grundlage für die städtebauliche Entwicklung der Gemeinde. Dementsprechend hat er, wie es

411 Vgl. *Kuschnerus*, Der sachgerechte Bebauungsplan, Rdn. 71 f.; *Reidt*, in: Gelzer/Bracher/Reidt, Rdn. 840; vgl. hierzu den Abschnitt 2 unter B. III. 4. a).

412 Vgl. hierzu *Kuschnerus*, Der sachgerechte Bebauungsplan, Rdn. 69.

413 Vgl. hierzu *Söfker*, in: Ernst/Zinkahn/Bielenberg, § 5 BauGB Rdn. 63.

414 Vgl. *Söfker*, in: Ernst/Zinkahn/Bielenberg, § 5 BauGB Rdn. 63.

gerade auch § 1 Abs. 8 BauGB bestimmt, bei der Aufstellung alle nach Lage der Dinge einschlägigen Vorschriften zu beachten.

Die Planänderung ist demgegenüber gerade dadurch gekennzeichnet, dass sie mit dem bisherigen Plan eine Einheit bildet und diesen lediglich hinsichtlich einzelner Festsetzungen modifiziert. Der Regelungsgehalt beschränkt sich folglich auf die zu ändernde Regelung in dem jeweiligen Bebauungsplan. Nur insoweit kann der Gemeinde eine entsprechende Hinweispflicht obliegen. Eine darüber hinausgehende Pflicht besteht nicht, auch wenn der Gemeinde zu empfehlen ist, z.B. entsprechende Vermerke in ihren Plan aufzunehmen.

Damit ist aber noch nicht die Frage beantwortet, ob die Gemeinde nachträglich Hinweise in ihren jeweiligen Bebauungsplan aufzunehmen hat, selbst wenn sie nicht beabsichtigt, ihren Bebauungsplan zu ändern bzw. zu ergänzen.

Im Ergebnis ist dies aber abzulehnen. Die Gemeinde ist nur unter den in § 1 Abs. 3 S. 1 und Abs. 4 BauGB genannten Voraussetzungen verpflichtet, in ein Verfahren zur Änderung bzw. Ergänzung ihrer verbindlichen Bauleitpläne einzusteigen. Beide Vorschriften haben gemeinsam, dass sie darauf abzielen, dass die Gemeinde die notwendigen Festsetzungen in ihren Plan aufnimmt[415]. Welche Festsetzungen die Gemeinde letztlich in ihren Bauleitplan aufnimmt, ist aber gerade das Ergebnis eines Abwägungsprozesses, auch wenn dieser mehr oder weniger durch rechtliche Vorgaben vorherbestimmt sein kann. Der Aufnahme von Kennzeichnungen und Vermerken in einen Bauleitplan liegt dagegen gerade keine planerische Willensentscheidung zugrunde. Dementsprechend ist es rechtlich – zumindest für die Wirksamkeit des Bebauungsplans – ohne Bedeutung, ob entsprechende Hinweise fehlen. Damit kann auch kein Anspruch bestehen, der die Gemeinde verpflichtet, tätig zu werden. Gleichwohl sollte die Gemeinde die Hinweise nach Bekanntwerden der diese rechtfertigenden Fakten in den Bebauungsplan aufnehmen, zumal hierfür nicht die Durchführung eines förmlichen Verfahrens nach §§ 2 ff. BauGB[416] erforderlich ist. Zumindest sollte die Gemeinde aber, wie von *Söfker*[417] vorgeschlagen, auf andere Art und Weise die Bürger auf die neue Faktenlage hinweisen, wenn sie auf die Aufnahme der Kennzeichnung bzw. eines Vermerks in den Bebauungsplan verzichtet.

3. Die nachrichtliche Übernahme von Vorrang- und Vorbehaltsgebieten

Für eine nachrichtliche Übernahme gem. § 9 Abs. 6 BauGB kommen nur bereits verbindlich vorliegende Festsetzungen in Betracht[418]. Aus diesem Grunde dürfen

415 Vgl. zur Regionalplanung die Ausführungen unter Abschnitt 2 A. III. 3. b) aa) a.E. Dort wurde dargestellt, dass die Gemeinde verpflichtet sein kann, die Vorgaben der Regionalplanung in Darstellungen und Festsetzungen zu „übersetzen“.

416 Vgl. *Bönker*, in: Hoppe/Bönker/Grotefels, § 3 BauGB Rdn. 62.

417 Vgl. *Söfker*, in: Ernst/Zinkahn/Bielenberg, § 5 BauGB Rdn. 63.

418 Vgl. *Gierke*, in: Brügelmann, § 9 BauGB Rdn. 658.

weder Vorrang- noch Vorbehaltsgebiete, die in Raumordnungsplänen bezeichnet wurden, nachrichtlich in Bebauungspläne übernommen werden. Vorranggebiete sind zwar, wie bereits dargestellt, das Ergebnis einer abschließenden Abwägung des Trägers der Raumordnungsplanung für das Landesgebiet bzw. die Region. Im Rahmen der kommunalen Bauleitplanung sind sie deshalb von den Gemeinden strikt zu beachten. Allerdings gilt dies nur im Rahmen des § 1 Abs. 4 BauGB, bzw. subsidiär gem. § 4 Abs. 1 ROG[419]. Eine darüber hinausgehende Verbindlichkeit kommt ihnen nicht zu. Vorbehaltsgebiete scheiden bereits per se aus. Wie gerade § 7 Abs. 4 S. 1 Nr. 2 ROG entnommen werden kann, sind Vorbehaltsgebiete letztlich nur Abwägungsbelange, wenn auch mit einem besonderen Gewicht. Ihnen fehlt deshalb ebenfalls die gebotene Verbindlichkeit.

Zusammenfassend kann damit gesagt werden, dass für die Gemeinden „lediglich" die Pflicht besteht, diese mit dem ihnen zustehenden Gewicht als strikte Hürde zu beachten bzw. in die Abwägungsentscheidung einzubinden[420]. Nachrichtlich sind sie dagegen nicht zu übernehmen.

419 Vgl. *Gierke*, in: Brügelmann, § 9 BauGB Rdn. 658.
420 Vgl. *Gierke*, in: Brügelmann, § 9 BauGB Rdn. 658.

Abschnitt 3

Hochwassergefährdete Bauflächen in Flächennutzungsplänen

A. Vorbemerkung

In einem Flächennutzungsplan sollen gem. § 5 Abs. 4 a BauGB festgesetzte Überschwemmungsgebiete i.S.d. § 31 b Abs. 2 S. 3 und 4 WHG nachrichtlich übernommen werden. Noch nicht festgesetzte Überschwemmungsgebiete i.S.d. § 31 b Abs. 5 WHG sowie überschwemmungsgefährdete Gebiete i.S.d. § 31 c WHG sollen im Flächennutzungsplan vermerkt werden (vgl. § 5 Abs. 4 a S. 2 WHG).

Hinzu kommt, dass eine Gemeinde, wenn sie im Flächennutzungsplan Bauflächen darstellt, die überschwemmungsgefährdet sind, verpflichtet ist, diese Flächen i.S.d. § 5 Abs. 3 Nr. 1 Alt. 2 BauGB zu kennzeichnen. Damit soll zum Ausdruck gebracht werden, dass besondere bauliche Sicherungsmaßnahmen gegen Naturgewalten erforderlich sind. Wichtig ist in diesem Zusammenhang aber, dass die Gemeinde sich nicht darauf beschränken kann, eine entsprechende Kennzeichnung vorzunehmen. Hiervon unabhängig hat die Gemeinde zwingendes geltendes Recht zu beachten, bzw. eine sachgerechte Abwägung vorzunehmen[421]. Die Kennzeichnung hat nur zur Aufgabe, in gegebenenfalls nachfolgenden Verwaltungsverfahren die Agierenden auf das Gefährdungspotenzial hinzuweisen, damit dieses dann im Entscheidungsprozess Berücksichtigung finden kann („Warnfunktion")[422].

Bezogen auf den Bebauungsplan wurde bereits herausgearbeitet, welche rechtliche Bedeutung die Hochwasserproblematik im Verfahren zur Aufstellung eines Bebauungsplans haben kann. Die hierzu erarbeiteten Grundsätze können zwar weitgehend auch auf den Flächennutzungsplan übertragen werden, allerdings nicht uneingeschränkt. Dies wäre mit dem Charakter des Flächennutzungsplans als den Bebauungsplan lediglich vorbereitendem Bauleitplan (§ 1 Abs. 2 BauGB) nicht zu vereinbaren. So trifft der Flächennutzungsplan, wie insbesondere dem § 5 Abs. 1 S. 1 BauGB entnommen werden kann, nur eine prognostische Aussage zur Entwicklung der Bodennutzungsbedürfnisse im Gemeindegebiet[423]. Nachfolgende Ausführungen haben zum Ziel, die wesentlichen funktionsbedingten Unterschiede zwischen Flächennutzungsplan und Bebauungsplan herauszuarbeiten.

---

421 Vgl. *Gierke*, in: Brügelmann, § 9 BauGB Rdn. 602 allerdings zum Verhältnis § 9 Abs. 5 Nr. 1 BauGB zur Abwägung. Sinngemäß kann dies aber auf das Verhältnis Flächennutzungsplan zur Abwägung übertragen werden.

422 Vgl. *Söfker*, in: Ernst/Zinkahn/Bielenberg, § 5 BauGB Rdn. 67 unter Verweis auf den Mustererlass der Fachkommission „Städtebau" der ARGE Bau vom 27./28.5.1991 Nr. 2.1.4.

423 Vgl. *Graf*, BauR 2004, 1552, 1553.

B. Der Flächennutzungsplan und Überschwemmungsgebiete

I. Der Flächennutzungsplan und amtlich festgesetzte bzw. vorläufig gesicherte Überschwemmungsgebiete

Gem. § 31 b Abs. 4 S. 1 Halbs. 1 WHG dürfen in Überschwemmungsgebieten nach § 31 b Abs. 2 S. 3 und 4 WHG durch Bauleitpläne keine neuen Baugebiete ausgewiesen werden. Dieses Verbot gilt nicht nur für einen Bebauungsplan, sondern auch für den Flächennutzungsplan, da entsprechend der Legaldefinition des § 1 Abs. 2 BauGB zu den Bauleitplänen auch der Flächennutzungsplan als vorbereitender Bauleitplan zu zählen ist.

Wie bereits in Abschnitt 2 unter B. II. 2. dargestellt, scheidet die Aufstellung eines Bebauungsplans aus, wenn die Bauleitplanung nicht zu vereinbaren ist mit den Vorgaben des § 31 b Abs. 4 S. 2 WHG. Daneben fehlt es an der städtebaulichen Erforderlichkeit i.S.d. § 1 Abs. 3 S. 1 BauGB, wenn sich das Überschwemmungsgebiet als dauerhaftes rechtliches Umsetzungshindernis erweist, weil die Vorgaben des § 31 b Abs. 4 S. 4 WHG nicht erfüllt werden können. Beide Schranken gelten auch für den Flächennutzungsplan. Solange die kommunale Planung diese Hürde nicht zu nehmen vermag, kann sie ihren gestaltenden Auftrag nicht erfüllen[424].

Da § 31 b Abs. 5 S. 2 WHG den § 31 b Abs. 4 S. 1 Halbs. 1 WHG für entsprechend anwendbar erklärt, gilt das zu förmlich festgesetzten Überschwemmungsgebieten Ausgeführte ebenso für vorläufig gesicherte Überschwemmungsgebiete.

II. Der Flächennutzungsplan und faktische Überschwemmungsgebiete

§ 31 b Abs. 6 S. 1 WHG als unmittelbar geltendes Recht[425] gilt nicht nur für den Bebauungsplan, sondern auch für den Flächennutzungsplan[426]. D.h., sofern dieser Bauflächen darstellen möchte, die sich auf faktische Überschwemmungsgebiete erstrecken, begegnet dieser nur dann keinen rechtlichen Bedenken, wenn dem Erhalt des Überschwemmungsgebiets in seiner Funktion als Rückhaltefläche überwiegende Gründe des Wohles der Allgemeinheit entgegenstehen und rechtzeitig die notwendigen Ausgleichsmaßnahmen getroffen werden.

1. Überwiegende Gründe des Wohles der Allgemeinheit

Im Zusammenhang mit der Aufstellung eines Bebauungsplans wurde bereits dargestellt, nach welchen Kriterien zu prüfen ist, ob überwiegende Gründe des Wohles der Allgemeinheit dem Erhalt eines Überschwemmungsgebiets entgegenstehen. Diese Ausführungen können ohne weiteres auf den Flächennut-

---

424 Vgl. hierzu BVerwG v. 21.10.1999 – 4 C 1/99 –, BauR 2000, 695, zum Verhältnis Flächennutzungsplan zu einem Landschaftsschutzgebiet.

425 Vgl. hierzu insbesondere die Ausführungen in Abschnitt 2 unter B. III. 2.

426 Vgl. BayVGH v. 29.9.2004 – 15 ZB 02.2958 –, BayVBl. 2005, 151, 152.

zungsplan übertragen werden[427]. Dem steht auch nicht entgegen, dass der Flächennutzungsplan im Unterschied zu einem Bebauungsplan noch kein verbindliches Baurecht begründet, sondern nur eine prognostische Aussage zu den voraussehbaren Bedürfnissen der gemeindlichen Siedlungsentwicklung trifft. D.h., mit dem bloßen Erlass eines Flächennutzungsplans werden im Regelfall noch keine Ansprüche auf die Erteilung von Baugenehmigungen begründet. Dementsprechend wird nicht in die Überschwemmungsgebieten zukommende Funktion als Rückhaltefläche eingegriffen. Dieser Umstand kann aber nicht zur Konsequenz haben, dass ein „großzügigerer Maßstab" bei der Beurteilung angelegt werden kann, ob für den Flächennutzungsplan überwiegende Gründe des Wohles der Allgemeinheit sprechen, die dem Ziel der Erhaltung von Rückhalteflächen vorgehen. Gem. § 8 Abs. 2 BauGB sind Bebauungspläne aus dem Flächennutzungsplan zu entwickeln. Diese Aufgabe kann ein Flächennutzungsplan nur dann erfüllen, wenn das ihm zugrunde liegende gesamträumliche Entwicklungskonzept ohne weiteres in einen Bebauungsplan überführt werden kann. Dem wird ein Flächennutzungsplan nicht gerecht, wenn seiner Umsetzung Hindernisse entgegenstehen, die von der Gemeinde nicht selbst ausgeräumt werden können. Da spätestens auf der Ebene des Bebauungsplans die Vorgaben des § 31 b Abs. 6 S. 1 WHG beachtet werden müssen, kann ein Flächennutzungsplan, der diesen Maßgaben nicht entspricht, seine Aufgabenstellung nicht erfüllen.

2. *Notwendige Ausgleichsmaßnahmen*

Wenn die Gemeinde diese Hürde zu nehmen vermag, muss sie, wie § 31 b Abs. 6 S. 1 Halbs. 2 WHG weiter fordert, noch zusätzlich rechtzeitig die notwendigen Ausgleichsmaßnahmen treffen. Angesichts des Umstandes, dass der Flächennutzungsplan im Regelfall noch kein Baurecht begründet und dementsprechend noch nicht in die Funktion eines Überschwemmungsgebiets als Rückhaltefläche eingegriffen wird, ist die Gemeinde nicht verpflichtet, die gebotenen Ausgleichsmaßnahmen sofort umzusetzen. Hiervon unabhängig ist es einer Gemeinde aber verwehrt, die Entscheidung über die konkret zu treffende Ausgleichsmaßnahme auf die Ebene des Bebauungsplans zu verlagern. Diese Entscheidung muss bereits zwingend im Rahmen des Verfahrens zur Aufstellung des Flächennutzungsplans getroffen werden. Wie bereits dargestellt, ist § 31 b Abs. 6 S. 1 WHG unmittelbar geltendes Recht. Dementsprechend gehört § 31 b Abs. 6 S. 1 WHG zu den sonstigen Rechtsvorschriften i.S.d. § 6 Abs. 2 BauGB, die im Rahmen der Untersuchung, ob ein Flächennutzungsplan genehmigt werden kann, geprüft werden müssen. Damit kann die Entscheidung über die zu schaffenden Ausgleichsmaßnahmen nicht in das Verfahren zur Aufstellung des Bebauungsplans verschoben werden. Auch würde die Verlagerung dieser Entscheidung auf die Ebene der Aufstellung des Bebauungsplans der Leit-

---

427 Vgl. BayVGH v. 29.9.2004 – 15 ZB 02.2958 –, BayVBl. 2005, 151, 152.

funktion des Flächennutzungsplans für die städtebauliche Entwicklung nicht gerecht[428]. Gerade aber auch praktische Erwägungen bestätigen dies. Im Regelfall werden bereits aus rein faktischen Gründen die notwendigen Ausgleichsmaßnahmen nur im sog. Außenbereich realisiert werden können. Auch wenn dieser grundsätzlich einer Bebauung nicht offen steht, so könnten durch die Ansiedlung von privilegierten Bauvorhaben die an sich notwendigen Ausgleichsflächen verloren gehen und so der Planungskonzeption der Gemeinde die Grundlage entziehen. Gerade in Talräumen werden der Gemeinde aber häufig keine Alternativflächen zur Verfügung stehen. Es muss deshalb gesichert sein, dass diese Flächen im Bedarfsfall der Gemeinde dann aber auch zur Verfügung stehen. Da einem privilegierten Vorhaben der Flächennutzungsplan aber grundsätzlich nur dann entgegengehalten werden kann, wenn er eine positive Aussage über das künftige städtebauliche Schicksal des fraglichen Grundstücks enthält[429], hat sich die Gemeinde mit entsprechenden Darstellungen bereits bei der Aufstellung des Flächennutzungsplans zu beschäftigen[430]. § 31 b Abs. 6 S. 1 WHG setzt damit auch voraus, dass entsprechende Ausgleichsmaßnahmen durch planerische Darstellungen getroffen werden können. Dies ist auch der Fall. Insoweit kann auf die Ausführungen zu den Darstellungsalternativen in einem Flächennutzungsplan verwiesen werden[431, 432].

C. Die Bedeutung der Hochwasserfreilegung für den Flächennutzungsplan

Ausgehend von den Anmerkungen zu § 5 Abs. 3 Nr. 1 BauGB in Abschnitt 3 unter A. ist zunächst zu klären, ob die Gemeinde Bauflächen darstellen kann, zu deren Schutz es einer Hochwasserfreilegung bedarf[433].

---

428 Vgl. BayVGH v. 29.9.2004 – 15 ZB 02.2958 –, BayVBl. 2005, 151, 152.

429 Vgl. *Jäde*, in: Jäde/Dirnberger/Weiß, BauGB, 2. Aufl. § 35 Rdn. 166.

430 Vgl. BayVGH v. 29.9.2004 – 15 ZB 02.2958 –, BayVBl. 2005, 151, 152.

431 Vgl. hierzu BVerwG v. 31.1.1997 – 4 NB 27/96 –, BauR 1997, 794, 795. Im Rahmen dieses Beschlusses hatte sich das BVerwG mit einer ähnlichen Problematik zu beschäftigen. So stellte sich dort die Frage, ob von § 8 a Abs. 1 S. 2 BNatSchG geforderte Ausgleichs- und Ersatzmaßnahmen durch Festsetzungen in einem Bebauungsplan gesichert werden müssen oder ob dies auf die Ebene des Genehmigungsverfahrens verlagert werden kann. Das BVerwG kam zu dem Ergebnis, dass die Ausgleichs- und Ersatzmaßnahmen bereits auf der Ebene des Bebauungsplans gesichert werden müssen.

432 Hiervon unabhängig hat die Gemeinde die Möglichkeit, den Ausgleich auch über einen städtebaulichen Vertrag zu gewährleisten.

433 Vgl. hierzu die vergleichbare Problematik auf der Ebene des Bebauungsplans. Dort wurde dargestellt, dass die Gemeinde in Abhängigkeit von den örtlichen Besonderheiten verschiedene Möglichkeiten hat, das Überschwemmungsrisiko im Rahmen einer pflichtgemäßen Abwägung einer sachgerechten Lösung zuzuführen. So wurden nachfolgende drei Möglichkeiten dargestellt, die selbstverständlich auch kumulativ zur Anwendung gelangen können:
1. Hochwasserfreilegung durch technische Hochwasserschutzeinrichtungen;

Wenn zum Schutz eines neuen Baugebiets zwingend technische Hochwasserschutzanlagen geschaffen werden müssen, kann auf der Ebene des Bebauungsplans nur dann von einer sachgerechten Abwägung gesprochen werden, wenn im Zeitpunkt des abschließenden Satzungsbeschlusses ein parallel durchzuführendes Planfeststellungsverfahren bereits so weit fortgeschritten ist, dass an ihrer Verwirklichung und damit an der Lösung der durch den Bebauungsplan aufgeworfenen Probleme sinnvoll nicht mehr zu zweifeln ist[434]. Es stellt sich die Frage, ob dies auf die Ebene des Flächennutzungsplans übertragen werden kann mit der Konsequenz, dass auch insoweit bereits ein Planfeststellungsverfahren eingeleitet sein muss. Um diese Frage zufrieden stellend beantworten zu können, ist es zunächst erforderlich, sich zu verdeutlichen, welche Aufgabe der Flächennutzungsplan innerhalb der kommunalen Bauleitplanung zu erfüllen hat. Dies kann, wenn auch nicht erschöpfend, für die Beantwortung der hier aufgeworfenen Frage aber hinreichend, aus einem Zusammenspiel zwischen § 5 Abs. 1 S. 1 BauGB und dem § 8 BauGB abgeleitet werden. § 5 Abs. 1 S. 1 BauGB bestimmt zunächst, dass der Flächennutzungsplan für das ganze Gemeindegebiet die sich aus der beabsichtigten städtebaulichen Entwicklung ergebende Art der Bodennutzung nach den voraussehbaren Bedürfnissen der Gemeinde in den Grundzügen darzustellen hat. Von diesem gesamträumlichen Entwicklungskonzept ausgehend sollen, so § 8 Abs. 2 BauGB, die Festsetzungen des Bebauungsplans entwickelt werden[435]. Dieser wiederum gibt rechtsverbindlich vor, welche Voraussetzungen ein Bauvorhaben einzuhalten hat, damit es der städtebaulichen Ordnung genügt (vgl. § 8 Abs. 1 S. 1 BauGB). Von diesem Junktim einer zweistufigen Bauleitplanung ausgehend, muss gefordert werden, dass bereits im Zeitpunkt der Beschlussfassung über den Flächennutzungsplan alle rechtlichen Voraussetzungen erfüllt sind, um das gewollte gesamträumliche Entwicklungskonzept ohne weiteres in einen hieraus entwickelten Bebauungsplan überführen zu können[436]. Ein Flächennutzungsplan, dessen Umsetzung Hindernisse entgegenstehen, die von der Gemeinde nicht selbst ausgeräumt werden können, erfüllt seinen Auftrag, jedermann verbindlich Auskunft über den Stand der städtebaulichen Planung der Gemeinde zu geben, nicht. Dies kann aber nicht zur Konsequenz haben, dass, wie auf der Ebene des Bebauungsplans, bereits parallel ein Planfeststellungsverfahren eingeleitet sein muss. Dies würde die funktionsbedingten Unterschiede des Flächennutzungsplans zu einem Bebauungsplan in un-

---

2. Hochwasserschadensprävention durch Festsetzungen auf der Grundlage des § 9 Abs. 1 BauGB.
3. Die gebotenen Sicherungsmaßnahmen werden der Eigenverantwortung der Planbetroffenen zugeordnet.

434 Vgl. hierzu die Ausführungen in Abschnitt 2 unter D. III. 3. a) aa).

435 Vgl. BVerwG v. 21.10.1999 – 4 C 1/99 –, DVBl. 2000, 794, 795; *Graf*, BauR 2004, 1552, 1553, spricht insoweit von einer sog. Programmierungsfunktion des Flächennutzungsplans als Vorstufe des Bebauungsplans.

436 Vgl. BVerwG v. 21.10.1999 – 4 C 1/99 –, DVBl. 2000, 794, 795.

zulässiger Weise verwischen. § 5 Abs. 1 S. 1 BauGB bestimmt, dass die beabsichtigte städtebauliche Entwicklung nach den „voraussehbaren Bedürfnissen" der Gemeinde darzustellen ist. Gerade diese Formulierung verdeutlicht, dass dem Flächennutzungsplan ein prognostisches Element zu Eigen ist. Allerdings darf dies aber auch nicht dahingehend verstanden werden, dass die Gemeinde völlig ausblenden kann, ob das zukünftige Baugebiet vor Hochwasser geschützt werden kann. Es muss deshalb auf der Ebene des Flächennutzungsplans zumindest geklärt sein, ob eine künftige bauliche Entwicklung mit den öffentlichen Belangen der Sicherheit der Wohn- und Arbeitsbevölkerung hinreichend vereinbar ist[437]. Es wird deshalb zu fordern sein, dass im Zeitpunkt der Beschlussfassung über den Flächennutzungsplan absehbar ist, dass ein die Hochwasserfreilegung genehmigender Planfeststellungsbescheid aller Wahrscheinlichkeit nach ergehen kann[438]. Eine entsprechende Aussage muss von der Gemeinde auf der Grundlage der durchzuführenden Öffentlichkeits- und Behördenbeteiligung, insbesondere aufgrund der Stellungnahme des Wasserwirtschaftsamtes, getroffen werden können.

D. Der Flächennutzungsplan und Ziele der Raumordnung

I. Das Verhältnis des § 8 Abs. 2 BauGB zu § 1 Abs. 4 BauGB

Bebauungspläne sind gem. § 8 Abs. 2 S. 1 BauGB aus dem Flächennutzungsplan zu entwickeln. Hiervon unabhängig haben die Gemeinden ihre Bauleitpläne, d.h. den Flächennutzugsplan als vorbereitenden Bauleitplan und den Bebauungsplan als verbindlichen Bauleitplan, an die Ziele der Raumordnung anzupassen.

Konträr stehen sich diese beiden Pflichten gegenüber, wenn nach Wirksamwerden des Flächennutzungsplans neue Ziele der Raumordnung aufgestellt bzw. bestehende geändert werden, die mit den Darstellungen des Flächennutzungsplans nicht vereinbar sind, und in dieser Situation die Gemeinde einen Bebauungsplan aufstellen möchte, der an sich aus den Flächennutzungsplan entwickelt ist. Dies wäre beispielsweise dann der Fall, wenn der Regionalplan über ein Vorranggebiet zum Schutz vor Hochwasser Flächen von weiterer Bebauung freihalten möchte, während der Flächennutzungsplan im fraglichen Bereich die Grundlage für eine spätere Wohnbebauung legt. In welchem Rangverhältnis die beiden Pflichten zueinander stehen, kann dahinstehen, wenn der Flächennutzungsplan an den Regionalplan angepasst wird, so z.B. durch die Aufhebung der Darstellung von Bauflächen i.S.d. § 5 Abs. 2 Nr. 1 BauGB. Nach der Änderung des Flächennutzungsplans ist der Widerspruch zwischen den Pflichten aus § 1 Abs. 4 BauGB und § 8 Abs. 2 BauGB beseitigt. Der Ausweisung eines Baugebiets durch einen Bebauungsplan ist dann allerdings die Grundlage entzogen.

---

437 Vgl. hierzu Nr. 3.1.2.1 der Handlungsanleitung der ARGEBAU (s. hierzu FN. 162) für den Einsatz rechtlicher und technischer Instrumente zum Hochwasserschutz.

438 Vgl. hierzu *Krautzberger*, in: Battis/Krautzberger/Löhr, § 1 BauGB Rdn. 119.

Möchte die Gemeinde ihren Flächennutzungsplan aber nicht ändern und stattdessen an ihrer ursprünglichen Planungskonzeption festhalten, muss die Frage geklärt werden, in welchem Verhältnis die Anpassungspflicht aus § 1 Abs. 4 BauGB zum Entwicklungsgebot des § 8 Abs. 2 BauGB steht. Würde nämlich die Regelung des § 8 Abs. 2 BauGB vorgehen, könnte die Gemeinde z.B. ein allgemeines Wohngebiet (WA) ausweisen[439].

Im Ergebnis kann ein Bebauungsplan nur wirksam beschlossen werden, wenn auch den Zielen der Raumordnung genügt ist. Dem Anpassungsgebot des § 1 Abs. 4 BauGB unterliegt nicht nur der Flächennutzungsplan, sondern auch der Bebauungsplan. Dementsprechend muss auch dieser den Vorgaben der Ziele der Raumordnung entsprechen. Ein Flächennutzungsplan, der zunächst mit den Zielen der Regionalplanung übereinstimmt, einem später geänderten Raumordnungsplan jedoch widerspricht, kann deshalb einem Bebauungsplan, der an sich aus den Darstellungen des Flächennutzungsplans entwickelt wäre, keinen bauleitplanerischen „Bestandsschutz" vermitteln. Vielmehr hat der Bebauungsplan beiden Pflichten, d.h. sowohl der aus § 1 Abs. 4 BauGB als auch der aus § 8 Abs. 2 BauGB kumulativ zu entsprechen. Wenn er diese Vorgaben nicht zu erfüllen vermag, scheidet die Aufstellung eines Bebauungsplans aus. In diesem Falle tritt das Entwicklungsgebot des § 8 Abs. 2 S. 1 BauGB – de facto – hinter das Anpassungsgebot des § 1 Abs. 4 BauGB zurück[440].

II. Die Pflicht zur Anpassung des Flächennutzungsplans an Ziele der Raumordnung

Die Gemeinde kann verpflichtet sein, erstmalig einen Bebauungsplan aufzustellen (sog. Erstplanungspflicht), bzw. einen Bestehenden zu ändern oder aufzuheben, wenn dies erforderlich ist, damit die Ziele der Raumordnung die ihnen zugewiesenen Aufgaben erfüllen können. Die hierzu bereits dargestellten Grundsätze können auch, zumindest wenn man die strukturbedingten Unterschiede dieser beiden Pläne berücksichtigt, auf den Flächennutzungsplan übertragen werden. Im Unterschied zu einem Bebauungsplan wird sich auf der Ebene des Flächennutzungsplans aber nicht die Frage stellen, ob der Flächennutzungsplan aufgehoben werden muss. Ein Flächennutzungsplan hat, so § 5 Abs. 1 S. 1 BauGB, die Aufgabe, für das ganze Gemeindegebiet die beabsichtigte städtebauliche Entwicklung nach den voraussehbaren Bedürfnissen der Gemeinde in den Grundzügen darzustellen. Die vollständige Aufhebung eines Flächennutzungsplans wäre mit der ihm bereits kraft Gesetzes zugewiesenen Aufgabenstellung nicht zu vereinbaren. Anstelle der Aufhebung wird deshalb zu klären sein,

---

439 Selbstverständlich muss daneben aber auch geprüft werden, ob der Bebauungsplan nicht wegen Verstoßes gegen andere öffentlich-rechtliche Vorschriften an einem Fehler leidet, wie z.B. einem Verstoß gegen § 31 b WHG.

440 Vgl. hierzu im Ergebnis ebenso BVerwG v. 30.1.2003 – 4 CN 14/01 –, BauR 2003, 1175 ff.

ob dieser zur Anpassung an die Ziele der Raumordnung punktuell angepasst werden muss.

Da mit wenigen Ausnahmen alle Gemeinden bereits einen Flächennutzungsplan haben werden, bedarf es auf der Ebene des Flächennutzungsplans keiner inhaltlichen Auseinandersetzung mit der sog. Erstplanungspflicht. Die nachfolgenden Anmerkungen gelten sinngemäß aber auch für diesen seltenen Ausnahmefall.

1. *Inhaltliche Anpassungspflichten*

Die Prüfung, ob ein Flächennutzungsplan angepasst werden muss, steht im engen Kontext mit der Fragestellung, inwieweit der Flächennutzungsplan als eigenständiger Prüfungspunkt innerhalb eines Genehmigungsverfahrens Berücksichtigung finden kann. Sofern dieser nicht in das jeweilige Prüfungsraster eines durchzuführenden Genehmigungsverfahrens einfließt, kann die Anpassung des Flächennutzungsplans an die Ziele der Raumordnung auch keinen eigenständigen Beitrag leisten, damit die mit diesen verfolgten Ziele erreicht werden. Auf eine unverzügliche Anpassung könnte dann verzichtet werden.

Innerhalb des Geltungsbereichs eines qualifizierten Bebauungsplans[441] und innerhalb eines im Zusammenhang bebauten Ortsteils i.S.d. § 34 Abs. 1 BauGB bestimmt sich die planungsrechtliche Zulässigkeit ausschließlich anhand des § 30 Abs. 1 BauGB bzw. des § 34 BauGB. Ein Rückgriff auf den Flächennutzungsplan ist in diesen beiden Varianten nicht möglich. Die Frage nach der Notwendigkeit der isolierten Anpassung des Flächennutzungsplans kann sich deshalb im Regelfall nur im sog. Außenbereich i.S.d. § 35 BauGB stellen.

Eine abweichende Beurteilung kann nur dann geboten sein, wenn die Gemeinde ihren Bebauungsplan, sei es eigenverantwortlich, sei es fremdbestimmt, beschließt zu ändern. Sollte die Änderung zur Konsequenz haben, dass dieser sich nicht mehr als konsequente Fortentwicklung aus dem Flächennutzungsplan darstellt, muss hinterfragt werden, ob nicht auch der Flächennutzungsplan geändert werden muss.

2. *Zeitliche Anpassungspflichten*

Die Gemeinden sind verpflichtet, ihre Flächennutzungspläne an Ziele der Raumordnung anzupassen. Von dieser grundsätzlichen Verpflichtung ausgehend, ist zu klären, „wann“ eine Gemeinde diese Pflicht zu erfüllen hat.

Zunächst ist darauf hinzuweisen, dass sich jegliche Pauschalisierung bei der Beantwortung dieser Fragestellung verbietet. Es muss vielmehr für jeden Einzelfall die Frage neu beantwortet werden.

---

[441] Dies gilt entsprechend für den vorhabensbezogenen Bebauungsplan.

Wenn die Gemeinde ihren Flächennutzungsplan ändern möchte, dann ist sie verpflichtet, spätestens in diesem Verfahren ihren Flächennutzungsplan auch an die Ziele der Raumordnung anzupassen, und zwar unabhängig davon, aus welchem Grunde sie sich für die Änderung ihres Flächennutzungsplans entschieden hat. Einem nicht angepassten Flächennutzungsplan müsste anderenfalls wegen eines Verstoßes gegen § 1 Abs. 4 BauGB die Genehmigung versagt werden[442]. Von besonderem Interesse ist in diesem Zusammenhang die durch das EAG-Bau neu in das Baugesetzbuch eingefügte Regelung in § 5 Abs. 1 S. 3 BauGB. Hiernach soll die Gemeinde ihren Flächennutzungsplan spätestens 15 Jahre nach seiner erstmaligen oder erneuten Aufstellung überprüfen und, soweit dies nach § 1 Abs. 3 S. 1 BauGB erforderlich ist, diesen ändern, ergänzen oder neu aufstellen (Revisionsklausel)[443]. Wenn die Gemeinde aufgrund dieser Überprüfung tätig werden möchte, auch wenn dies aus rein städtebaulichen Gründen erfolgt, dann muss sie spätestens im Zuge dieses Verfahrens ihren Flächennutzungsplan an die Ziele der Raumordnung anpassen[444].

Weiter ist die Gemeinde verpflichtet, ihren Flächennutzungsplan an Ziele der Raumordnung anzupassen, wenn sie beabsichtigt bzw. verpflichtet ist[445], zielkonform einen Bebauungsplan zu ändern oder aufzuheben. Wie in Abschnitt 3 unter D. I. dargestellt, hat die Gemeinde bei der Aufstellung eines Bebauungsplans nicht nur das Entwicklungsgebot des § 8 Abs. 2 BauGB zu beachten, sondern auch dem Anpassungsgebot des § 1 Abs. 4 BauGB zu entsprechen. D.h., diese Pflichten sind kumulativ zu erfüllen. Wenn die Gemeinde einen Bebauungsplan ändern möchte, der nunmehr z.B. anstelle eines Wohngebiets Flächen für technische Hochwasserschutzanlagen festsetzt, der bisherige Flächennutzungsplan dagegen noch Bauflächen darstellt, hat dies zwingend zur Konsequenz, dass die Gemeinde ihren Flächennutzungsplan ebenfalls anzupassen hat, da anderenfalls die Aufstellung eines Bebauungsplans aus Rechtsgründen, sprich wegen Verstoßes gegen § 8 Abs. 2 BauGB, nicht möglich wäre. Im Übrigen würde der Flächennutzungsplan in diesem Teilbereich auch funktionslos,

442 Vgl. *Runkel*, in: Ernst/Zinkahn/Bielenberg, § 1 BauGB Rdn. 65 a; BVerwG v. 17.9.2003 – 4 C 14.01 –, BauR 2004, 443, 451.

443 Vgl. *Reidt*, in: Gelzer/Bracher/Reidt, Rdn. 34.

444 Dies darf aber nicht dahingehend verstanden werden, dass strikt zwischen einer städtebaulichen Entwicklung und Ordnung i.S.d. § 1 Abs. 3 S. 1 BauGB und Zielen der Raumordnung getrennt werden muss. Vielmehr kann sich die Gemeinde hinsichtlich ihres städtebaulichen Planungskonzepts auch von Vorgaben leiten lassen, die sie den jeweiligen Raumordnungsplänen entnimmt (vgl. hierzu Runkel, in: Ernst/Zinkahn/Bielenberg, § 1 BauGB Rdn. 65 a; BVerwG v. 1.6.1994 – 4 NB 21/94 –, Buchholz 406.11 § 1 BauGB Nr. 47). Selbst wenn sich der Gesetzgeber nicht dafür entschieden hätte, eine spezielle Anpassungspflicht an Ziele der Raumordnung aufzunehmen, wäre die Gemeinde verpflichtet gewesen, diesen Belang in ihren Abwägungsprozess einzubinden (vgl. BVerwG v. 17.9.2003 – 4 C 14.01 –, BauR 2004, 443, 451).

445 Vgl. hierzu in die Problematik einführend den Abschnitt 2 A. III. 3.

soweit er im Widerspruch zu den Festsetzungen des Bebauungsplans steht. Auch dies würde eine Planungspflicht aus § 1 Abs. 3 S. 1 BauGB auslösen[446].

Hiervon unabhängig hat die Gemeinde ihren Flächennutzungsplan selbst dann unverzüglich anzupassen, wenn die Verwirklichung der Raumordnungsziele bei Fortschreiten der baulichen Entwicklung auf unüberwindbare tatsächliche oder rechtliche Hindernisse stößt oder wesentlich erschwert würde[447].

Allerdings wird dies im Außenbereich nur sehr selten der Fall sein. Der Flächennutzungsplan als einem Bauvorhaben „entgegenstehender öffentlicher Belang" i.S.d. § 35 Abs. 3 S. 1 Nr. 1 BauGB greift zwar nicht, wenn das Vorhaben mit den aktuellen Darstellungen vereinbar ist. Da der Hochwasserschutz aber gem. § 35 Abs. 3 S. 1 Nr. 6 BauGB als weiterer, der Planung möglicherweise entgegenstehender Belang in die Prüfung des jeweiligen Genehmigungsverfahrens mit einfließt, besteht nicht die Gefahr, dass sich eine den Zielen der Raumordnung zuwiderlaufende Bebauung entwickelt. Dies trifft zwar nicht zu, wenn über Ziele der Raumordnung Rückhalteflächen zurück gewonnen werden sollen. Für diese Flächen ist gerade kennzeichnend, dass sie aktuell keinem Überflutungsrisiko ausgesetzt sind. Damit kann einem Bauvorhaben auch nicht der Hochwasserschutz i.S.d. § 35 Abs. 3 S. 1 Nr. 6 BauGB als öffentlicher Belang entgegengehalten werden. Allerdings räumt § 35 Abs. 3 S. 2 BauGB Zielen der Raumordnung bereits kraft Gesetzes eine unmittelbare Rechtsfolgen begründende Wirkung ein[448], soweit raumbedeutsame Vorhaben verwirklicht werden sollen.

Die Frage, ob die Gemeinde verpflichtet ist, einen Flächennutzungsplan unverzüglich zu ändern, stellt sich damit nur, wenn es sich

a) um kein raumbedeutsames Vorhaben handelt und

b) über das jeweilige Ziel in den Raumordnungsplänen aktuell nicht überschwemmungsgefährdete Flächen für den Hochwasserschutz reaktiviert werden sollen.

Ob es dann letztlich der unverzüglichen Änderung des Flächennutzungsplans bedarf, hängt wesentlich davon ab, welche Darstellungen der bisherige Flächennutzungsplan für die zur Umsetzung der Ziele der Raumordnung benötigten Flächen vorsieht. Stehen bereits diese einer den Zielen der Raumordnung zuwiderlaufenden Planung nachhaltig entgegen, kann sicherlich die Anpassung zurückgestellt werden, bis die Gemeinde sich – gegebenenfalls auch aus anderen Gründen – dafür entscheidet, den Flächennutzungsplan zu ändern.

Es stellt sich damit die Frage, wann eine Flächendarstellung in einem Flächennutzungsplan einem privilegierten Vorhaben entgegengehalten werden kann. Auf Ausführungen zu sonstigen Vorhaben i.S.d. § 35 Abs. 2 BauGB kann ver-

---

446 Vgl. *Gierke*, in: Brügelmann, § 1 BauGB Rdn. 432.

447 Vgl. BVerwG v. 17.9.2003 – 4 C 14.01 –, BauR 2004, 443, 451.

448 Vgl. *Hoppe*, in: Hoppe/Bönker/Grotefels, § 6 Rdn. 48.

zichtet werden, da deren Realisierung in der Regel ebenfalls nicht genehmigt werden könnte, wenn sogar einem privilegierten Vorhaben die Genehmigungsfähigkeit abgesprochen werden muss.

§ 35 Abs. 1 BauGB weist privilegierte Vorhaben zwar dem Außenbereich zu. Deshalb kommt diesen Vorhaben bereits kraft Gesetzes ein gesteigertes Durchsetzungsvermögen gegenüber öffentlichen Belangen zu. Allerdings haben auch privilegierte Vorhaben dem Gebot, den Außenbereich zu schonen, zu entsprechen. Nur weil ein Vorhaben privilegiert ist, hat dies deshalb noch nicht zur Konsequenz, dass dieses an jedem Standort im Außenbereich realisiert werden darf. Vielmehr können auch einem privilegierten Vorhaben öffentliche Belange und damit Darstellungen des Flächennutzungsplans entgegengehalten werden.

Ob sich dieser im Einzelfall gegenüber dem bereits kraft Gesetzes dem Außenbereich zugewiesenen Vorhaben durchsetzen kann, sprich die Abwägung zu seinen Gunsten ausfällt, ist eine Frage des Einzelfalls. Dabei ist in die Beurteilung einzustellen, dass Darstellungen in einem Flächennutzungsplan im Wesentlichen deshalb Bedeutung gegenüber einem Außenbereichsvorhaben erlangen, weil sie „Unterstützung und einleuchtende Fortschreibung bestimmter tatsächlicher Gegebenheiten sind“[449]. Dementsprechend können auch nur solche Darstellungen in einem Flächennutzungsplan einem privilegierten Vorhaben – auf der Grundlage einer Abwägung entscheidend – entgegengehalten werden, die Ausdruck einer konkreten Standortentscheidung sind[450]. Wenn der Flächennutzungsplan beispielsweise Grünflächen darstellt, können diese einem privilegierten Vorhaben nur dann entgegengehalten werden, wenn der Darstellung besondere standortbezogene Gründe zugrunde liegen.

Zusammenfassend kann damit festgehalten werden, dass konkrete Standortzuweisungen in einem Flächennutzungsplan, die über die generelle Aussage des Gesetzgebers hinausgehen, dass im Außenbereich nicht gebaut werden darf, auch einem privilegierten Vorhaben entgegengehalten werden können.

Sofern der jeweiligen Darstellung dieses Gewicht zukommt und über diese Darstellung sichergestellt ist, dass keine den Zielen der Raumordnung zuwiderlaufende Bebauung entsteht, darf die Gemeinde die Anpassung an den jeweiligen Raumordnungsplan zurückstellen. Ansonsten hat die Gemeinde die Anpassung spätestens dann vorzunehmen, wenn sie von Vorhaben Kenntnis erlangt, die im Widerspruch zu den Zielen der Raumordnung stehen und deren Realisierung dauerhaft beeinträchtigen würde[451]. Dies gilt nicht nur, wenn das Vorhaben raumbedeutsam ist. Ziele der Raumordnung sind zwar gem. § 4 ROG grundsätzlich nur bei raumbedeutsamen Maßnahmen zu beachten. Jedoch sind gem. § 1

449 BVerwG v. 6.10.1989 – 4 C 28/86 –, NVwZ 1991, 161, 162.
450 Vgl. *Dürr/König*, Rdn. 209.
451 Vgl. *Heigl/Hosch*, A II 12 Nr. 12 Nr. 2.6.1.

Abs. 4 BauGB Bauleitpläne an die Ziele der Raumordnung anzupassen. § 1 Abs. 4 BauGB konkretisiert damit nicht nur die aus § 4 Abs. 1 ROG folgende Verpflichtung, Ziele der Raumordnung zu beachten, sondern weitet diese auf alle Bauleitpläne aus und zwar unabhängig davon, ob diese raumbedeutsam sind[452]. So erstreckt sich das Anpassungsgebot des § 1 Abs. 4 BauGB gerade auch auf nicht raumbedeutsame Bauleitpläne[453].

Die Erweiterung der Bindungswirkung auf nicht raumbedeutsame Bauleitpläne ist rechtlich unbedenklich. Das Raumordnungsgesetz regelt nicht abschließend, inwieweit den Erfordernissen der Raumordnung und damit auch Zielen und Grundsätzen (vgl. § 3 Nr.1 ROG) eine Bindungswirkung zukommt. Vielmehr gibt § 4 Abs. 5 ROG vor, dass weitergehende Bindungswirkungen aufgrund von Fachgesetzen und damit auch von § 1 Abs. 4 BauGB durchaus möglich sind[454].

Hierauf aufbauend muss die Anpassungspflicht ebenso durch an sich nicht raumbedeutsame Vorhaben ausgelöst werden können.

E. Darstellungen, Kennzeichnungen, nachrichtliche Übernahmen und Vermerke

I. Darstellungen

Wenn sich die Gemeinde für die Darstellung von Bauflächen gem. § 5 Abs. 2 Nr. 1 BauGB in einem Flächennutzungsplan entscheidet, obwohl diese teilweise oder vollständig überschwemmt werden können und keine zwingenden rechtlichen Hürden der Aufstellung des Flächennutzungsplans entgegenstehen, dann hat die Gemeinde sich im Rahmen des Abwägungsprozesses[455] auch mit der Frage auseinanderzusetzen, was zu unternehmen ist, dass im Falle eines Hochwassers keine Schäden an Leib, Leben oder Eigentum entstehen. Eine mögliche Antwort auf diese Frage gibt § 5 Abs. 2 BauGB. Im Unterschied zu § 9 BauGB, der grundsätzlich abschließend bestimmt, welche Festsetzungen in einen Bebauungsplan aufgenommen werden können, nennt § 5 Abs. 2 BauGB lediglich einige mögliche Darstellungsvarianten[456].

Darstellungen, die in einen Flächennutzungsplan aufgenommen werden, können verschiedene Ziele verfolgen. Zunächst ist aber darauf hinzuweisen, dass bereits durch den Verzicht auf die Darstellung von Bauflächen ein wesentlicher Beitrag

---

452 Vgl. *Runkel*, in: Ernst/Zinkahn/Bielenberg, § 1 BauGB Rdn. 46.

453 Vgl. BVerwG v. 30.1.2003 – 4 CN 14/01 –, BVerwGE 117, 351–364; BayVGH v. 15.10.2003 – 26 N 99.3785 –, BayVBl. 2004, 530; *Runkel*, in: Ernst/Zinkahn/Bielenberg, § 1 BauGB Rdn. 46; *Hendler*, in: Koch/Hendler, § 8 Rdn. 4 spricht insoweit von § 1 Abs. 4 BauGB als der zu § 4 ROG spezielleren Norm.

454 Vgl. *Runkel*, in: Ernst/Zinkahn/Bielenberg, § 1 BauGB Rdn 44.

455 Vgl. hierzu auch *Lüers*, UPR 1996, 241, 243.

456 Vgl. *Löhr*, in: Battis/Krautzberger/Löhr, § 5 BauGB Rdn. 11.

geleistet werden kann, dass in der Zukunft sich eine bauliche Nutzung entwickelt, die nicht mit dem Risiko vereinbar ist, dass das fragliche Gebiet überschwemmt werden kann. So können Darstellungen in den Flächennutzungsplan aufgenommen werden, die in keinem Widerspruch zu dem Risiko stehen, dass das Gebiet überschwemmt werden kann. Andererseits können flankierend zu der Darstellung von Bauflächen aber auch die Flächen gesichert werden, die erforderlich sind, Siedlungsgebiete, die später auf der Grundlage eines Bebauungsplans entstehen, effektiv vor Hochwasser zu schützen. Vom Thema dieser Arbeit ausgehend, soll letzterer Aspekt herausgegriffen und § 5 Abs. 2 Nr. 7 BauGB näher beleuchtet werden, da über diese Variante gerade der Schutz von Bauflächen sichergestellt werden kann.

Hiernach können Flächen, die im Interesse des Hochwasserschutzes bzw. zur Regelung des Wasserabflusses freizuhalten sind, im Flächennutzungsplan dargestellt werden. Von den Flächen, die im Interesse des Hochwasserschutzes freizuhalten sind, werden beispielsweise Flächen für Deiche und Dämme erfasst. Dagegen werden Flächen, die zur Regelung des Wasserabflusses dargestellt werden, für die Gestaltung von Gräben, Kanälen und Hochwasserabflussgebieten vorgehalten[457]. Die Anlage zur Planzeichenverordnung sieht für diese Darstellungen die Planzeichen 10.2 vor[458]. Die Umgrenzung dieser Flächen als flächenhafte Darstellung ist in schwarz/weißer sowie farbiger (blau dunkel) Form vorgesehen. Die Zweckbestimmung kann durch Beifügung eines Buchstabens erfolgen (z.B. „R" für Hochwasserrückhaltebecken).

Der Darstellung als solchen steht auch nicht entgegen, dass z.B. Deichbauten i.S.d. § 31 Abs. 2 S. 2 WHG auf der Grundlage eines Planfeststellungsbescheides realisiert werden[459]. Dies hat zwar zur Konsequenz, dass gem. § 38 BauGB die §§ 29 ff. BauGB nicht anzuwenden sind, wenn den Anlagen eine überörtliche Bedeutung zukommt. Es besteht deshalb keine zwingende Notwendigkeit für eine entsprechende Darstellung. Allerdings darf die Regelung in § 38 BauGB nicht so verstanden werden, dass die Planfeststellungsbehörde die ortsplanerischen Belange gleichsam negieren darf. Vielmehr hat sie die städtebaulichen Gesichtspunkte als wesentlichen Belang in ihre Planungsentscheidung mit einzustellen[460]. Eine entsprechende Darstellung konkretisiert und untermauert damit die städtebaulichen Belange, die in der fachplanerischen Abwägung zu berücksichtigen sind. Im Übrigen kann sie als konkrete Standortzuweisung auch einem privilegierten Bauvorhaben i.S.d. § 35 Abs. 1 BauGB entgegengehalten werden und sichert so, dass diese Flächen, sobald sie benötigt werden, dann tatsächlich zur Verfügung stehen.

---

457 Vgl. *Söfker*, in: Ernst/Zinkahn/Bielenberg, § 5 BauGB Rdn. 48; *Engel*, KommPraxis-BY 2004, 249, 252.

458 Vgl. *Mitschang*, Rdn. 557.

459 Vgl. *Lüers*, UPR 1996, 241, 243.

460 Vgl. *Löhr*; in: Battis/Krautzberger/Löhr, § 38 BauGB Rdn. 8.

II. Kennzeichnungen, nachrichtliche Übernahmen und Vermerke

Unabhängig von der Möglichkeit, Darstellungen in den Flächennutzungsplan aufzunehmen, obliegt der Gemeinde gem. § 5 Abs. 3 Nr. 1 BauGB die Pflicht, Flächen zu kennzeichnen, bei denen besondere bauliche Sicherungsmaßnahmen gegen Naturgewalten erforderlich sind. Des Weiteren ist die Gemeinde gem. § 5 Abs. 4 a BauGB, der durch das Gesetz zur Verbesserung des vorbeugenden Hochwasserschutzes in das Baugesetzbuch eingefügt wurde, verpflichtet, festgesetzte Überschwemmungsgebiete i.S.d. § 31 b Abs. 2 S. 3 und 4 des Wasserhaushaltsgesetzes nachrichtlich zu übernehmen. Noch nicht festgesetzte Überschwemmungsgebiete, die aber bereits vorläufig gesichert wurden i.S.d. § 31 b Abs. 5 WHG sowie überschwemmungsgefährdete Gebiete i.S.d. § 31 c WHG sollen im Flächennutzungsplan vermerkt werden.

Wie dem ebenfalls durch die Hochwasserschutznovelle neu in das Baugesetzbuch eingefügten § 246 a BauGB entnommen werden kann, hat die Gemeinde, und zwar unabhängig davon, ob sie das Verfahren zur Änderung des Flächennutzungsplans aus Gründen einleitet, die einen Bezug zu den Fällen des § 5 Abs. 4 a BauGB haben, entsprechende nachrichtliche Übernahmen bzw. Vermerke aufzunehmen.

Abschnitt 4

Planungs- und Realisierungspflichten

Dieser Abschnitt beschäftigt sich hauptsächlich mit der Frage, unter welchen konkreten Voraussetzungen die Gemeinde zwingend Bebauungspläne aufzustellen, zu ändern bzw. aufzuheben hat. Hiervon ausgehend soll auch untersucht werden, ob Private diese Pflicht gegenüber der Gemeinde durchsetzten können bzw. ob sie zumindest fordern können, dass die Gemeinde das den Bebauungsplänen zugrunde liegende Erschließungskonzept umsetzen muss.

A. Objektive Planungspflichten

Wie bereits unter Abschnitt 2 unter A. II. 1. dargestellt, kann sich, ausgehend von § 1 Abs. 3 S. 1 BauGB, das Planungsermessen der Gemeinde dahingehend verdichten, dass die Gemeinde verpflichtet sein kann, einen Bebauungsplan aufzustellen, zu ändern oder aufzuheben. Damit wurde bisher lediglich die grundsätzliche Möglichkeit einer Verdichtung des Planungsermessens bejaht. Wann diese Verpflichtung aber tatsächlich greift, d.h. unter welchen konkreten Voraussetzungen, bedarf einer darüber hinausgehenden eingehenden Betrachtung.

I. Planungsermessen

§ 1 Abs. 3 S. 1 BauGB bestimmt, dass die Gemeinde einen Bebauungsplan aufzustellen hat, sobald und soweit es für die städtebauliche Entwicklung und Ordnung erforderlich ist. Obwohl der Wortlaut dieser Vorschrift dies nicht zu belegen vermag, hat die Gemeinde grundsätzlich ein Planungsermessen, ob sie einen Bebauungsplan aufstellen möchte. Dies überrascht zwar, zumal eine Auslegung, die rein auf den Gesetzestext abstellt, zu der Ansicht gelangen müsste, dass der Gemeinde kein Spielraum eingeräumt ist. So lässt der Wortlaut des § 1 Abs. 3 S. 1 BauGB („haben ... aufzustellen") auf der Rechtsfolgenseite für ein Entschließungsermessen bzw. Auswahlermessen keinen Spielraum erkennen. Wenn die gesetzlich normierten Voraussetzungen („sobald und soweit es [...] erforderlich ist") erfüllt sind, greift die Planungspflicht[461].

Gleichwohl steht der Gemeinde bei der Entscheidung, ob sie einen Bebauungsplan aufstellen will, sowohl Entschließungs- als auch Gestaltungsermessen zu. D.h., die Entscheidung über das „Ob" und „Wann" sowie über das „Wie" der Aufstellung eines Bebauungsplans steht grundsätzlich im planerischen Ermessen der Gemeinde. Dies ist auch zwingend geboten, da eine Planung ohne diesen Ge-

---

461 Vgl. *Gierke*, in: Brügelmann, § 1 BauGB Rdn. 183.

staltungsspielraum ein Widerspruch in sich selbst wäre[462]. Bei der Anwendung des § 1 Abs. 3 S. 1 BauGB ist deshalb davon auszugehen, dass in das Tatbestandsmerkmal der Erforderlichkeit „gemeindliche Ermessenseinschübe“[463] einfließen.

Hiervon ebenfalls ausgehend hat *Weyreuther* bereits 1981 zutreffend betont[464], dass man, wenn man sich mit Fragen zu § 1 Abs. 3 S. 1 BauGB beschäftigt, immer klar danach differenzieren muss, ob der Gebots- oder Verbotscharakter der Rechtsnorm in Frage steht. Während das Verbot ein Tun der Gemeinde beschränkt, verlangt das Gebot gerade ein aktives Tätigwerden der Gemeinde. Als Teil des objektiven Rechts wirkt damit § 1 Abs. 3 S. 1 BauGB in unterschiedlicher Weise auf das Selbstverwaltungsrecht der Gemeinde (Art. 28 Abs. 2 GG, Art. 11 Abs. 2 BV) ein.

Wie dem Art. 28 Abs. 2 S. 1 GG entnommen werden kann, ist den Gemeinden das Recht, alle Angelegenheiten der örtlichen Gemeinschaft eigenverantwortlich zu regeln, zwar nur im Rahmen der Gesetze eingeräumt. Zu den Gesetzen in diesem Sinne gehört auch das Baugesetzbuch und damit § 1 Abs. 3 S. 1 BauGB[465]. Allerdings müssen Eingriffe in die Planungshoheit der Gemeinde und damit in das Selbstverwaltungsrecht insbesondere dem Verhältnismäßigkeitsgrundsatz genügen[466]. Die Annahme der Planungspflicht als solche stellt einen ungleich schwereren Eingriff in dieses Recht der Gemeinde dar, als wenn nur Planungsabsichten einer „Missbrauchskontrolle“ unterzogen werden. Eingriffe in das Selbstverwaltungsrecht der Gemeinde, insbesondere wenn sie derart weit gehen, bedürfen deshalb der besonderen Rechtfertigung.

II. Die Planungspflicht bei qualifizierten städtebaulichen Konflikten

Das Bundesverwaltungsgericht hatte sich bis zu seiner Entscheidung vom 17. September 2003 noch nicht mit der Frage zu befassen, unter welchen bundesrechtlichen Voraussetzungen sich das gemeindliche Planungsermessen zu einer (nach Maßgabe des Landesrechts durchsetzbaren) Planungspflicht verdichten kann. Bis zu dieser Entscheidung war die Spruchpraxis des Bundesverwaltungsgerichts durch die Zuständigkeit als Revisionsgericht in Normenkontrollsachen geprägt. Dies hatte zur Konsequenz, dass vor allem die Schranken setzende Funktion des § 1 Abs. 3 S. 1 BauGB, d.h. ihr „Verbotscharakter“, thematisiert und konkretisiert worden war[467]. Anlässlich dieses Verwaltungsstreitverfahrens musste sich das Bundesverwaltungsgericht dagegen explizit mit der Frage be-

---

462 Vgl. *Hoppe*, in: Hoppe/Bönker/Grotefels, § 5 Rdn. 9.

463 Vgl. *Söfker*, in: Ernst/Zinkahn/Bielenberg, § 1 BauGB Rdn. 39.

464 Vgl. *Weyreuther*, DVBl. 1981, 369, 371.

465 Vgl. *Moench*, DVBl. 2005, 676, 677.

466 Vgl. *Löwer*, in: von Münch/Kunig, Art. 28 GG Rdn. 50; *Moench*, DVBl. 2005, 676, 677.

467 Vgl. BVerwG v. 17.9.2003 – 4 C 14.01 –, BauR 2004, 443, 445.

schäftigen, unter welchen Voraussetzungen sich die Planungsbefugnis zu einer Planungspflicht verdichten kann[468].

Nach Auffassung des Bundesverwaltungsgerichts ist die Aufstellung eines Bebauungsplans erforderlich, wenn insbesondere qualifizierte städtebauliche Gründe von besonderem Gewicht vorliegen:

> „Das Planungsermessen einer Gemeinde verdichtet sich im unbeplanten Innenbereich zu einer strikten Planungspflicht, wenn qualifizierte städtebauliche Gründe von besonderem Gewicht vorliegen. Ein qualifizierter (gesteigerter) Planungsbedarf besteht, wenn die Genehmigungspraxis auf der Grundlage von § 34 Abs. 1 und 2 BauGB städtebauliche Konflikte auslöst oder auszulösen droht, die eine Gesamtkoordination der widerstreitenden öffentlichen und privaten Belange in einem förmlichen Planungsverfahren dringend erfordert. Die Gemeinde muss planerisch einschreiten wenn ihre Einschätzung, die planersetzende Vorschrift des § 34 BauGB reiche zur Steuerung der städtebaulichen Ordnung und Entwicklung aus, eindeutig nicht mehr vertretbar ist. Dieser Zustand ist jedenfalls dann erreicht, wenn städtebauliche Missstände oder Fehlentwicklungen bereits eingetreten sind oder in naher Zukunft einzutreten drohen. Die Planungspflicht entsteht nicht schon dann, wenn ein planerisches Einschreiten einer geordneten städtebaulichen Entwicklung dienen würde und deshalb ‚vernünftigerweise geboten' wäre. Sie setzt besonders gewichtige Gründe voraus und besitzt Ausnahmecharakter. Anhaltspunkte für das Vorliegen eines qualifizierten planerischen Handlungsbedarfs lassen sich etwa aus der für Sanierungsmaßnahmen geltenden Definition der städtebaulichen Missstände in § 136 Abs. 2 und 3 BauGB gewinnen."

---

468 Der Entscheidung des BVerwG lag folgender Sachverhalt zugrunde: Die klagende Gemeinde wandte sich gegen eine kommunalaufsichtliche Anordnung der Beklagten, für den im unbeplanten Innenbereich innerhalb ihrer Gemeindegrenzen entstandenen „Gewerbepark M" einen Bebauungsplan aufzustellen. Das Gebiet der Klägerin liegt in einem hochverdichteten Ballungsraum, der vorbenannte Gewerbepark an der Grenze zur Nachbarstadt K, der die Funktion eines Oberzentrums zukommt. In dem Gebiet waren auf der Grundlage von Bebauungsplänen zunächst Einzelhandelsbetriebe ausgewiesen worden. Anfang der 90er Jahre wurden diese Pläne jedoch durch gerichtliche Entscheidungen als fehlerhaft und rechtswidrig bezeichnet, weil sie die Zentrumsfunktion der benachbarten Städte nicht ausreichend berücksichtigten. Aufstellungsbeschlüsse zu neuen Bebauungsplänen und Veränderungssperren wurden in der Folgezeit getroffen, aber auch wieder aufgehoben. Auf der Grundlage von § 34 BauGB wurden großflächige Einzelhandelsbetriebe genehmigt. Für zwei weitere SB-Warenhäuser sowie für verschiedene Einzelhandelsprojekte und zehn große Verkaufshallen lagen bereits Bauvoranfragen vor. Der Beklagte ordnete daraufhin im Wege der Kommunalaufsicht die Aufstellung eines Bebauungsplans für den Bereich des Gewerbeparks sowie den Erlass einer Veränderungssperre an. Inhaltlich sollten die Satzungen sich mit der Errichtung und Änderung von Einzelhandelsbetrieben bzw. mit Nutzungsänderungen im Einzelhandel befassen. Ferner sollten danach bis zum In-Kraft-Treten der Veränderungssperre entsprechende Bauanträge und Bauvoranfragen zurückgestellt werden (der Sachverhalt wurde der BADK-Information 2/2004, S. 50, entnommen).

Soweit ersichtlich ist die Literatur einhellig der Auffassung des Bundesverwaltungsgerichts gefolgt[469]. Dem ist auch zuzustimmen. Gerade vor dem Hintergrund, dass mit der Annahme einer Planungspflicht ein schwerwiegender Eingriff in das kommunale Selbstverwaltungsrecht einer Gemeinde verbunden ist, kann dem Bundesverwaltungsgericht nur beigepflichtet werden, dass nur in „Extremsituationen" ein derart weit reichender Eingriff zu rechtfertigen ist[470].

Als Zwischenergebnis kann deshalb festgehalten werden, dass eine Planungspflicht nur in Betracht kommen kann, wenn es der Aufstellung eines Bebauungsplans bedarf, um dem Entstehen drohender städtebaulicher Missstände entgegenzuwirken. Von erheblicher Bedeutung wird insoweit sein, in welchem Umfang Belange des Hochwasserschutzes in dem jeweiligen Genehmigungsverfahren berücksichtigt werden können. Es würde der Gesamtproblematik aber nicht gerecht, die Fragestellung dahingehend zu beschränken, dass nur untersucht wird, ob die Gemeinde verpflichtet ist, einen Bebauungsplan aufzustellen. Dies würde die Problematik nur unvollständig erfassen. Es muss in die Betrachtung auch mit einbezogen werden, ob nicht ein Bebauungsplan geändert bzw. aufgehoben werden muss, um einer ansonsten fortschreitenden, unerwünschten städtebaulichen Entwicklung die Grundlage zu entziehen.

Es sind deshalb folgende Fragestellung einer Lösung zuzuführen:

1. Kann die Gemeinde aus Gründen des Hochwasserschutzes auch verpflichtet sein, einen Bebauungsplan aufzuheben, bzw. zumindest zu ändern? Diese Fragestellung wird sich dann stellen, wenn sich nachträglich herausstellt, dass ein bereits überplantes Gebiet Hochwasserrisiken ausgesetzt ist.
2. Können Belange des Hochwasserschutzes das Planungsermessen der Gemeinde dahingehend verdichten, dass diese zu einer erstmaligen Aufstellung eines Bebauungsplans verpflichtet ist? Dabei muss differenziert werden, ob das Plangebiet im sog. Innenbereich oder im Außenbereich angesiedelt ist.

1. Die Verpflichtung zur Aufhebung eines Bebauungsplans

Für die Rechtmäßigkeit eines Bebauungsplans ist gem. § 214 Abs. 3 S. 1 BauGB die Sach- und Rechtslage zum Zeitpunkt des abschließenden Satzungsbeschlusses maßgebend[471]. D.h., sofern der Gemeinde zu diesem Zeitpunkt das Hoch-

---

469 Vgl. z.B. *Reidt*, in: Gelzer/Bracher/Reidt, Rdn. 53; *Stüer*, NVwZ 2004, 814, 818; *Krautzberger*, in: Battis/Krautzberger/Löhr § 1 BauGB Rdn. 27.

470 Nach *Bönker*, in: Hoppe/ Bönker/ Grotefels, § 3 BauGB Rdn. 102, kann sich das Planungsermessen auch dann zu einer objektiv-rechtlichen Planungspflicht verdichten, wenn z.B. durch „Wirtschaftsplanung ausgelöste Baubedürfnisse oder ein qualifizierter Handlungsbedarf aufgrund interkommunaler Abstimmungserfordernisse [...] nicht anders als durch Bauleitplanung in geordnete für den Bürger und die Nachbargemeinden überschaubare Bahnen gelenkt werden können".

471 Allerdings gilt dies nicht uneingeschränkt. Wenn z.B. die Hochwasserproblematik erst nach der Abwägungsentscheidung, aber noch vor dem In-Kraft-Treten des Bebauungsplans be-

wasserrisiko nicht bekannt war, und sie von diesem auch keine Kenntnis haben musste, dann ist der Bebauungsplan trotz der tatsächlich existenten Überschwemmungsgefahr wirksam.

Allerdings sind die Gemeinden gem. § 4 c BauGB verpflichtet, die erheblichen Umweltauswirkungen, die aufgrund der Durchführung der Bauleitplanung auftreten, zu überwachen, um insbesondere unvorhergesehene nachteilige Auswirkungen frühzeitig zu ermitteln und so in der Lage zu sein, geeignete Maßnahmen zur Abhilfe zu ergreifen. Gerade in Erfüllung dieser Verpflichtung wird die Gemeinde in der Folgezeit erfahren, ob z.B. aufgrund neuerer Untersuchungen des Wasserwirtschaftsamtes das neu ausgewiesene Baugebiet einem rechtlich relevanten Hochwasserrisiko ausgesetzt ist. Hierzu ist es nicht erforderlich, dass die Gemeinde im regelmäßigen Kontakt zu den jeweiligen Fachbehörden steht. Vielmehr obliegt gem. § 4 Abs. 3 BauGB den Behörden und damit auch dem Wasserwirtschaftsamt die Verpflichtung, die Gemeinde über neu gewonnene Erkenntnisse zu informieren. Insoweit obliegt den Fachbehörden eine Bringschuld. Welche konkreten Konsequenzen die Gemeinde aus dem Monitoring und den hierdurch gewonnenen Erkenntnissen zu ziehen hat, ist durch § 4 c BauGB nicht vorgegeben[472]. So ist mit dieser Vorschrift gerade keine materielle Verpflichtung der Gemeinde, etwa ihre Bauleitpläne zu ändern, verbunden. Welche rechtlichen Konsequenzen die Gemeinde aus den gewonnenen Erkenntnissen ziehen möchte, bzw. zu ziehen hat, bestimmt sich vielmehr gem. § 1 Abs. 3 S. 1 i.V.m. § 1 Abs. 8 BauGB[473]. Je nach Gewicht der gewonnenen Erkenntnisse kann dies für die Gemeinde die Verpflichtung begründen, den Bebauungsplan aufzuheben[474].

Die Vorschriften über die Aufstellung von Bebauungsplänen gelten nach § 1 Abs. 8 BauGB auch im Falle der Aufhebung eines Bebauungsplans. D.h., auch diese Bauleitplanverfahren sind den formellen und materiellen Vorschriften über die Aufstellung von Bauleitplänen unterworfen[475]. Dies hat u.a. zur Konsequenz, dass die Gemeinde die Abwägungsgrundsätze des § 1 Abs. 7 BauGB zu beachten hat[476].

---

kannt wird und damit das an sich korrekte Abwägungsergebnis sich als untragbar erweist, dann verschiebt sich der Zeitpunkt, der für die Beurteilung der Rechtmäßigkeit des Bebauungsplans relevant ist, auf den Zeitpunkt des In-Kraft-Tretens des Bebauungspans; vgl. hierzu beispielhaft BayVGH v. 10.4.2003 – 15 ZB 99.1658 –, BayVBl. 2003, 569.

472 Vgl. *Kuschnerus*, Der sachgerechte Bebauungsplan, Rdn. 511; *Spieß*, BayGTZeitung 2004, 478, 481.

473 Vgl. *Battis*, in: Battis/Krautzberger/Löhr, § 4 c BauGB Rdn. 7.

474 Zutreffend weist *Battis*, in: Battis/Krautzberger/Löhr, § 4 c BauGB Rdn. 7, darauf hin, dass sich aus diesen gewonnenen Erkenntnissen auch Auswirkungen für die zukünftige Genehmigungsfähigkeit von Einzelvorhaben ergeben können. In welchem Umfang diese berücksichtigt werden können, wurde bereits in Abschnitt 1 „Berücksichtigung von Belangen des Hochwasserschutzes in Genehmigungsverfahren“ dargestellt.

475 Vgl. *Krautzberger*, in: Battis/Krautzberger/Löhr, § 1 BauGB Rdn. 132.

476 Vgl. hierzu BVerwG v. 17.9.2003 – 4 C 14.01 –, BauR 2004, 443, 444; *Krautzberger*, in: Battis/Krautzberger/Löhr, § 1 BauGB Rdn. 107.

Im Falle der Aufhebung eines Bebauungsplans bedeutet dies beispielsweise, dass die Gemeinde die privaten Interessen der bisher Planunterworfenen bei der Abwägung noch stärker als bei der erstmaligen Planaufstellung in den Blick zu nehmen hat, weil die Grundstückseigentümer im Plangebiet auf die vorhandenen Festsetzungen vertraut haben[477]. Daneben hat sich die Gemeinde damit zu befassen, welche planungsrechtlichen Maßgaben gelten sollen, wenn das bisherige Planungskonzept, welches im bisherigen Bebauungsplan seinen Niederschlag gefunden hatte, aufgehoben wird. Sie hat sich deshalb auch damit auseinanderzusetzen, ob § 34 BauGB bzw. § 35 BauGB[478] den Erfordernissen der städtebaulichen Entwicklung und Ordnung genügen, die zum Tragen kommen, wenn ein Bebauungsplan aufgehoben wird[479].

Hier soll nun der Fall näher untersucht werden, unter welchen konkreten Voraussetzungen die Gemeinde verpflichtet sein kann, ihren Bebauungsplan aufzuheben, wenn das Plangebiet dem Risiko ausgesetzt ist, im Falle eines Hochwassers überschwemmt zu werden. Soweit ersichtlich wurde weder von der Rechtsprechung noch von der Literatur bisher die Frage erörtert, unter welchen rechtlichen und tatsächlichen Voraussetzungen das grundsätzlich einer Gemeinde zustehende Planungsermessen sich dahingehend verdichten kann, dass diese einen Bebauungsplan aufzuheben bzw. zu ändern hat. Es erscheint aber als sachgerecht, die Grundsätze, die das Bundesverwaltungsgericht zur sog. Erstplanungspflicht erarbeitet hat, auf die Aufhebung von Bebauungsplänen zu übertragen. D.h., die Gemeinde kann zur Aufhebung ihres Bebauungsplans verpflichtet sein, wenn anderenfalls städtebauliche Missstände drohen.

Wie dem § 136 Abs. 2 S. 2 Nr. 1 BauGB zu entnehmen ist, geht der Gesetzgeber davon aus, dass städtebauliche Missstände insbesondere dann vorliegen, wenn das Gebiet nach seiner vorhandenen Bebauung nicht die allgemeinen Anforderungen an gesunde Wohn- und Arbeitsverhältnisse erfüllt bzw. die Sicherheit der Menschen nicht gewährleistet werden kann.

Das Risiko, dass ein Baugebiet im Falle eines Hochwassers überschwemmt wird, ist zwar grundsätzlich geeignet, diese unbestimmten Rechtsbegriffe auszufüllen. Allerdings rechtfertigt nicht allein der Umstand, dass der Geltungsbereich

477 Vgl. *Reidt*, in: Gelzer/Bracher/Reidt, Rdn. 835; *Krautzberger*, in: Battis/Krautzberger/Löhr, § 1 BauGB Rdn. 107; *Koch*, in: Koch/Hendler, § 19 Rdn. 3.

478 Es kommt je nach dem, ob das Gebiet nach Aufhebung eines Bebauungsplans als Innen- oder Außenbereich einzustufen ist, § 34 BauGB oder § 35 BauGB zur Anwendung.

479 Vgl. NRW OVG v. 4.11.2002 – 7 a D 141/00.NE –, BADK-Information 2004, 50, 52: Das Gericht hat in seinem Beschluss dargelegt, dass auch Satzungen über die Aufhebung eines Bebauungsplans mit einem Normenkontrollantrag angegriffen werden können. So bestehe grundsätzlich ein Anspruch auf Erhaltung der festgesetzten Art der baulichen Nutzung in einem Bebauungsplan. Sofern diese Festsetzung aufgehoben werde, können die hierdurch bisher Begünstigten sich nicht mehr gegen Vorhaben zur Wehr setzen, die mit der bisherigen festgesetzten Art der baulichen Nutzung nicht vereinbar waren.

eines Bebauungsplans, der Siedlungsflächen festsetzt, sich mit einem Überschwemmungsgebiet überschneidet, den Schluss, dass städtebauliche Missstände vorliegen. Ein derartiger Schluss wäre vor dem Hintergrund der gesetzlichen Wertung des § 31 b Abs. 4 S. 3 WHG nicht haltbar. So bestimmt diese Vorschrift gerade, dass innerhalb des Geltungsbereichs eines Bebauungsplans, obwohl dieser als Überschwemmungsgebiet festgesetzt wurde, ein Bauvorhaben zugelassen werden kann, wenn im Einzelfall das Vorhaben

1. die Hochwasserrückhaltung nicht oder nur unwesentlich beeinträchtigt und der Verlust von verloren gehendem Rückhalteraum zeitgleich ausgeglichen wird,
2. der Wasserstand und der Abfluss bei Abwasser nicht nachteilig verändert wird,
3. der bestehende Hochwasserschutz nicht beeinträchtigt und
4. dieses hochwasserangepasst ausgeführt wird

oder wenn die nachteiligen Auswirkungen durch Auflagen oder Bedingungen ausgeglichen werden können.

Wertungswidersprüche lassen sich nur vermeiden, wenn man diese Regelung dahingehend interpretiert, dass jedenfalls dann noch nicht von städtebaulichen Missständen gesprochen werden kann, solange die Möglichkeit besteht, dass diese Hürden eingehalten werden können.

Dem Umstand, dass Belange des vorbeugenden Hochwasserschutzes nicht innerhalb eines Genehmigungsverfahrens bzw. im sog. Freistellungsverfahren nach Art. 64 BayBO berücksichtigt werden können, kann deshalb keine allein entscheidende Bedeutung zugemessen werden. Eine abschließende Entscheidung kann vielmehr erst auf der Grundlage einer Einzelfallbetrachtung getroffen werden, wobei in diese die Vorgaben des § 31 b Abs. 4 S. 4 WHG einfließen müssen. Dem steht auch nicht entgegen, dass § 31 b Abs. 4 S. 3 und 4 WHG an sich erst dann anwendbar ist, wenn das von Überschwemmungen bedrohte Gebiet zumindest vorläufig gesichert wurde i.S.d. § 31 b Abs. 5 WHG. Zumindest bei der Beurteilung, ob städtebauliche Missstände drohen, sollte diese gesetzliche Wertung bereits in den Entscheidungsprozess einfließen.

Als Zwischenergebnis kann festgehalten werden, dass jedenfalls dann mit dem Entstehen städtebaulicher Missstände gerechnet werden muss, wenn nicht sichergestellt werden kann, dass bei der Errichtung von Neubauten zumindest die Vorgaben des § 31 b Abs. 4 S. 4 WHG erfüllt werden können.

Spätestens mit der vorläufigen Sicherung eines Überschwemmungsgebiets gem. § 31 b Abs. 5 WHG wird dies präventiv durch das Genehmigungsverfahren nach § 31 b Abs. 4 S. 3 WHG sichergestellt. Vor diesem Zeitpunkt sollte die Gemeinde aber darauf hinwirken, dass sich die Bauherren zumindest auf freiwilliger Basis dazu verpflichten, diesen Maßgaben Rechnung zu tragen. Sollte eine einvernehmliche Lösung scheitern, ist mit dem Entstehen städtebaulicher Missstände zu rechnen.

Wenn das bestehende Gefährdungspotenzial es dagegen generell ausschließt, dass die Vorgaben des § 31 b Abs. 4 S. 4 WHG eingehalten werden können, dann hat die Gemeinde ihren Bebauungsplan aufzuheben bzw. teilweise zu ändern, wenn die Problematik lokal begrenzt ist. Daneben wäre der Bebauungsplan wohl auch deshalb aufzuheben, wenn das durch § 31 b Abs. 4 S. 3 WHG neu eingeführte Genehmigungsverfahren zur Konsequenz hätte, dass Bauvorhaben generell nicht mehr verwirklicht werden könnten, weil die Genehmigungsvoraussetzungen im jeweiligen Einzelfall nicht erfüllt werden können. Wenn dies der Fall ist, könnte der Bebauungsplan die ihm kraft Gesetzes zugewiesene Aufgabe nicht mehr erfüllen, er wäre damit funktionslos und deshalb nicht mehr erforderlich i.S.d. § 1 Abs. 3 S. 1 BauGB.

Auf eine Aufhebung des Bebauungsplans kann die Gemeinde dagegen grundsätzlich verzichten, wenn sie sich dafür entscheidet, entsprechende Hochwasserschutzanlagen zum Schutz der betroffenen Eigentümer vor Hochwasser zu realisieren. Allerdings zeigt die Praxis, dass nicht nur für die Durchführung des die Hochwasserschutzanlagen genehmigenden Planfeststellungsverfahrens einige Jahre benötigt werden; auch der Bau kann häufig nicht zeitnah realisiert werden. Bis die Anlagen tatsächlich ihre Funktion entfalten können, wären Anlagen, die während des Übergangszeitraums gebaut werden, schutzlos Hochwasser ausgesetzt.

Wenn ein entsprechender Hinweis der Gemeinde Bauherren nicht davon überzeugen kann, ihren Bauwunsch zeitlich befristet zurückzustellen, dann hat die Gemeinde allerdings ihren Bebauungsplan aufzuheben. Bis der Bebauungsplan aufgehoben und damit dem Bauvorhaben die rechtliche Planungsgrundlage entzogen ist, kann der Schaffung faktischer Gegebenheiten dadurch entgegengewirkt werden, dass die Gemeinde entweder gem. § 15 BauGB einen Antrag auf Zurückstellung der Entscheidung über die Zulässigkeit des Vorhabens stellt bzw. selbst eine Veränderungssperre beschließt.

2. *Die Änderung eines Bebauungsplans*

Wenn städtebauliche Missstände nur in Teilbereichen des Geltungsbereichs eines Bebauungsplans zu erwarten sind, besteht durchaus ebenso die Möglichkeit, dass die Gemeinde sich dazu entschließt, nur den betroffenen Teil des Plangebiets neuen rechtlichen Regelung zu unterwerfen. Ob ihr diese Möglichkeit offen steht, kann aber nicht generell beantwortet werden. Da auch dieser Entscheidungsprozess gem. § 1 Abs. 8 BauGB den formellen und materiellen Vorschriften über die Aufstellung von Bebauungsplänen unterworfen ist, kann diese Frage nur dann bejaht werden, wenn diese Entscheidung insbesondere dem Gebot gerechter Abwägung genügt.

Inhaltlich kann die Änderung des Bebauungsplans im Wesentlichen nur zum Ziel haben, bisherige Festsetzungen, die mit den Belangen des vorbeugenden Hochwasserschutzes nicht vereinbar waren, aufzuheben und durch Festsetzungen i.S.d. § 9 BauGB zu ersetzen, die mit dem Risiko, dass das Plangebiet überschwemmt werden kann, vereinbar sind.

Dies wird jedoch zwangsläufig zur Folge haben, dass Intention der beabsichtigten Änderung sein wird, bisherigen Nutzungsoptionen die rechtliche Grundlage zu entziehen, sprich diese zu verhindern. Ein Bebauungsplan, der darauf abzielt, Bauvorhaben zu verhindern, ist aber nicht ohne weiteres zulässig. So bestimmt § 1 Abs. 3 S. 1 BauGB, dass die Gemeinde einen Bebauungsplan aufzustellen bzw. zu ändern hat, soweit es für die städtebauliche Entwicklung und Ordnung erforderlich ist. Im Rahmen dieses Abschnitts wurde die gebietende Funktion des § 1 Abs. 3 S. 1 BauGB in den besonderen Fokus gestellt. Es wäre allerdings zu kurz gegriffen, nur diese zur Beantwortung der hier aufgeworfenen Fragestellung heranzuziehen. Da durch den Bebauungsplan gerade weitere Bebauung verhindert werden soll, muss auch die dem Planungsermessen der Gemeinde Schranken setzende Verbotsfunktion des § 1 Abs. 3 S. 1 BauGB in die Beurteilung eingestellt werden. Hiervon ausgehend fehlt es dann an der Erforderlichkeit für die Änderung eines Bebauungsplans, wenn sich die Planungskonzeption auf die Abwehr jeglicher Veränderung durch Aufnahme vorgeschobener Nutzungsoptionen beschränkt. Um keine Negativplanung in diesem Sinne handelt es dagegen, wenn der „Negativplanung" eine positive planerische Aussage für die zukünftige Funktion im städtebaulichen Gesamtkonzept der Gemeinde zugrunde liegt[480]. Wenn die Gemeinde gerade deshalb planerisch tätig werden will, um dem Hochwasserrisiko eine angemessene Reaktion entgegenzusetzen, kann sicherlich nicht von einer unzulässigen Negativplanung gesprochen werden. Dies muss jedenfalls dann gelten, wenn geprüft wird, ob die Gemeinde z.B. aufsichtlich angehalten werden kann, ihren Bebauungsplan zu ändern, da eine Planungspflicht nur in Betracht kommt, wenn erhebliche gravierende städtebauliche Missstände drohen.

Die Gemeinde hat ihren Bebauungsplan zu ändern, wenn ohne die Änderung das Entstehen gravierender städtebaulicher Missstände zu befürchten wäre. Insoweit kann auf die Ausführungen zur Aufhebung des Bebauungsplans Bezug genommen werden. Welche Festsetzungen die Gemeinde aber letztlich in den Bebauungsplan aufnimmt, wird maßgeblich durch das Gebot gerechter Abwägung bestimmt werden.

3. *Planungspflichten im Innen- bzw. Außenbereich*

Die Gemeinde kann zwar verpflichtet sein, einen Bebauungsplan (erstmalig) aufzustellen, wenn ohne dessen Aufstellung in der Folgezeit mit dem Entstehen städtebaulicher Missstände gerechnet werden muss. Allerdings kann auf der Grundlage der §§ 34 bzw. 35 BauGB zuverlässig dem Entstehen hochwasserbedingter städtebaulicher Missstände entgegengewirkt werden. Diese liegen zwar gem.

---

480 Vgl. *Kuschnerus*, Der sachgerechte Bebauungsplan, Rdn. 123.

§ 136 Abs. 2 S. 2 Nr. 1 BauGB vor, wenn in einem Baugebiet nach seiner vorhandenen Bebauung die allgemeinen Anforderungen an gesunde Wohn- und Arbeitsverhältnisse nicht gewahrt sind bzw. die Sicherheit der in ihm wohnenden oder arbeitenden Menschen nicht gewährleistet werden kann. Diese Voraussetzungen können erfüllt sein, wenn ein Siedlungsgebiet dem Risiko ausgesetzt ist, überschwemmt zu werden. Da gem. § 34 Abs. 1 S. 2 BauGB ein Bauvorhaben aber nur dann planungsrechtlich unbedenklich ist, wenn auch die Anforderungen an gesunde Wohn- und Arbeitsverhältnisse gewahrt sind, kann bereits auf dieser Grundlage sichergestellt werden, dass diese Schwelle nicht überschritten wird[481].

Im Außenbereich ist selbst ein privilegiertes Vorhaben gem. § 35 Abs. 1 BauGB nur dann planungsrechtlich zulässig, wenn diesem keine öffentlichen Belange entgegenstehen. Hierzu zählen, wie gerade dem § 35 Abs. 3 Nr. 6 BauGB entnommen werden kann, auch Belange der Wasserwirtschaft bzw. des Hochwasserschutzes. Ein Vorhaben in einem Überschwemmungsgebiet wird die Genehmigungsfähigkeit deshalb abgesprochen werden müssen. Das Entstehen städtebaulicher Missstände kann deshalb ausgeschlossen werden.

Im Ergebnis kann damit festgehalten werden, dass die Gemeinde verpflichtet sein kann, ihren Bebauungsplan aufzuheben oder zu ändern, wenn anderenfalls städtebauliche Missstände drohen. Eine Pflicht zur erstmaligen Aufstellung eines Bebauungsplans zum Schutz vor Hochwasser besteht dagegen regelmäßig nicht.

B. Subjektive Planungspflichten

Wie bereits dargestellt, kann die Gemeinde verpflichtet sein, einen Bebauungsplan aufzuheben bzw. diesen zu ändern, wenn anderenfalls mit dem Entstehen städtebaulicher Missstände gerechnet werden muss. Darüber hinausgehende strikte Planungspflichten zur Bewältigung der Hochwasserproblematik scheiden regelmäßig aus. Ob der Bürger diese objektive Pflicht einfordern kann, wird im Rahmen dieses Abschnitts dargestellt.

I. Subjektiver Anspruch auf Aufstellung eines Bebauungsplans, der eine Hochwasserfreilegung vorsieht

Auch wenn im Gemeindegebiet die städtebauliche Notwendigkeit zur Ausweisung neuer Siedlungsgebiete bejaht werden könnte, hat der Bürger gem. § 1 Abs. 3 S. 2 BauGB keinen Anspruch gegen die Gemeinde auf Einleitung oder Fortführung eines Bauleitplanverfahrens[482]. Dies gilt selbst dann, wenn die Gemeinde die rechtlichen Hürden des § 31 b WHG nehmen könnte und auch die finanziellen Mittel hätte, für entsprechenden Hochwasserschutz zu sorgen. Ent-

---

481 Im Übrigen ist auf den Abschnitt 1 unter B. II. 2. zu verweisen.

482 Vgl. *Reidt*, in: Gelzer/Bracher/Reidt, Rdn. 57.

sprechendes gilt, wenn die Gemeinde zu Unrecht ein Planaufstellungsverfahren nicht fortführt[483]. Das Planungsgebot begründet eine objektivrechtliche, allerdings nicht mit korrespondierenden Ansprüchen ausgestattete Planungspflicht[484].

II. Subjektiver Anspruch gegen die Gemeinde auf Aufhebung bzw. Änderung eines Bebauungsplans

Sofern ein Bürger in einem hochwassersensiblen Bereich lebt und befürchtet, dass durch weitere Bautätigkeiten in seinem Umfeld weiterer Retentionsraum verloren geht und sich für ihn dadurch die Hochwasserproblematik verschärft, stellt sich die Frage, ob er gegen die Gemeinde einen Anspruch haben kann, dass diese ihren Bebauungsplan aufhebt bzw. ändert, um neuen Bauvorhaben die rechtliche Grundlage zu entziehen. Dies ist aber zu verneinen. Wenn die Gemeinde ausnahmsweise verpflichtet ist, ein Bauleitplanverfahren einzuleiten, dann kann zwar im Wege der Kommunalaufsicht bzw. auf der Grundlage des Art. 28 LplG die Pflicht zur Aufstellung, Änderung, Ergänzung oder Aufhebung eines Bebauungsplans gem. § 1 Abs. 3 S. 1 bzw. Abs. 4 BauGB hoheitlich durchgesetzt werden. Die Planungspflicht ist jedoch nur objektiv-rechtlicher Natur, d.h. einklagbare Ansprüche für Private, d.h. subjektiv-rechtliche Ansprüche, sind mit der Annahme eines Planungsgebots aber nicht verbunden[485].

§ 1 Abs. 3 S. 2 Halbs. 1 BauGB stellt fest, dass auf die Aufstellung von Bauleitplänen kein Anspruch besteht. Dies gilt gem. § 1 Abs. 8 BauGB auch für die Änderung, Ergänzung oder Aufhebung eines Bebauungsplans. Damit hat der Gesetzgeber sich eindeutig gegen die Möglichkeit ausgesprochen, dass ein Privater einen Anspruch gegen die Gemeinde haben kann, der zum Inhalt hätte, dass diese bauleitplanerisch tätig werden muss.

Allerdings wird zu § 123 Abs. 3 BauGB, obwohl auch diese Vorschrift Ansprüchen Privater eine klare Absage erteilt, einhellig die Auffassung vertreten, dass sich die Erschließungslast zu einer aktuellen Erschließungspflicht verdichten könne, auf deren Umsetzung ein Dritter einen Anspruch habe[486]. Ob die zu § 123 Abs. 3 BauGB erarbeiteten Grundsätze auf § 1 Abs. 3 S. 1 BauGB übertragen werden können[487], kann jedoch dahinstehen, denn zumindest für die hier interessierenden Fallgestaltungen würde dies zu keinem abweichenden Ergebnis führen. Die Erschließungspflicht setzt stets voraus, dass an Handlungen der Gemeinde angeknüpft werden kann, die einen entsprechenden Vertrauenstatbestand

483 Vgl. *Reidt*, in: Gelzer/Bracher/Reidt, Rdn. 57.

484 Vgl. *Weyreuther*, DVBl. 1981, 371.

485 Vgl. BVerwG 4 B 97/97, NVwZ-RR 1998, 357; *Reidt*, in: Gelzer/Bracher/Reidt, Rdn. 57; *Weyreuther*, DVBl. 1981, 371 FN 31.

486 Vgl. grundlegend BVerwG v. 4.10.1974 – IV C 59.72 –, NJW 1975, 402 f.; *Löhr*, in: Battis/Krautzberger/Löhr, § 123 BauGB Rdn. 4.

487 Vgl. hierzu BVerwG v. 30.3.1995 – 4 B 48/95 –, Buchholz 406.11 § 2 BauGB Nr. 38.

gesetzt haben. Die Annahme einer Erschließungspflicht, die nicht an Handlungen der Gemeinde anknüpft, verstößt gegen die in Art. 28 Abs. 2 S. 1 GG enthaltene Selbstverwaltungsgarantie[488]. Mit dem Erlass eines Bebauungsplans setzt die Gemeinde zwar auch einen Vertrauenstatbestand, allerdings mit konträren Vorzeichen. Mit dem Bebauungsplan soll die rechtliche Grundlage geschaffen werden, dass neue Bauvorhaben zugelassen werden können. Die Aufhebung oder Änderung eines Bebauungsplans, der zum Ziel hat, bisher eingeräumte Baurechte einzuschränken, läuft dieser Zielsetzung aber gerade zuwider.

III. Realisierungspflichten

Wenn ein Siedlungsgebiet zwingend auf bauliche Hochwasserschutzanlagen angewiesen ist, dann kann dies zwei Ursachen haben. Entweder hat die Gemeinde bei der Aufstellung des Bebauungsplans dem Belang des Hochwasserschutzes nicht die gebotene Beachtung geschenkt und deshalb auf die Planung von technischen Hochwasserschutzanlagen verzichtet. Zum anderen kann es aber auch der Fall sein, dass die Gemeinde zwar Hochwasserschutzanlagen vorsah, diese allerdings gleichwohl nicht realisierte. In beiden Fällen werden die Bürger die Forderung an die Gemeinde herantragen, dass zumindest nachträglich das Siedlungsgebiet effektiv vor Hochwasser geschützt wird.

1. Fehlerhaftes Hochwasserschutzkonzept

Wenn ein Bebauungsplan den Hochwasserbelang nicht sachgerecht abgearbeitet hat, hat dies rechtlich zur Konsequenz, dass der Bebauungsplan unwirksam ist. Bis dieser aufgehoben wird[489], sei es durch die Gemeinde selbst, sei es in einem Normenkontrollverfahren nach § 47 VwGO, werden nicht selten aber in Umsetzung des Bebauungsplans Gebäude realisiert sein. Spätestens dann, wenn die betroffenen Bürger das Hochwasserrisiko erkennen, werden diese häufig an die Gemeinde herantreten und die Schaffung der notwendigen Hochwasserschutzeinrichtungen fordern.

Die Gemeinde hat zwar die Möglichkeit, diesem Wunsch zu entsprechen, einen – gegebenenfalls sogar einklagbaren – Anspruch haben die Planunterworfenen aber nicht. Wenn ein Bebauungsplan an einem i.S.d. §§ 214, 215 BauGB relevanten Mangel leidet, dann hat dies zunächst zur Konsequenz, dass der Bebauungsplan unwirksam ist.

---

488 Vgl. umfassend hierzu *Hofmann-Hoeppel*, BauR 1993, 520 ff.; *Löhr*, in: Battis/Krautzberger/Löhr, § 123 BauGB Rdn. 4.

489 Auch unwirksame Bebauungspläne müssen in einem formalen Verfahren aufgehoben werden, um dem mit der Bekanntmachung des Bebauungsplans verbundenen Vertrauenstatbestand zu beseitigen.

Bereits genehmigte Bauvorhaben werden durch die Feststellung der Unwirksamkeit des Bebauungsplans durch das Normenkontrollgericht zwar nicht berührt. So bestimmt § 183 S. 1 VwGO, dass nicht mehr anfechtbare Entscheidungen der Gerichte der Verwaltungsgerichtsbarkeit, die auf einer für unwirksam erklärten Norm beruhen, von der Entscheidung des Normenkontrollgerichts unberührt bleiben. Unmittelbar gilt § 183 S. 1 VwGO zwar nur für verwaltungsgerichtliche Entscheidungen wie Urteile, Beschlüsse oder Gerichtsbescheide[490]. Der hierin zum Ausdruck kommende Rechtsgedanke gebietet es jedoch, diese Norm auf Verwaltungsakte und damit auch auf Baugenehmigungen anzuwenden[491]. Gleichwohl ist festzuhalten, dass mit der „Aufhebung" des Bebauungsplans zunächst eine Schwächung der Rechtsstellung der Planbetroffenen verbunden ist und keine Stärkung. Wenn selbst der den Bauvorhaben zugrunde liegende Bebauungsplan keinen sachgerechten Hochwasserschutz vorsah, dann kann erst recht nicht aus dem Umstand, dass der Bebauungsplan unwirksam ist, die Realisierung konkreter Schutzmaßnahmen verlangt werden[492]. Aus diesem Grunde ist das Bundesverwaltungsgericht der Auffassung, dass die Verdichtung der Erschließungslast hin zu einer – einklagbaren – Erschließungspflicht voraussetze, dass der zugrunde liegende Bebauungsplan wirksam sei[493].

Ein Anspruch auf Realisierung der an sich notwendigen Hochwasserschutzeinrichtungen ergibt sich auch nicht aus Art. 75 Abs. 2 S. 2 BayVwVfG, und zwar weder unmittelbar noch in analoger Anwendung. Art. 75 Abs. 2 S. 2 BayVwVfG bestimmt zwar, dass ein Betroffener auch nach Unanfechtbarkeit eines Planfeststellungsbescheids noch Schutzmaßnahmen verlangen kann, wenn mit dem Vorhaben nachteilige, nicht voraussehbare Wirkungen für ihn verbunden sind. Hierunter könnten sicherlich auch nachträglich erkannte Hochwasserrisiken subsumiert werden. Eine unmittelbare Anwendung der Vorschrift scheidet aber bereits deshalb aus, da ein Baugebiet nicht durch einen Planfeststellungsbescheid festgesetzt werden kann. Eine analoge Anwendung scheidet ebenfalls aus, da Art. 75 Abs. 2 S. 2 BayVwVfG voraussetzt, dass die nachteiligen Wirkungen von dem Vorhaben selbst ausgehen. Hier liegt aber der umgekehrte Fall vor, sprich das Baugebiet ist auf den Schutz vor Hochwasser angewiesen[494].

---

490 Vgl. *Kopp/Schenke*, § 183 VwGO Rdn. 2.

491 *Kopp/Schenke*, § 183 VwGO Rdn. 5: Wenn der Bebauungsplan ex tunc für unwirksam erklärt wird, hat dies zwar zur Konsequenz, dass die Baugenehmigung im Regelfall als rechtswidrig anzusehen ist. Etwas anderes würde nur gelten, wenn die Genehmigung auch dann hätte erteilt werden müssen, wenn im Zeitpunkt der behördlichen Entscheidung kein Bebauungsplan existiert hätte. Letztlich kann dies aber dahin stehen, denn jedenfalls ist die Baugenehmigung bestandskräftig geworden und damit – sofern sie nicht in einem eigenständigen Verfahren aufgehoben wird – als wirksam zu behandeln.

492 Vgl. BVerwG v. 30.3.1995 – 4 B 48/95.

493 BVerwG, Urt. v. 22.1.1993 – 8 C 46/91.

494 Vgl. BVerwG, Beschluss v. 30.3.1995 – 4 B 48/95 – Buchholz 406.11 § 2 BauGB Nr. 38.

Mangels einer vergleichbaren Interessenkonstellation scheidet damit auch eine analoge Anwendung aus[495].

Die Realisierung notwendiger Hochwassereinrichtungen kann auch nicht über den allgemeinen Folgenbeseitigungsanspruch gefordert werden. Dieser zielt darauf ab, wie bereits der Name widerspiegelt, dass die rechtswidrigen Folgen hoheitlichen Handelns rückgängig gemacht werden[496]. D.h., der Anspruch richtet sich nur auf die Wiederherstellung eines durch einen hoheitlichen Eingriff veränderten Zustands[497]. Hieraus ergibt sich bereits, dass ein Anspruch ausscheiden muss. In dem ausgewiesenen Baugebiet bestand bereits vor Erlass des Bebauungsplans das Überschwemmungsrisiko, d.h., die Überschwemmungsrisiken wurden gerade nicht durch die Ausweisung des Baugebiets ausgelöst.

Dahinstehen kann auch, ob man die Auffassung teilt[498], dass der Tatbestand des Folgenbeseitigungsanspruchs auch durch ein Unterlassen verwirklicht werden kann, denn zumindest in dieser hier angesprochenen Sachverhaltskonstellation würde ein Anspruch ausscheiden. Es könnte zwar angedacht werden, die fehlenden Hochwasserschutzanlagen bei der Aufstellung des Bebauungsplans als die „unterlassene" Maßnahme anzusehen. Wie oben bereits ausgeführt, hat der Betroffene aber keinen Anspruch auf die Aufstellung eines Bebauungsplans. Es wäre mit der Entscheidung des Gesetzgebers in § 1 Abs. 3 S. 2 BauGB nicht zu vereinbaren, über den Folgenbeseitigungsanspruch diese gesetzliche Vorgabe, die letztlich das Selbstverwaltungsrecht der Gemeinde schützt, zu unterlaufen.

Hiervon zu trennen ist die Frage, ob die Betroffenen, sofern sie in der Folgezeit infolge von absehbaren Überschwemmungen Schäden erleiden, Amtshaftungsansprüche gem. § 839 BGB i.V.m. Art. 34 GG gegen die Gemeinde richten können.

Hier besteht jedoch die Besonderheit, dass Bebauungspläne gem. § 10 BauGB als Satzungen und damit als Gesetze im sog. materiellen Sinne erlassen werden. Der Anspruch aus Amtshaftung setzt jedoch voraus, dass die handelnde Behörde eine drittschützende Amtspflicht verletzt hat, d.h., die verletzte Amtspflicht muss zumindest auch den Zweck haben, die Interessen des Geschädigten zu schützen. Gesetze sind jedoch abstrakt-generelle Regelungen, was zunächst bereits per Definition nahe legt, dass die Verletzung einer „drittschützenden" Amtspflicht ausscheidet. Allerdings gestaltet ein Bebauungsplan innerhalb seines Geltungsbereichs für jede einzelne Bauparzelle die maßgeblichen Rechte

---

495 Dies wäre allenfalls dann erörterungsbedürftig, wenn bedingt durch ein neues Baugebiet Überschwemmungen außerhalb des Geltungsbereichs des Bebauungsplans auftreten (z.B. durch unkontrolliert abfließendes Niederschlagswasser) und von den dortigen Eigentümern Schutzmaßnahmen verlangt werden.

496 Vgl. hierzu *Tremml/Karger*, Rdn. 459.

497 Vgl. *Ernst/Grziwotz*, in: Ernst/Zinkahn/Bielenberg, § 123 BauGB Rdn. 29.

498 Vgl. hierzu BVerwG v. 19.7.1984 – BVerwG 3 C 81.82 –, BVerwGE 69, 366, 371; *Tremml/Karger*, Rdn. 467.

und Pflichten individuell aus. Insoweit ist der jeweilige Grundstückseigentümer alleiniger Adressat dieses Ortsrechts. Wie bei Maßnahme- bzw. Einzelfallgesetzen scheidet die Annahme der Verletzung einer drittschützenden Amtspflicht auch bei Bebauungsplänen damit nicht von vornherein aus. Allerdings kann nicht jeder einem Bebauungsplan anhaftende Fehler einen Schadensersatzanspruch begründen. Fehler, die zur Unwirksamkeit eines Bebauungsplans führen, können beim Planbetroffenen zwar unabhängig davon, ob die verletzte Amtspflicht drittschützend ist, in gleicher Weise zu erheblichen wirtschaftlichen Einbußen führen. D.h., in den wirtschaftlichen Konsequenzen macht es häufig keinen Unterschied, ob die zur Unwirksamkeit führende Amtspflichtverletzung drittschützend ist. Das berechtigte Interesse in den Bestand eines Bebauungsplans wird jedoch nur nach Maßgabe der §§ 39 ff. BauGB geschützt. Ansprüche auf der Grundlage dieser Vorschriften setzen jedoch voraus, dass der Wertverlust infolge der Änderung, Ergänzung oder Aufhebung eines wirksamen Bebauungsplans eingetreten ist. Geschützt ist damit nur das Vertrauen in den Bestand eines rechtsverbindlichen Bebauungsplans. Würde man hiervon unabhängig generell einen Amtshaftungsanspruch anerkennen, würde dies de facto die eindeutige gesetzliche Regelung der §§ 39 ff. BauGB unterlaufen[499].

Als Zwischenergebnis kann festgehalten werden, dass Amtshaftungsansprüche nur in Betracht kommen, wenn die Gemeinde bei der Aufstellung eines Bebauungsplans eine drittschützende Amtspflicht verletzt hat. Sonstige Fehler, die zur Unwirksamkeit eines Bebauungsplans führen, können dagegen keinen Amtshaftungsanspruch begründen.

Im Zusammenhang mit der Überplanung von Altlasten hat der Bundesgerichtshof herausgearbeitet, dass sowohl das Abwägungsgebot als auch § 1 Abs. 6 Nr. 1 BauGB im Falle einer Zuwiderhandlung Amtshaftungsansprüche auslösen können. So sei das Abwägungsgebot dann drittschützend, wenn in qualifizierter und individualisierter Weise auf schützwürdige Interessen eines erkennbar abgegrenzten Kreises Dritter Rücksicht zu nehmen ist[500]. Zu § 1 Abs. 6 Nr. 1 BauGB hat der Bundesgerichtshof wie folgt ausgeführt:

> „Das Gebot, bei der Bauleitplanung die Anforderungen an gesunde Wohn- und Arbeitsverhältnisse zu berücksichtigen, soll nicht nur dem Schutz der Allgemeinheit dienen. Es bezweckt vielmehr auch den Schutz gerade der Personen, die in dem konkreten von der jeweiligen Bauleitplanung betroffenen Plangebiet wohnen werden. Diese Personen müssen sich darauf verlassen können, dass ihnen zumindest aus der Beschaffenheit des Grund und Bodens keine Gefahren für Leben und Gesundheit drohen. Dieser Personenkreis ist daher ‚Dritter' und Adressat der genannten Amtspflicht."

---

499 Vgl. BGH v. 21.12.1989 – III ZR 118/88 –, BGHZ 109, 380, 391.
500 Vgl. BGH v. 26.1.1989 – III ZR 194/87 –, BGHZ 106, 323, 332.

Allerdings soll nach der Rechtsprechung des Bundesgerichtshofs dies nur gelten,

> „wenn im konkreten Einzelfall die Problematik nicht mit planerischen Mitteln gelöst werden kann und wenn es um Gefahren geht, die vom betroffenen Eigentümer/Bauherrn nicht vorhersehbar und beherrschbar sind, deren Abwendung daher auch nicht in seinen Verantwortungsbereich fällt“[501].

Nur dann sei eine Ausnahme von dem Grundsatz, dass die Planung der Allgemeinheit zu dienen bestimmt sei, gerechtfertigt[502].

Soweit ersichtlich hat sich der Bundesgerichtshof bisher noch nicht entscheidungserheblich mit der Frage befassen müssen, ob die Grundsätze, die er zur Haftungsfrage im Zusammenhang mit Altlasten herausgearbeitet hat, auch auf Fragestellungen im Zusammenhang mit Hochwasserschäden übertragen werden können. Gerade die Ausführungen in einem Urteil vom 18. Februar 1999[503] deuten aber darauf hin, dass der Bundesgerichtshof dieser Auffassung zuneigt:

> „Anders als in den Altlastenfällen geht hier eine mögliche Gefahr für Leben und Gesundheit nicht von der Beschaffenheit des dem Kläger gehörenden Grund und Boden aus, sondern kann sich aus dem aus den Weinbergen unkontrolliert ablaufenden Niederschlagswassers ergeben. Ob die Drittgerichtetheit der Amtspflicht [...] allein mit der Erwägung verneint werden könnte, durch das Eindringen von Wasser auf das Grundstück des Klägers habe keine konkrete Gefährdung für Leben oder Gesundheit bestanden, erscheint zweifelhaft.“

Dem ist beizupflichten. Eine Auslegung, die § 1 Abs. 6 Nr. 1 BauGB dahingehend verstehen will, dass dieser nur insoweit eine drittbezogene Amtspflicht zu begründen vermag, wenn die Gefahr von Grund und Boden ausgeht, verkürzt in unzulässiger Weise den Regelungsgehalt. Die mit § 1 Abs. 6 Nr. 1 BauGB verfolgte Zielsetzung, Bauen nur dann zuzulassen, wenn die Anforderungen an gesunde Wohn- und Arbeitsverhältnisse gewahrt sind, ist nicht weniger berührt, wenn die Gefährdung von außen auf das Baugrundstück einwirkt, und nicht wie bei der Altlastenproblematik von Grund und Boden[504]. Im Übrigen ist dem Gesetzeswortlaut auch keine entsprechende Einschränkung zu entnehmen, die eine dahingehende Auslegung rechtfertigen würde.

Soweit *Staupe*[505] und *Schmid*[506] einen Anspruch ablehnen, weil die Hochwassergefahr nicht zu einem völligen Ausschluss der Nutzungsmöglichkeit des Baugrundstücks führe, so kann dem nicht gefolgt werden. Es ist zwar zutreffend, dass die Anwohner häufig über lange Zeiträume nicht in ihren bereits durch das

---

501 Vgl. BGH v. 5.12.1991 – III ZR 167/90 –, BGHZ 116, 215, 219.
502 Vgl. BGH v. 5.12.1991 – III ZR 167/90 –, BGHZ 116, 215, 219.
503 Vgl. BGH v. 18.2.1999 – III ZR 272/96 –, BGHZ 140, 380, 383.
504 Vgl. *Beyer*, NWVBl. 2004, 48, 49.
505 Vgl. *Staupe*, NJ 2002, 505, 507.
506 Vgl. *Schmid*, VersR 1995, 1269, 1274.

Grundgesetz geschützten Rechtsgütern gefährdet werden. Wenn der Hochwasserfall jedoch tatsächlich eintritt, dann aber häufig mit verheerenden Folgen. Je nach dem in welchem Maße Hochwasser im Falle eines HQ 100 droht, gebietet dies, von einem vollkommenen Ausschluss der baulichen Nutzbarkeit des Grundstücks auszugehen.

Vor diesem Hintergrund wird der Gemeinde zu raten sein, auch wenn kein einklagbarer Anspruch der Bürger auf Schaffung der Hochwasserschutzeinrichtungen besteht, sich gleichwohl um einen solchen zu bemühen.

2. *Anspruch auf Realisierung des vorgesehenen Hochwasserschutzkonzepts*

Wenn die Gemeinde in einem hochwassergefährdeten Bereich ein Baugebiet ausweisen möchte und – was hier unterstellt werden soll – den Vorgaben des § 31 b WHG entsprechen kann, so werden häufig bauliche Hochwasserschutzeinrichtungen, wie z.B. Dämme oder Deiche, zum Schutz des Plangebiets notwendig sein. Diese stehen gem. § 31 Abs. 2 S. 2 WHG einem Ausbau gleich und bedürfen deshalb der Durchführung eines Planfeststellungsverfahrens. Am Ende des Verfahrens zur Aufstellung des Bebauungsplans ist zwar noch nicht zwingend notwendig, wenn auch wünschenswert, dass der die Hochwasserfreilegung genehmigende Planfeststellungsbescheid bereits im Zeitpunkt der abschließenden Beschlussfassung über den Bebauungsplan bestandskräftig ist. Allerdings ist zumindest zu fordern, dass die „parallele Planung bereits so weit fortgeschritten ist, dass an ihrer Verwirklichung und damit an der Lösung der durch den B-Plan aufgeworfenen Probleme sinnvoll nicht mehr zu zweifeln ist[507]“.

Weiter ist zu fordern, dass gesichert ist, dass die planfestgestellten Hochwasserschutzeinrichtungen spätestens dann realisiert sind, wenn die ersten Bauvorhaben fertig gestellt und damit nutzbar sind (vgl. § 123 Abs. 2 BauGB). Während der Bauphase besteht zwar auch ein Schadensrisiko. Dies liegt in der Natur der Sache begründet. Die Gemeinde ist aber verpflichtet zu prüfen, ob nicht vorläufige Sicherungsmaßnahmen gegen Überschwemmungen möglich sind[508].

Wenn diese Voraussetzungen erfüllt sind und gesichert ist, dass der Gemeinde die finanziellen Mittel zur Verfügung stehen, die Maßnahmen umzusetzen, ist davon auszugehen, dass der Bebauungsplan wirksam ist. Wird in der Folgezeit der gebotene Hochwasserschutz nicht realisiert, so hat dies keine unmittelbaren Auswirkungen auf die Wirksamkeit des Bebauungsplans. Von den in diesem Gebiet lebenden Bürgern wird aber die Fragestellung aufgeworfen werden, ob man gegen die Gemeinde einen – gegebenenfalls auch einklagbaren – Anspruch auf Umsetzung des vorgesehen Hochwasserschutzkonzepts hat.

---

507 Vgl. hierzu auch den Abschnitt 2 unter D. III. 3. a) aa).

508 Vgl. BGH v. 4.4.2002 – III ZR 70/01 –, BauR 2003, 143.

Von einem Anspruch ist auszugehen, wenn erstens die durchzuführenden baulichen Hochwasserschutzeinrichtungen als Erschließungsanlagen i.S.d. § 123 Abs. 2 BauGB anzusehen sind und zweitens sich die Erschließungslast der Gemeinde zu einer Erschließungspflicht verdichtet hat.

a) Erschließungslast

Gem. § 123 Abs. 1 BauGB ist die Erschließung eines Baugebiets Aufgabe der Gemeinde, soweit sie nicht nach anderen gesetzlichen Vorschriften oder öffentlich-rechtlichen Verpflichtungen einem anderen obliegt.

aa) Andere Aufgabenträger

Wie dem § 123 Abs. 1 BauGB entnommen werden kann, ist die Erschließung nur dann eine Aufgabe der Gemeinde, soweit sie nicht nach anderen gesetzlichen Vorschriften oder öffentlich-rechtlichen Verpflichtungen einem anderen obliegt. Wenn der Gesetzgeber von dieser Möglichkeit Gebrauch gemacht hat, ist die Erschließungslast, soweit die Aufgabenübertragung reicht, vollständig auf diesen übergegangen. Die Gemeinde hat in diesem Bereich weder Aufgaben noch Pflichten, auch nicht subsidiärer Natur[509].

Wenn die Hochwasserfreilegung auf einen Dritten übertragen wäre bzw. originär dessen Zuständigkeit unterliegt, könnte dahinstehen, ob Hochwasserschutzeinrichtungen Erschließungsanlagen sind, dann jedenfalls könnte sich ein entsprechender Anspruch nicht gegen die Gemeinde richten. Als Anspruchsadressat käme nur noch der Dritte in Betracht. Es muss deshalb untersucht werden, ob der Gemeinde überhaupt die Aufgabe und damit die Erschließungslast hinsichtlich Hochwasserschutzeinrichtungen zustehen kann.

Zunächst ist festzuhalten, dass gem. § 31 Abs. 2 S. 2 WHG Deich- und Dammbauten, die den Hochwasserabfluss beeinflussen, einem Gewässerausbau gleichstehen. Es bedarf deshalb der Durchführung eines Planfeststellungsverfahrens. Hieran anknüpfend bestimmt Art. 54 Nr. 1 BayWG[510,511], dass, sofern das Wohl der Allgemeinheit es erfordert und die Finanzierung gesichert ist, die Träger der Unterhaltungslast nach Art. 43 Abs. 1 und Abs. 2 Nr. 1 und Nr. 2 BayWG zum Ausbau eines Gewässers verpflichtet sind. Damit obliegt diese Aufgabe an Gewässern erster Ordnung dem Freistaat Bayern, an Gewässern zweiter Ordnung

509 Vgl. *Ernst/Grziwotz*, in: Ernst/Zinkahn/Bielenberg, § 123 BauGB Rdn. 14.

510 Art. 54 BayWG verweist uneingeschränkt auf den Ausbaubegriff des § 31 Abs. 2 S. 1 WHG. Damit unterfallen gem. § 31 Abs. 2 S. 2 WHG auch Deich- und Dammbauten, die den Hochwasserabfluss beeinflussen, dem Ausbautatbestand; vgl. hierzu *Drost*, Band 2, Art. 54 BayWG Rdn. 11

511 Art. 54 BayWG bestimmt, unter welchen Voraussetzungen eine Ausbaupflicht entsteht. Unberührt durch Art. 54 BayWG bleibt dagegen das Verbot eines Gewässerausbaus ohne vorgängige Planfeststellung; *Drost*, Band 2, Art. 54 BayWG Rdn. 14.

dem Bezirk und nur an Gewässern dritter Ordnung den Gemeinden. Soweit Art. 54 BayWG dahingehend zu verstehen wäre, dass die Gemeinden nur noch an Gewässern dritter Ordnung in der Pflicht stehen, könnte bezüglich Gewässern erster und zweiter Ordnung festgehalten werden, dass die zu errichtenden Hochwasserschutzeinrichtungen jedenfalls nicht im Rahmen der Erschließungslast der Gemeinde errichtet werden. Es würde sich jedenfalls um keine Erschließungsanlagen handeln[512].

Dies gilt allerdings nur dann, wenn Art. 54 BayWG i.S.d. § 123 Abs. 1 BauGB den Schutz eines Siedlungsgebiets vor Hochwasser umfassend und abschließend einem Dritten zuweist. Dies ist jedoch abzulehnen. Wie bereits dem Wortlaut des Art. 54 BayWG entnommen werden kann, hängt das Entstehen der Ausbaupflicht von zwei Voraussetzungen ab. Zum einen muss das Wohl der Allgemeinheit den Ausbau erfordern, zum anderen muss die Finanzierung gesichert sein. Der unbestimmte Rechtsbegriff des Allgemeinwohls erfasst zwar neben wasserwirtschaftlichen Belangen auch jedes weitere öffentliche Interesse, ein Gewässer in bestimmter Weise zu nutzen und zu diesem Zweck auszubauen[513]. Allerdings ist der Ausbaulastträger nur zur Verwirklichung solcher öffentlicher Interessen und Gemeinwohlbelange verantwortlich, die in seine verwaltungsmäßige Kompetenz fallen[514]. Bezüglich Gewässern erster und zweiter Ordnung scheidet damit jedenfalls eine Ausbaupflicht im Zusammenhang mit der erstmaligen Aufstellung eines Bebauungsplans im Außenbereich aus, denn die Bauleitplanung unterliegt ausschließlich der Planungshoheit der Gemeinden. Vor diesem Hintergrund begegnet es keinen Bedenken, wenn Gemeinden auch an Gewässern erster oder zweiter Ordnung Planfeststellungsverfahren zum Ausbau dieser Gewässer einleiten.

Gemeinden obliegt zwar an Gewässern dritter Ordnung gem. Art. 54 Nr. 1 BayWG i.V.m. Art. 43 Abs. 1 Nr. 3 BayWG die Ausbaupflicht. Im Unterschied zu Gewässern erster und zweiter Ordnung kann deshalb nicht einschränkend das Argument herangezogen werden, dass dem Ausbaupflichtigen nicht die Planungshoheit zusteht. Es ist jedoch kein Grund ersichtlich, dem Merkmal „soweit es das Wohl der Allgemeinheit erfordert" einen anderen Sinngehalt zuzusprechen als bei den beiden anderen Ausbaupflichtigen, d.h. dem Freistaat Bayern und den Bezirken. Dementsprechend erfasst Art. 54 BayWG nicht den Fall, dass Ausbaumaßnahmen zum Schutz eines neu geplanten Baugebiets erforderlich sind.

---

512 Innerhalb dieser Grenzen könnte auch offen gelassen werden, ob der Ausbaupflichtige die Gemeinden in die Kostentragung gem. Art. 57 Abs. 2 S. 2 BayWG der Ausbaumaßnahmen eingebunden hat[512], denn jedenfalls werden diese Mittel nicht in Erfüllung ihrer eigenen, d.h. ihr nach § 123 Abs. 1 BauGB obliegenden Erschließungsaufgabe erbracht, vgl. hierzu Hamb. OVG v. 5.2.1993 – Bs VI 11/93 –, KStZ 1994, 39.

513 Vgl. *Drost*, Band 2, Art. 54 BayWG Rdn. 15.

514 Vgl. *Drost*, Band 2, Art. 54 BayWG Rdn. 15.

bb) Erschließungsanlage Hochwasserschutzeinrichtung

Zunächst ist festzuhalten, dass der Begriff der Erschließungsanlage gesetzlich nicht allgemein definiert ist. Bezüglich einzelner Anlagen lässt sich zwar aus gesetzlichen Regelungen entnehmen, dass diese Erschließungsanlagen sein müssen. So ist davon auszugehen, dass die in § 127 Abs. 2 BauGB genannten – beitragsfähigen – Anlagen Erschließungsanlagen i.S.d. § 123 Abs. 2 BauGB sind. Entsprechendes muss für die in § 127 Abs. 4 BauGB genannten Anlagen zur Ableitung von Abwasser sowie zur Versorgung mit Elektrizität, Gas, Wärme und Wasser gelten[515]. Dies ist hier aber nicht weiter hilfreich, denn technische Hochwasserschutzanlagen können weder unter Absatz 2 noch unter Absatz 4 subsumiert werden. Es wäre zwar grundsätzlich denkbar, dass es sich bei Dämmen und Deichen um Anlagen zum Schutz von Baugebieten vor schädlichen Umwelteinwirkungen i.S.d. § 127 Abs. 2 Nr. 5 BauGB handelt. Da dieser Anlagentypus aber zusätzlich verlangt, dass es sich bei den schädlichen Umwelteinwirkungen um Umwelteinwirkungen im Sinne des Bundesimmissionsschutzgesetzes handelt, muss dies letztlich verneint werden[516]. Es muss deshalb näher untersucht werden, ob Hochwasserschutzanlagen, zumindest wenn sich deren Wirkungsweise auf das konkrete Baugebiet beschränkt[517], der Erschließung des Baugebiets dienen und damit Erschließungsanlagen sein können.

Soweit ersichtlich hat sich bisher weder die Rechtsprechung noch die Literatur mit der Frage auseinandergesetzt, ob Hochwasserschutzeinrichtungen Erschließungsanlagen i.S.d. § 123 Abs. 2 BauGB sein können und – falls ja – ob die Bürger einen Anspruch gegen die Gemeinde auf Realisierung der vorgesehenen Hochwasserschutzanlagen haben können. Jedoch lassen sich zwei Entscheidungen des Bundesverwaltungsgerichts Hinweise entnehmen, die für die Beantwortung der hier aufgeworfenen Frage sachdienlich sind.

Zunächst soll auf ein Urteil des Bundesverwaltungsgerichts vom 25. Januar 1985 eingegangen werden[518]: Dieser Entscheidung lag folgender Sachverhalt zugrunde:

Durch einen Planfeststellungsbescheid aus dem Jahre 1967 stellte die Behörde für Wirtschaft und Verkehr der Freien und Hansestadt Hamburg als Wasserbehörde den von der Baubehörde der Freien und Hansestadt Hamburg aufgestellten Plan zur Errichtung von Hochwasserschutzanlagen in W ostwärts der Bundesbahn, Bauabschnitt 215 (M Kanal) fest. Der Plan sah als Teil der Hochwasserschutzanlage eine Deichverteidigungsstraße vor. Durch Bescheid veranlagte

---

515 Vgl. *Ernst/Grziwotz*, in: Ernst/Zinkahn/Bielenberg, § 123 BauGB Rdn. 4b.

516 Vgl. hierzu KStZ 1987, 164.

517 Schienenwege der Deutschen Bahn scheiden aus diesem Grunde aus, da ihnen eine überörtliche Verbindungsfunktion zukommt; *Ludyga/ Hesse*, Erschließungsbeitrag, § 123 Rdn. 21.

518 Vgl. BVerwG v. 25.1.1985 – 8 C 82/83 –, BRS 43 Nr. 25.

die Beklagte die Klägerin für die Herstellung der Deichverteidigungsstraße zu Erschließungsbeiträgen.

Das Bundesverwaltungsgericht lehnte die Forderung nach Erschließungsbeiträgen für die Deichverteidigungsstraße aber ab. Zur Begründung führte das Gericht insbesondere an, dass eine öffentliche Sache zwar mehreren Zwecken dienen könne. Mit jeder die Schaffung und Unterhaltung öffentlicher Sachen betreffenden Last (Aufgabe, Pflicht) verbinde sich allerdings eine bestimmte Kostentragungsordnung, d.h. eine Regelung des Inhalts, wer (gegebenenfalls zunächst) die Kosten zu tragen habe und ob, sowie gegebenenfalls auf welche Weise, er andere zur Kostentragung heranziehen könne. Es müsse deshalb gefragt werden, was eine bestimmte Anlage sei und was daraus für die Beantwortung der Frage folge, welche Aufgabe (Last, Pflicht) mit ihrer Schaffung erfüllt wurde. Insoweit könne es kein „sowohl-als-auch" geben. Eine Deichverteidigungsstraße, die Teil einer planfestgestellten Hochwasserschutzanlage sei, könne keine Erschließungsanlage im Sinne des Erschließungsrechts sein. Die Straße sei gerade nicht in Erfüllung der kommunalen Aufgabe „Erschließung eines Baugebiets" gebaut worden. Grund für den Bau sei vielmehr der Hochwasserschutz. Wenn die Straße aber Teil einer Hochwassereinrichtung sei, dann scheide zwingend die Annahme einer Erschließungsanlage aus.

Gerade aus den letzten Sätzen könnte der Schluss gezogen werden, dass Anlagen, die dem Hochwasserschutz dienen, generell keine Erschließungsanlagen sein können.

Im Jahre 1992[519] hatte sich das Bundesverwaltungsgericht dann damit auseinanderzusetzen, ob eine Tiefendrainage, deren Herstellung erforderlich war, um anderenfalls mangels hinreichender Abflussgeschwindigkeit des Grundwassers unbebaubares Gelände baureif zu machen, eine selbstständige Erschließungsanlage sein könne. Diese Entscheidung befasst sich zwar nicht mit der Klassifizierung von Hochwasserschutzanlagen. Den Ausführungen in den Entscheidungsgründen dieses Urteils kann aber entnommen werden, dass das Gericht zumindest auch in Betracht zieht, dass Hochwasserschutzanlagen als Erschließungsanlagen einzustufen sind.

> „§ 123 Abs. 1 BauGB auferlegt grundsätzlich der Gemeinde die Durchführung der Erschließung. Unter Erschließung in diesem Sinne sind die baulichen Anlagen zu verstehen, die die bauliche oder gewerbliche Nutzung von Grundstücken ermöglichen; die Erschließung zielt auf das Baureifmachen von Grundstücken [...]. Zu diesem Zweck errichtete Anlagen sind Erschließungsanlagen i.S. des § 123 Abs. 2 BauGB. Zu ihnen zählt auch die hier in Rede stehende Tiefendrainage. Sie dient – ebenso wie etwa die angelegten Straßen, Abwasser- und Elektrizitätseinrichtungen – der Baureifmachung der Grundstücke im Gebiet ‚Rudelheck'. Auf der Grundlage der tat-

519 BVerwG v. 13.11.1992 – 8 C 41/90 –, NVwZ 1993, 1203, 1204.

sächlichen Feststellungen des BerGer. wäre ohne die Tiefendrainage eine bauliche oder gewerbliche Nutzung der Grundstücke dieses Gebiets mangels hinreichender Abflußgeschwindigkeit des Grundwassers nicht möglich gewesen. Vergleichbar Sicherungsbauten gegen Naturgewalten wie etwa einem Hochwasserschutzdamm leistet die Tiefendrainage unabhängig von anderen selbständigen Erschließungsanlagen ebenso wie diese selbständig ihren Beitrag zur baulichen und gewerblichen Nutzbarkeit der Grundstücke im Gebiet ‚Rudelheck'."

Gerade aus der beispielhaften Aufzählung eines Hochwasserschutzdammes muss gefolgert werden, dass auch das Bundesverwaltungsgericht es als möglich ansieht, dass Hochwasserschutzeinrichtungen Erschließungsanlagen sein können.

Hier soll nun geklärt werden, unter welchen Voraussetzungen Hochwasserschutzanlagen als Erschließungsanlagen eingestuft werden müssen.

Zunächst ist darauf hinzuweisen, dass das Baugesetzbuch häufiger den Begriff „Erschließung" verwendet. So kann beispielhaft neben §§ 123 ff. BauGB auf die §§ 30 ff. BauGB verwiesen worden, die u.a. verlangen, dass ein Bauvorhaben nur dann genehmigt werden darf, wenn dessen Erschließung gesichert ist. Allerdings hat der Begriff „Erschließung" im Baugesetzbuch keine einheitliche Bedeutung. Es muss deshalb konkret für den jeweiligen Regelungskomplex untersucht werden, welchen Sinngehalt er im jeweiligen Sachzusammenhang hat.

Die Erschließung i.S.d. §§ 123 ff. BauGB hat zum Ziel, Grundstücken ihre Baureife zu vermitteln. Dementsprechend zählen hierzu alle baulichen Maßnahmen, die die bauliche oder gewerbliche Nutzung von Grundstücken ermöglichen sollen.

Hinsichtlich der Deichverteidigungsstraße basiert die Entscheidung des Bundesverwaltungsgerichts auf der Feststellung, dass die Hochwasserschutzanlage aus Gründen des Hochwasserschutzes gebaut wurde. Damit sei es ausgeschlossen, dass es sich um eine Erschließungsanlage handele. Dem kann zugestimmt werden, soweit die Anlage tatsächlich geschaffen wurde, weil die handelnde Behörde die ihr obliegende Aufgabe, Sicherstellung des Hochwasserschutzes, erfüllen wollte. Dies ist aber nicht für jeden Fall zwingend, zumindest nicht mit der Konsequenz, dass es sich um keine Erschließungsanlage handeln kann. Es bedarf vielmehr einer Betrachtung, wo der jeweilige Schwerpunkt einer Maßnahme zu sehen ist. Insoweit erscheint es geeignet, zwischen den beiden nachfolgenden Sachverhaltskonstellationen zu trennen, wobei in beiden Varianten der gebotene Hochwasserschutz fehlt:

1. Es entwickelte sich ein Siedlungsgebiet auf der Grundlage eines Bebauungsplans, der nur deshalb aufgestellt werden konnte, weil die Gemeinde in ihrer Planungskonzeption zum Schutz der baulichen Anlagen technische Hochwasserschutzanlagen vorsah.
2. Sonstige überschwemmungsgefährdete Siedlungsgebiete.

Wie bereits dargestellt, hat die Erschließung i.S.d. §§ 123 ff. BauGB zum Ziel, Grundstücken ihre Baureife zu vermitteln. Dementsprechend zählen hierzu alle baulichen Maßnahmen, die die bauliche oder gewerbliche Nutzung von Grundstücken ermöglichen sollen. Soweit ein Baugebiet nur dann ausgewiesen werden kann, wenn es vor Hochwasser geschützt wird, erfüllen die hierfür erforderlichen Hochwasserschutzanlagen die Merkmale einer Erschließungsanlage. In der ersten Sachverhaltskonstellation werden die Hochwasserschutzanlagen deshalb als Erschließungsanlagen einzustufen sein. Ohne die Hochwasserschutzeinrichtungen hätte das Baugebiet eben nicht ausgewiesen werden dürfen. In der zweiten Sachverhaltskonstellation sind die an sich fachlich gebotenen Hochwasserschutzeinrichtungen keine Erschließungseinrichtungen, weil sie eben auf der Grundlage des damaligen Erkenntnisstandes nicht erforderlich waren bzw. eine solche Notwendigkeit nicht erkannt wurde. Wenn nun nachträglich einem hochwasserbedingten städtebaulichen Missstand entgegengewirkt werden soll, so liegt hier der Schwerpunkt des Handelns im Bereich des Hochwasserschutzes. Es handelt sich dann aber um keine Erschließungsanlagen.

Die hier vertretene Auffassung ist auch mit den weiteren Ausführungen des Bundesverwaltungsgerichts im Urteil vom 25. Januar 1985 zu vereinbaren. Das Gericht führt zwar noch ergänzend aus, dass die Annahme einer Erschließungsanlage auch deshalb abgelehnt werden müsse, weil diese nicht zum Gegenstand einer Festsetzung in einem Bebauungsplan gemacht werden könne. So bestimmte § 9 Abs. 1 Nr. 16 BauGB[520], dass Hochwasserschutzanlagen nur festgesetzt werden können, soweit diese Festsetzungen nicht nach anderen Vorschriften getroffen werden können. Dem ist uneingeschränkt zuzustimmen. Allerdings wurde die Subsidiaritätsklausel in § 9 Abs. 1 Nr. 16 BauGB zwischenzeitlich gestrichen. Damit können Hochwasserschutzanlagen nunmehr zum Gegenstand von Festsetzungen in einem Bebauungsplan gemacht werden.

Dem steht auch nicht entgegen, dass die für den Bau der Hochwasserschutzanlagen anfallenden Kosten nicht zu den in § 127 Abs. 2 BauGB genannten umlagefähigen Erschließungsanlagen zählen. Der Bundesgesetzgeber hatte die Möglichkeit, auch Hochwasserschutzanlagen in den Kreis des § 127 Abs. 2 BauGB aufzunehmen. Letztlich hat er sich dagegen entschieden. Dies vermag aber nicht den Charakter als Erschließungsanlage zu ändern. Wie dem § 127 Abs. 4 BauGB entnommen werden kann, haben jedoch die Länder die Möglichkeit, eine entsprechende Kostenregelung zu schaffen. Wenn die Länder keine entsprechende Regelung erlassen, hat die Gemeinde die Kosten allerdings selbst zu tragen[521]. In Bayern besteht auf der Grundlage des Art. 57 Abs. 2 BayWG die Möglichkeit,

---

520 In der Fassung der Bekanntmachung vom 18.8.1976, der der Entscheidung des Gerichts zugrunde lag.

521 Vgl. *Ernst/Grziwotz*, in: Ernst/Zinkahn/Bielenberg, § 123 BauGB Rdn. 11a.

von denen, die von den Hochwasserschutzanlagen einen Vorteil haben (Nutzenmehrung, Schadensabwehr), Beiträge und Vorschüsse zu verlangen[522].

Zusammenfassend ist festzuhalten, dass eine Hochwasserschutzanlage dann eine Erschließungsanlage ist, wenn die Hochwasserschutzeinrichtungen in ihrer konkreten Ausgestaltung zwingend erforderlich sind, damit ein Baugebiet ausgewiesen werden kann.

b) Die Erschließungspflicht

Es wurde bereits darauf hingewiesen, dass die Gemeinde verpflichtet sein kann, die vorgesehenen Erschließungsanlagen zu schaffen. Dieser Anspruch hat zwar nicht zum Inhalt, dass der Bebauungsplan und damit die Erschließungsanlagen vollständig verwirklicht werden[523]. Es muss aber zumindest ein Ausbaustand erreicht werden, der eine funktionsgerechte Nutzung der begünstigten baulichen Anlagen gewährleistet[524]. Das auch Private dies erfolgreich im Wege einer Klage einfordern können, erstaunt zwar im Hinblick auf den Wortlaut des § 123 Abs. 3 BauGB („Ein Rechtsanspruch auf Erschließung besteht nicht“). Da aber nicht nur die Rechtsprechung, sondern auch die Literatur – soweit ersichtlich – einhellig von dieser Möglichkeit ausgeht, soll dies der weiteren Arbeit zugrunde gelegt werden. Hiervon ausgehend soll im Rahmen dieses Abschnitts noch untersucht werden, unter welchen konkreten Voraussetzungen ein Anspruch auf Realisierung der an sich vorgesehenen Hochwasserschutzanlagen bestehen kann. Zunächst sollen aber noch die verfassungsrechtlichen Hintergründe näher beleuchtet werden, da die hier aufgeworfene Problemstellung nur dann zufrieden stellend beantwortet werden kann, wenn man sich eben und gerade auch der verfassungsrechtlichen Hintergründe und Schranken bewusst ist.

Die Entscheidung, einen Bebauungsplan aufzustellen und die entsprechenden Erschließungsanlagen zu schaffen, unterliegt der Planungs-, Erschließungs- und Finanzhoheit der Gemeinde und damit dem Selbstverwaltungsrecht, das durch Art. 28 Abs. 2 S. 1 GG und Art. 11 Abs. 2 BV geschützt wird[525]. Dies konkretisierend bestimmt § 123 Abs. 3 BauGB, dass niemand einen Anspruch gegen die Gemeinde auf Schaffung der Erschließungsanlagen hat.

Der Bau technischer Hochwasserschutzeinrichtungen ist, selbst wenn man die Fördermöglichkeiten z.B. des Freistaats Bayern in die Beurteilung mit einstellt, im Regelfall ein Kraftakt für jede Gemeinde. Dies hat zwangsläufig auch zur Konsequenz, dass der Handlungsspielraum in anderen Aufgabenfeldern, die eben-

---

522 Von dieser Möglichkeit ist in Bayern aber, so eine Auskunft des Bayerischen Staatsministeriums für Umwelt, Gesundheit und Verbraucherschutz, noch nie Gebrauch gemacht worden.

523 Vgl. BVerwG v. 4.10.1974 – IV C 59.72 –, BRS 37, 12, 14.

524 Vgl. *Löhr*, in: Battis/Krautzberger/Löhr, § 123 BauGB Rdn. 9.

525 Vgl. *Hofmann-Hoeppel*, BauR 1993, 520, 521; *Driehaus*, § 5 Rdn. 23.

falls der Selbstverwaltungsgarantie der Gemeinde unterliegen, sich reduziert. Die Annahme der Verdichtung der Erschließungslast hin zu einer Erschließungspflicht beinhaltet damit einen erheblichen Eingriff in den Handlungs- und Entscheidungsspielraum der Gemeinde und bedarf deshalb der besonderen Rechtfertigung. Dabei kann es nicht genügen, sich darauf zu berufen, dass die Erschließungssituation unbefriedigend ist. Hinzukommen muss, dass an Handlungen der Gemeinde angeknüpft werden kann, die einen entsprechenden Vertrauenstatbestand geschaffen haben. Nur dann hat die Gemeinde die notwendigen Erschließungsanlagen zu schaffen. Der Gemeinde kann dann nur noch insoweit ein Entscheidungsspielraum zukommen, als sie bestimmen kann, innerhalb welchem angemessenen Zeitraum sie die Erschließungsmaßnahme realisiert[526].

Das Bundesverwaltungsgericht hat, immer vorausgesetzt, dass der zugrunde liegende Bebauungsplan wirksam war[527], bisher die Möglichkeit der Verdichtung der Erschließungslast hin zu einer Erschließungspflicht im Wesentlichen in folgenden Fallkonstellationen[528] bejaht:

1. Erlass eines qualifizierten Bebauungsplans, sofern diesem eine Sperrwirkung gegenüber vor dem Erlass des Bebauungsplans genehmigungsfähigen Bauvorhaben zukommt[529].
2. Es wurde von den Bauherren Vorausleistungen auf die Erschließungskosten erhoben[530].
3. Die Gemeinde lehnt das zumutbare Angebot eines Dritten ab, die im Bebauungsplan vorgesehene Erschließung durchzuführen[531].

---

526 Vgl. *Driehaus*, § 5 Rdn. 23.

527 Vgl. hierzu BVerwG v. 22.1.1993 – 8 C 46/91 –, BVerwGE 92, 8, 13.

528 Vgl. hierzu die umfassenden Ausführungen bei *Hofmann-Hoeppel*, BauR 1993, 520 ff.

529 Vgl. hierzu *Driehaus*, § 5 Rdn. 29; grundlegend BVerwG v. 4.10.1974 – IV C 59.72 –, BauR 1974, 389 ff.: Ein Bebauungsplan hat positive und negative Wirkungen. Positiv insoweit, als Vorhaben, die seinen Festsetzungen entsprechen, bauplanungsrechtlich zulässig sind. Eine Sperrwirkung entfaltet der Bebauungsplan aber gegenüber Vorhaben, die nicht seinen Festsetzungen entsprechen. Das BVerwG sieht die grundsätzliche Möglichkeit der Verdichtung der Erschließungslast zur Erschließungspflicht, wenn durch den Bebauungsplan Bauvorhaben die bisherige Genehmigungsfähigkeit genommen wird, weil er höhere bzw. eine anderweitige Form der Erschließung vorschreibt und diese deshalb nicht mehr genehmigt werden können. Sofern dies der Fall ist und die Gemeinde nicht bereit ist, die erforderlichen Erschließungsmaßnahmen umzusetzen, dann hat dies zur Konsequenz, dass Bauvorhaben nicht umgesetzt werden können. Obwohl ein Bebauungsplan an sich auf Umsetzung angelegt ist, kommt ihm die Wirkung einer Veränderungssperre zu, die ebenfalls nicht auf Dauer entschädigungslos akzeptiert werden muss.

530 Vgl. hierzu *Löhr*, in: Battis/Krautzberger/Löhr, § 123 BauGB Rdn. 7, der zutreffend darauf hinweist, dass die Erhebung von Vorausleistungen als Anwendungsbeispiel für die Verdichtung der gemeindlichen Erschließungspflicht mit In-Kraft-Treten des gesetzlichen Rückzahlungsanspruchs in § 133 Abs. 3 S. 3 und 4 BauGB ihre Bedeutung eingebüßt hat.

531 Vgl. *Dirnberger*, BayGTZeitung 2004, 208, 209. Allerdings hat dieser Falltypus in § 124 Abs. 3 S. 2 BauGB seine gesetzliche Ausprägung gefunden. Ein Rückgriff auf die Rspr. des BVerwG ist deshalb nicht mehr erforderlich.

4. Die Gemeinde verzögert in einer mit Treu und Glauben nicht mehr zu vereinbarenden Weise die Realisierung des Bebauungsplans.
5. Die Gemeinde hat an der Erteilung einer Baugenehmigung mitgewirkt, von der anschließend auch Gebrauch gemacht wurde.

Aus diesen Möglichkeiten soll exemplarisch die letzte Fallgestaltung herausgegriffen und anhand dieser mögliche Erschließungspflichten im Zusammenhang mit fehlenden Hochwasserschutzanlagen näher beleuchtet werden.

Ein Bauvorhaben kann – unabhängig davon, ob dieses innerhalb des Geltungsbereichs eines Bebauungsplans, im Innenbereich oder im Außenbereich angesiedelt werden soll – nur dann genehmigt werden, wenn die Erschließung gesichert ist. Dies bedeutet allerdings nicht, dass bereits im Zeitpunkt der Erteilung der Baugenehmigung das Grundstück voll erschlossen sein muss. Es genügt, wenn bei Erteilung der Baugenehmigung unter Zugrundelegung objektiver Kriterien verlässlich damit gerechnet werden kann, dass die Erschließungsanlagen im Zeitpunkt der Fertigstellung der baulichen Anlage zumindest funktionsfähig hergestellt sein werden[532]. Ohne eine entsprechend günstige Prognose darf eine Baugenehmigung nicht erteilt werden. Dies hat aber zur Konsequenz, dass der Bauherr darauf vertrauen muss, dass die Gemeinde die vorgesehenen Erschließungsanlagen zeitgerecht verwirklicht.

Wird einem Bauherrn eine Baugenehmigung im Einvernehmen mit der Gemeinde erteilt, obwohl die Genehmigung hätte verweigert müssen, weil die Erschließung nicht gesichert war, kann hieraus ein Anspruch auf Realisierung der vorgesehenen Erschließung abgeleitet werden[533]. Die Gemeinde hätte ohne weiteres verhindern können, indem sie ihr Einvernehmen verweigert, dass der städtebaulich zu missbilligende Zustand entstanden ist. Diese Handlungsoption rechtfertigt die Annahme einer Erschließungspflicht.

Als Zwischenergebnis kann festgehalten werden, dass die Gemeinde grundsätzlich verpflichtet sein kann, Hochwasserschutzanlagen zu realisieren, wenn eine Baugenehmigung mit ihrem Einvernehmen erteilt wurde, das Bauvorhaben dann realisiert, die notwendigen Erschließungsanlagen aber nicht fristgerecht zur Verfügung gestellt werden.

Allerdings gilt dies nicht schrankenlos. Vor dem Hintergrund, dass § 123 Abs. 3 BauGB grundsätzlich Ansprüchen auf Schaffung von Erschließungsanlagen eine Absage erteilt hat[534], muss zusätzlich gefordert werden, dass infolge der Mitwirkung am Erlass der Baugenehmigung eine Bebauung entstand, die wegen unzu-

---

532 Vgl. BVerwG v. 21.2.1986 – 4 C 10.83 –, DVBl. 1986, 685; *Dürr/ König*, Rdn. 233; *Kuschnerus*, Das zulässige Bauvorhaben, Rdn. 70.

533 Vgl. *Ernst/Grziwotz*, in: Ernst/Zinkahn/Bielenberg, § 123 BauGB Rdn. 29.

534 Vgl. hierzu BVerwG v. 4.10.1974 – IV C 59/72 –, NJW 1975, 402.

reichender Erschließung nicht funktionsgerecht genutzt werden kann[535]. Es muss deshalb, wenn man gleichsam dem Grunde nach einen Anspruch bejaht hat, zusätzlich geprüft werden, welche konkreten Erschließungsanlagen für eine funktionsgerechte Nutzung zwingend notwendig sind. Hiernach scheidet ein Anspruch jedenfalls aus, wenn der Mangel lediglich darin besteht, dass die vorhandenen Erschließungsanlagen nicht voll dem entsprechen, was das Erschließungskonzept vorsah[536], solange trotz der Mängel und der sich hieraus ergebenden Verbesserungsbedürftigkeit noch die sachgerechte Nutzung des jeweiligen Baugrundstücks gewährleistet ist[537].

Die Schwierigkeit besteht hier darin, dass die baulichen Anlagen an sich ohne jegliche Einschränkung genutzt werden können. Nur im Falle eines Hochwassers drohen Schäden, dann aber gegebenenfalls mit verheerenden Folgen. Es erscheint sachgerecht, von einer Erschließungspflicht auszugehen, wenn ohne diese im Falle eines Hochwassers mit einer Wiederkehrwahrscheinlichkeit eines HQ 100 mit dem Entstehen städtebaulicher Missstände gerechnet werden müsste. Zur Vermeidung von Wiederholungen darf hierzu auf die Ausführungen in Abschnitt 1 unter B. II. 2. b). verwiesen werden. Hiervon unabhängig müssen bei einer Entscheidung über das Entstehen eines Anspruchs gegen die Gemeinde nachfolgende Kriterien berücksichtigt werden:

- Ist das Baugrundstück selbst von Hochwasser bedroht?
- Wann wurden die von Hochwasser bedrohten baulichen Anlagen errichtet?
- Welche Möglichkeiten bestehen zur Sicherstellung funktionsgerechter Nutzung?
- Sind Haushaltsmittel vorhanden, um die fehlenden technischen Hochwasserschutzanlagen zu verwirklichen?

aa) Die Lage des Grundstücks im Plangebiet

Bereits innerhalb des Abschnitts 4 B. III. 2. a) bb) wurde darauf hingewiesen, dass das Baugesetzbuch häufiger den Begriff „Erschließung“ verwendet, dieser jedoch, je nach dem welchem Regelungskomplex er zuzuordnen ist, einen unterschiedlichen Sinngehalt haben kann. Dementsprechend können der erschließungsrechtliche und der planungsrechtliche Erschließungsbegriff divergieren. Soweit ein Dritter Ansprüche aus einer vermeintlichen Erschließungspflicht ableiten möchte, ist jedoch auf den planungsrechtlichen Erschließungsbegriff abzustellen[538]. Der Betroffene kann Ansprüche nur deshalb ableiten, weil die Gemeinde an der ihm erteilten Baugenehmigung mitgewirkt hat und er das Vorhaben

535 Vgl. BayVGH v. 12.10.2004 – 4 B 01.722 (aufgenommen in Juris).

536 Bei Hinzutreten besonderer Umstände sind allerdings Amtshaftungsansprüche in Betracht zu ziehen; vgl. hierzu BVerwG v. 4.10.1974 – IV C 59/72 –, NJW 1975, 402.

537 Vgl. BVerwG v. 4.10.1974 – IV C 59/72 –; *Hofmann-Hoeppel*, BauR 1993, 520, 523.

538 Vgl. *Hofmann-Hoeppel*, BauR 1993, 520, 521.

plangemäß ausgeführt hat. Da ein Anspruch weiter voraussetzt, dass der Erschließungsstand keinen Ausbaustand erreicht hat, der zumindest eine funktionsgerechte Nutzung ermöglicht, muss bezogen auf das jeweilige Grundstück untersucht werden, ob konkreter Handlungsbedarf besteht. Pauschalierungen verbieten sich.

Hiervon ausgehend kann sicherlich nur derjenige einen Anspruch haben, der darauf angewiesen ist, dass die Hochwasserschutzanlage für die bauliche Nutzung seines eigenen Grundstücks erforderlich ist. Die eingeforderte Erschließungsanlage muss deshalb einen unmittelbaren Bezug zu seinem Grundstück aufweisen, also gerade dessen Baureifmachung ermöglichen[539]. Wenn ein festgesetztes Baugebiet im Falle eines Hochwassers nur in Teilen überflutet wird[540], scheidet deshalb die Annahme einer Erschließungspflicht jedenfalls bezüglich der Eigentümer aus, deren Grundstücke nicht überschwemmungsgefährdet sind.

bb) Zeitpunkt der Errichtung der baulichen Anlage

Ansprüche auf Durchführung von Erschließungsanlagen müssen auch ausscheiden, wenn ein Eigentümer bereits vor Erteilung einer Baugenehmigung seinen Bauwunsch verwirklicht hat. Die Verdichtung der Erschließungslast zu einer durchsetzbaren Erschließungspflicht ist nur dann gerechtfertigt und deshalb mit Art. 28 Abs. 2 GG zu vereinbaren, wenn sie an Handlungen der Gemeinde selbst anknüpft[541]. Ein Vorhaben, das ohne die erforderliche Baugenehmigung errichtet wurde, kann sich aber auf keinen von der Gemeinde eigenverantwortlich gesetzten Vertrauenstatbestand berufen. Dies gilt selbst für den Fall, dass das Vorhaben nachträglich im Einvernehmen mit der Gemeinde baurechtlich genehmigt wird. Das Einvernehmen wurde dann zwar rechtswidrig erteilt, gleichwohl ist dieser Tatbeitrag nicht kausal für die entstandene unzureichende Erschließungssituation.

cc) Sicherstellung funktionsgerechter Nutzung

Ein Anspruch auf Schaffung der an sich vorgesehenen technischen Hochwasserschutzeinrichtungen scheidet auch aus, wenn ein Grundstück zwar von Hochwasser noch berührt werden kann, die geforderten technischen Hochwasserschutzanlagen aber nicht zwingend erforderlich sind. Die Erschließungslast verdichtet sich nur dann zu einer Erschließungspflicht, wenn ein Bauvorhaben wegen der unzureichenden Erschließung nicht funktionsgerecht genutzt werden kann[542]. Wie bereits darauf hingewiesen, kann hiervon noch nicht gesprochen werden, wenn der Mangel lediglich darin besteht, dass die vorhandenen Er-

---

539 Vgl. *Hofmann-Hoeppel*, BauR 1993, 520, 521.

540 Insoweit ist auf ein HQ 100 abzustellen.

541 Vgl. *Löhr*, in: Battis/Krautzberger/Löhr, § 123 BauGB Rdn. 4.

542 Vgl. BayVGH v. 12.10.2004 – 4 B 01.722 – (aufgenommen in Juris).

schließungsanlagen nicht voll dem entsprechen, was das Erschließungskonzept vorsah[543], solange trotz der Mängel und der sich hieraus ergebenden Verbesserungsbedürftigkeit noch die sachgerechte Nutzung des jeweiligen Baugrundstücks gewährleistet ist[544]. Wann diese Grenze überschritten wird, lässt sich nur nach Maßgabe der Umstände des konkreten Einzelfalls beantworten. Hilfreich ist jedoch die hypothetische Überlegung, ob die Gemeinde zum jetzigen Zeitpunkt, d.h. in Kenntnis der zwischenzeitlich entstandenen Bebauung, einen Bebauungsplan aufstellen könnte, der gerade nicht zwingend zur Voraussetzung hat, dass die betroffenen Grundstücke durch technische Hochwasserschutzeinrichtungen geschützt werden. Wenn dies möglich wäre, kann davon ausgegangen werden, dass die Erschließungsanlage zu einer funktionsgerechten Nutzung des Grundstücks nicht zwingend geboten ist.

Grundsätzlich steht der Gemeinde neben der technischen Hochwasserfreilegung des Baugebiets auch die Möglichkeit offen, über Festsetzungen i.S.d. § 9 Abs. 1 BauGB die Problematik zu lösen. Erfüllt die tatsächlich gewählte Bauausführung diesen einzuhaltenden Maßstab, scheidet ein Anspruch aus. Entsprechendes muss gelten, wenn der Betroffene sich selbst in zumutbarer Weise angemessen vor Hochwasser schützen kann. Wie bereits in Abschnitt 2 unter D. über das Gebot gerechter Abwägung dargestellt, kann der Verweis auf die Eigenverantwortlichkeit der Planbetroffenen durchaus auch mit dem Gebot der planerischen Konfliktbewältigung vereinbar sein. So darf die Gemeinde bei ihrer Abwägungsentscheidung berücksichtigen, dass die Grundstückseigentümer aufgrund der Lage des Grundstücks in überschwemmungsgefährdeten Gebieten die Obliegenheit trifft, in einer ihnen wirtschaftlich zumutbaren Weise durch eigene technische Vorkehrungen Hochwasserschäden vorzubeugen. Dies ist gerade Ausdruck der Situationsgebundenheit des Eigentums[545]. Im Übrigen ist jede Person, die durch Hochwasser betroffen sein kann, im Rahmen des ihr Möglichen und Zumutbaren verpflichtet, geeignete Vorsorgemaßnahmen zu treffen, insbesondere die Nutzung von

---

543 Bei Hinzutreten besonderer Umstände sind allerdings Amtshaftungsansprüche in Betracht zu ziehen; vgl. hierzu BVerwG v. 4.10.1974 – IV C 59.72 –, NJW 1975, 402.

544 Vgl. BVerwG v. 4.10.1974 – IV C 59.72 –, NJW 1975, 402; *Hofmann-Hoeppel*, BauR 1993, 520, 523.

545 Vgl. BVerwG v. 21.3.2002 – 4 CN 14.00 –, BayVBl. 2003, 53, 54: Dieser Entscheidung lag folgender Sachverhalt zugrunde: Eine Gemeinde hatte in einem hängigen Gelände ein neues Wohngebiet ausgewiesen. Infolge der zu erwartenden Bodenversiegelungen im Plangebiet drohten bei starken Niederschlägen Überflutungen der Keller von Gebäuden, die außerhalb des Geltungsbereichs des Bebauungsplans liegen. Das BVerwG kam zwar letztlich zu dem Ergebnis, dass der Bebauungsplan nichtig sei. Im Rahmen der Gründe hob das Gericht aber hervor, dass die Gemeinde bei der planerischen Konfliktbewältigung berücksichtigen dürfe, dass die Grundstücksnachbarn eines stark hängenden Plangebiets (Unterlieger) aufgrund der Lage ihres Grundstücks, d.h. aus der Situation ihres Grundeigentums („Situationsgebundenheit"), die Obliegenheit trifft, in einer ihnen wirtschaftlich zumutbaren Weise durch eigene technische Vorkehrungen in rückstaugefährdeten Untergeschossen (Rückstausicherungen) Kellerüberflutungen bei Starkregenereignissen vorzubeugen.

Grundstücken den möglichen Gefährdungen von Mensch, Umwelt oder Sachwerten durch Hochwasser anzupassen (§ 31 a Abs. 2 WHG). Wenn dies möglich ist, dann muss wohl ein Anspruch ebenfalls ausscheiden.

dd) Fehlende Haushaltsmittel

Die Gemeinde kann sich nicht darauf berufen, dass sie nicht über die erforderlichen Mittel verfügt, um die geplanten Hochwasserschutzeinrichtungen zu schaffen. Insbesondere ist es der Gemeinde verwehrt, sich auf den ansonsten allgemein geltenden Grundsatz im Bereich des Hochwasserschutzes zu berufen, wie er beispielsweise auch seinen Niederschlag in Art. 54 BayWG gefunden hat („und die Finanzierung gesichert ist"), dass entsprechende Maßnahmen nur durchgeführt werden müssen, falls dies mit zumutbaren finanziellen Aufwand erfolgen kann. Wenn eine Gemeinde nach In-Kraft-Treten des Bebauungsplans erkennt, dass sie nicht (mehr) über die finanziellen Mittel verfügt, die notwendigen Hochwasserschutzeinrichtungen zu schaffen, dann hat sie entweder den Bebauungsplan aufzuheben bzw. zu ändern und sich möglicher Entschädigungspflichten[546] zu stellen, oder sie hat die notwendigen Erschließungsanlagen zu schaffen. Der Gemeinde ist es nach Treu und Glauben verwehrt, diese einfach „nur auf Eis zu legen" und notwendige Erschließungsmaßnahmen zu unterlassen[547]. Treu und Glauben zwingen die Gemeinde vielmehr zur Erschließung. Wenn eine Gemeinde dies missachtet und damit dazu beiträgt, dass in der Folgezeit bauliche Anlagen im Planbereich geschaffen werden, dann hat sie auch den Festsetzungen des wirksamen Bebauungsplans Folge zu leisten[548] („venire contra factum proprium").

546 Vgl. hierzu den Abschnitt 5 „Das Planungsschadensrecht nach §§ 39–44 BauGB".

547 Vgl. hierzu BVerwG v. 22.1.1993 – 8 C 46.91 –, BayVBl. 1993, 470, 473.

548 Vgl. OLG München v. 6.11.1997 – 1 U 3928/95 –, OLGR München 1998, 372, allerdings zu der Frage, ob die Gemeinde Schadensersatz zu leisten hat, wenn sich die im Bebauungsplan vorgegebenen Hochwasserschutzanlagen nicht realisierte, obwohl das Wasserwirtschaftsamt diese zwingend verlangte.

Abschnitt 5

Das Planungsschadensrecht nach §§ 39–44 BauGB

Wenn die Gemeinde neue Erkenntnisse über Überschwemmungsrisiken zum Anlass nimmt, darüber nachzudenken, ob sie einen Bebauungsplan aufhebt oder ändert und hierdurch bedingt bisherige Nutzungsmöglichkeiten an Grundstücken eingeschränkt werden, dann wird sich die Gemeinde auch mit der Frage auseinanderzusetzen haben, ob dies nicht zur Konsequenz haben kann, dass die Betroffenen Entschädigungsansprüche an sie herantragen. Das Planungsschadensrecht der §§ 39–44 BauGB wirft viele interessante Fragen auf, die hier nicht umfassend behandelt werden können, da dies den Rahmen dieser Arbeit bei weitem sprengen würde. Nachfolgende Ausführungen müssen sich deshalb darauf beschränken, einzelne Detailfragen aus diesem Regelungskomplex herauszugreifen und diese näher zu beleuchten, soweit dies für das Thema dieser Arbeit von Interesse ist.

A. Bebauungsplan – Inhalts- und Schrankenbestimmung

Durch einen Bebauungsplan werden generell und abstrakt die Rechte und Pflichten an den innerhalb seines Geltungsbereichs liegenden Grundstücken bestimmt. Rechtsdogmatisch ist der Bebauungsplan damit als Inhalts- und Schrankenbestimmung i.S.d. Art. 14 Abs. 1 S. 2 GG anzusehen[549]. Obwohl es lange strittig war[550], gilt dies selbst dann, wenn infolge gemeindlicher verbindlicher Bauleitplanung zunächst zulässige Nutzungen aufgehoben oder geändert und hierdurch bedingt in unverhältnismäßiger Weise in die bisherige planungsrechtliche Nutzungsmöglichkeit eingegriffen wird. Jede Inhalts- und Schrankenbestimmung und damit ebenso ein Bebauungsplan müssen zwar auch dem Gebot der Verhältnismäßigkeit genügen. Ein Bebauungsplan, der diese Grenze selbst unter Berücksichtigung der Sozial- und Situationsgebundenheit des Eigentums verletzt, bleibt gleichwohl eine Inhalts- und Schrankenbestimmung und schlägt entgegen der früheren Rechtsprechung des Bundesgerichtshofs und des Bundesverwaltungsgerichts nicht in eine Enteignung um[551]. Allerdings ist der Gesetzgeber gehalten, dem Betroffenen einen Ausgleich für den an sich unverhältnismäßigen Eingriff zu gewähren (sog. ausgleichspflichtige Inhalts- und Schrankenbestimmung). Durch die Kompensation soll die Belastung zumindest in einem Maße abgemildert werden, dass der Eingriff wieder als verhältnismäßig angesehen werden kann. Mit den §§ 39 ff. BauGB hat der Gesetzgeber den Versuch unternommen, in verfassungskonformer Weise eine Ausgleichsregelung für planbe-

549 Vgl. *Jarass*, in: Jarass/Pieroth, Art. 14 GG Rdn. 36.
550 Vgl. *Schieferdecker*, in: Hoppe/Bönker/Grotefels, § 8 Rdn. 2.
551 Vgl. hierzu beispielhaft BVerfG v. 14.7.1981 – 1 BvL 24/78 –, BVerfG 58, 137, 145.

dingte, an sich unverhältnismäßige Eingriffe in baulichen Nutzungsmöglichkeiten eines Grundstücks zu schaffen[552].

Die §§ 39–44 BauGB geben nicht nur vor, unter welchen Voraussetzungen Vertrauensschaden (vgl. hierzu § 39 BauGB) verlangt werden kann, sie bestimmen auch, wann der Betroffene entschädigt werden muss (§§ 40–42 BauGB). Daneben beinhalten die §§ 43 und 44 BauGB insbesondere auch Vorgaben zum jeweiligen Entschädigungsverfahren, bestimmen, wer Entschädigungspflichtiger ist, bzw. wann die jeweiligen Ansprüche fällig werden bzw. diese erlöschen.

Hervorzuheben ist in diesem Zusammenhang aber, dass alle Anspruchsgrundlagen gemeinsam haben, und wie es insbesondere in § 39 BauGB explizit zum Ausdruck kommt („Vertrauen auf den Bestand eines rechtsverbindlichen Bebauungsplans"), dass der ursprüngliche Bebauungsplan, der aufgehoben oder geändert werden soll, wirksam ist[553]. Ist dies nicht der Fall, scheiden die §§ 39 ff. BauGB als Anspruchsgrundlagen aus. Dies schließt allerdings nicht die Möglichkeit aus, dass z.B. ein Anspruch aus Amtspflichtverletzung gem. § 839 BGB i.V.m. Art. 34 GG besteht.

B. Anspruchsgrundlagenkonkurrenz

Die §§ 39 ff. BauGB differenzieren zwischen folgenden drei Fallgestaltungen:

- Entschädigung bei Änderung oder Aufhebung einer zulässigen Nutzung (§ 42 BauGB).
- Ansprüche wegen „nachteiliger" Festsetzungen in einem Bebauungsplan (§§ 40–41 BauGB).
- Ersatz des Vertrauensschadens (§ 39 BauGB).

Während die zuerst genannten beiden Alternativen Wertverluste im Bodenwert entschädigen, ersetzt § 39 BauGB nur Aufwendungen, die sich nicht in der Substanz des Grundstücks niederschlagen[554]. D.h., Bodenwertverluste werden nur nach Maßgabe der §§ 40–42 BauGB ersetzt. Diese Anspruchsgrundlagen gehen damit § 39 BauGB vor. Innerhalb der Entschädigungstatbestände der §§ 40–42 BauGB ist § 42 BauGB wiederum als im Verhältnis zu §§ 40 und 41 Abs. 1 BauGB als Auffangtatbestand zu sehen, der damit auch nur zur Anwendung kommen kann, soweit nicht die Voraussetzungen der beiden Sondertatbestände vorliegen (vgl. § 43 Abs. 3 S. 1 BauGB)[555].

---

552 Vgl. *Schieferdecker*, in: Hoppe/Bönker/Grotefels, § 8 Rdn. 3.

553 Vgl. BGH v. 24.6.1982 – III ZR 169.80; *Bielenberg/Runkel*, in: Ernst/Zinkahn/Bielenberg, § 39 BauGB Rdn. 16; *Stüer*, Der Bebauungsplan, Rdn. 911.

554 Vgl. *Schieferdecker*, in: Hoppe/Bönker/Grotefels, § 8 Rdn. 4.

555 Vgl. *Koch*, in: Koch/Hendler, § 19 Rdn. 4; *Schieferdecker*, in: Hoppe/Bönker/Grotefels, § 8 Rdn. 19.

C. § 42 BauGB

Gem. § 42 BauGB kann der Eigentümer eines Grundstücks angemessene Entschädigung verlangen, wenn die zulässige Nutzung seines Grundstücks aufgehoben oder geändert wird und dadurch eine nicht nur unwesentliche Wertminderung seines Grundstücks eintritt.

Dies kann beispielsweise[556] der Fall sein, wenn eine bisher zulässige Nutzung durch einen Bebauungsplan aufgehoben oder geändert wird[557].

I. Aufhebung oder Einschränkung einer zulässigen Nutzung

Ein Anspruch auf Entschädigung kommt nur dann in Betracht, wenn der Betroffene einen Rechtsanspruch auf die Erteilung einer Baugenehmigung hatte bzw. er auch ohne Baugenehmigung[558] seinen Bauwunsch – rechtmäßig – hätte verwirklichen können.

Dies setzt in beiden Varianten voraus, dass

a) die jeweiligen planungsrechtlichen Voraussetzungen der §§ 30, 33, 34 bzw. 35 BauGB[559] erfüllt sind,

b) die Erschließung gesichert ist und

c) der Realisierung der Nutzung auch keine sonstigen rechtlichen Hinderungsgründe entgegenstehen[560].

---

556 Zur Klarstellung ist darauf hinzuweisen, dass als ein die Entschädigung auslösendes Moment nicht nur der Bebauungsplan in Betracht kommen kann. So bejaht beispielsweise der BGH die grundsätzliche Möglichkeit einer Entschädigungspflicht auch dann, wenn durch die Erteilung von Baugenehmigungen sich ein im Zusammenhang bebauter Ortsteil dergestalt umstrukturiert, dass bisher bestehende Nutzungsoptionen sich nicht mehr in die Umgebung einfügen und dementsprechend nicht mehr genehmigt werden können (str.; vgl. hierzu *Bielenberg/Runkel*, in: Ernst/Zinkahn/Bielenberg, § 42 BauGB Rdn. 66).

557 Vgl. *Battis*, in: Battis/Krautzberger/Löhr, § 42 BauGB Rdn. 4.

558 Die weiteren Ausführungen legen eine Baugenehmigungspflicht zugrunde. Inhaltlich sind sie aber entsprechend anwendbar, wenn keine Baugenehmigungspflicht besteht.

559 Allerdings ist strittig, ob – bezogen auf § 35 BauGB – dieses Tatbestandsmerkmal bereits dann erfüllt ist, wenn das Vorhaben genehmigungsfähig ist, oder ob nicht weiter gefordert werden muss, dass die Genehmigung bereits erteilt wurde. Welche dieser Auffassungen vorzugswürdig ist, bedarf im Rahmen dieser Arbeit keiner abschließenden Entscheidung, da sich die unterschiedlichen Auffassungen in ihren Konsequenzen als rein rechtstheoretisches Problem darstellen. Sollte das Baugrundstück überschwemmt werden, beeinträchtigt das Vorhaben öffentliche Belange; sofern dieses privilegiert ist i.S.d. § 35 Abs. 1 BauGB, dann stehen öffentliche Belange entgegen; vgl. hierzu *Bielenberg/Runkel*, in: Ernst/Zinkahn/Bielenberg, § 42 BauGB Rdn. 35.

560 Vgl. hierzu *Kuschnerus*, Der sachgerechte Bebauungsplan, Rdn. 239.

1. Das Planungsrecht

Das Feststellen der Einhaltung der jeweiligen planungsrechtlichen Voraussetzungen kann im konkreten Einzelfall mit erheblichen Schwierigkeiten verbunden sein, zumal die Prüfung dieses Anspruchs nur hypothetisch erfolgt und auch bis zu vier Jahren in der Vergangenheit liegen kann[561], da erst nach Ablauf dieser Frist gem. § 44 Abs. 4 BauGB ein Anspruch auf Entschädigung verjährt. Auf die Prüfung kann gleichwohl nicht verzichtet werden. In Abschnitt 1 wurde bereits dargestellt, inwieweit Belange des Hochwasserschutzes im jeweiligen Plangebiet Berücksichtigung finden können. Sofern diese der Erteilung einer Baugenehmigung entgegenstehen, scheiden Entschädigungsansprüche aus. Darüber hinausgehende Fragestellungen werden, zumindest soweit es den Hochwasserschutz betrifft und damit den Gegenstand dieser Arbeit, hier nicht aufgeworfen.

2. Die Erschließung

Ein Rechtsanspruch auf die Erteilung einer Baugenehmigung setzt weiter voraus, dass neben den planungsrechtlichen Voraussetzungen auch die Erschließung als gesichert angesehen werden kann[562], und zwar unabhängig davon, ob das Vorhaben innerhalb des Geltungsbereichs eines Bebauungsplans, im Innenbereich oder im Außenbereich realisiert werden soll.

Die Erschließung als solche ist immer zwingende Genehmigungsvoraussetzung. Solange diese nicht gesichert ist, kann deshalb nicht davon gesprochen werden, dass ein bisher bestehender Anspruch durch einen Bebauungsplan aufgehoben bzw. wertmindernd geändert wird. Es darf allerdings nicht übersehen werden, dass von einer gesicherten Erschließung nicht nur dann ausgegangen werden kann, wenn die entsprechenden Erschließungsanlagen tatsächlich von der Gemeinde zur Verfügung gestellt wurden.

Es genügt bereits, dass

a) aufgrund objektiver Kriterien prognostisch davon ausgegangen werden kann, dass im Zeitpunkt der Fertigstellung der baulichen Anlagen die Erschließungsanlagen funktionsfähig sein werden bzw.

b) der Eigentümer des Grundstücks einen einklagbaren Anspruch gegen die Gemeinde auf Realisierung der Erschließungsanlagen hat[563].

---

561 Vgl. *Koch*, in: Koch/Hendler, § 19 Rdn. 10; *Bielenberg/Runkel*, in: Ernst/Zinkahn/Bielenberg, § 40 BauGB Rdn. 4.

562 Vgl. hierzu nur beispielhaft *Kuschnerus*, Der sachgerechte Bebauungsplan, Rdn. 239 und *Dirnberger*, BayGTZeitung 2004, 208, 209; *Bielenberg/Runkel*, in: Ernst/Zinkahn/Bielenberg, § 39 BauGB Rdn. 14.

563 Vgl. *Bielenberg/Runkel*, in: Ernst/Zinkahn/Bielenberg, § 42 BauGB Rdn. 42; *Dirnberger*, BayGTZeitung 2004, 208.

Gerade dieser letzte Aspekt kann mitunter Entschädigungsansprüche begründen, zumal technische Hochwasserschutzeinrichtungen Erschließungsanlagen i.S.d. § 123 Abs. 2 BauGB sein können und auch die grundsätzliche Möglichkeit besteht, dass sich die zunächst nur allgemein bestehende Erschließungslast einer Gemeinde hin zu einer einklagbaren Erschließungspflicht verdichtet.

3. Sonstige rechtliche Hinderungsgründe

Darüber hinaus scheidet eine Entschädigung auf der Grundlage des § 42 BauGB auch dann aus, wenn sonstige zwingende Rechtsgründe einer tatsächlichen Verwirklichung des Vorhabens entgegenstehen[564]. Dies gilt unabhängig davon, ob diese z.B. gem. Art. 73 Abs. 1 Nr. 5 BayBO als eigenständiger Prüfungspunkt in das baurechtliche Genehmigungsverfahren mit einfließen, oder ob der Gesetzgeber hierfür ein gesondertes Genehmigungsverfahren vorsieht, dessen Durchführung ebenfalls zwingend zur Konsequenz hat, dass das Bauvorhaben nicht in die Tat umgesetzt werden kann. Eine Entschädigung kann der Betroffene in diesen Fällen nur erhalten, wenn das Gesetz, das den Versagungsgrund beinhaltet, hierfür eine Entschädigung vorsieht[565].

Auch für diesen Fall ist die Aufstellung, Aufhebung bzw. Änderung eines Bebauungsplans nicht allein ursächlich dafür, dass der Betroffene von der von ihm gewünschten Nutzungsoption keinen Gebrauch machen kann.

Sofern sich der Gesetzgeber nicht dafür entschieden hat, dass die Wahrung des entgegenstehenden Belangs präventiv über ein Genehmigungsverfahren sichergestellt wird, dann steht es grundsätzlich im pflichtgemäßen Ermessen der Behörde, im Rahmen der Eingriffsverwaltung die gegebenenfalls notwendigen Schritte einzuleiten. Dies kann nur zu einem Ausschluss des Entschädigungsanspruchs führen, wenn das Ermessen der Behörde dahingehend auf Null reduziert ist, dass sie „verhindernd" einschreiten muss. Nur in diesem Falle steht fest, dass der Betroffene letztlich sein Vorhaben nicht verwirklichen kann, auch wenn das Bauplanungsrecht nicht entgegensteht.

II. § 42 Abs. 2 und 3 BauGB

Wenn diese Voraussetzungen erfüllt sind, d.h. der Betroffene die Möglichkeit an sich hatte, sein Bauvorhaben zu realisieren, dann ist im Weiteren danach zu differenzieren, ob die Nutzung innerhalb von sieben Jahren seit dem Zeitpunkt, ab dem das Vorhaben erstmalig realisiert hätte werden können, durch den Bebauungsplan eingeschränkt bzw. aufgehoben wird. § 42 Abs. 2 BauGB bestimmt, dass eine Entschädigung nur verlangt werden kann, wenn die mögliche Nut-

---

564 Vgl. *Bielenberg/Runkel*, in: Ernst/Zinkahn/Bielenberg, § 42 BauGB Rdn. 47; *Kuschnerus*, Der sachgerechte Bebauungsplan, Rdn. 239.

565 Vgl. *Bielenberg/Runkel*, in: Ernst/Zinkahn/Bielenberg, § 42 BauGB Rdn. 47.

zungsoption eines Grundstücks innerhalb einer Frist von sieben Jahren ab deren erstmaligen Zulässigkeit aufgehoben oder geändert wird. Wird diese durch den Bebauungsplan innerhalb dieses Zeitfensters eingeschränkt oder aufgehoben, bemisst sich die Höhe der Entschädigung grundsätzlich nach der Differenz zwischen dem Wert des Grundstücks unter Berücksichtigung der bisherigen Nutzungsoptionen und dem Wert, der sich infolge der Aufhebung oder Änderung des Bebauungsplans errechnet.

Nach Ablauf der Sieben-Jahres-Frist kann der Eigentümer grundsätzlich[566] nur noch Entschädigung für die ausgeübte Nutzung verlangen, wenn ihm diese unmöglich gemacht oder wesentlich erschwert wird.

D. § 40 BauGB

Häufig wird es zum Schutz eines Baugebiets notwendig sein, dass dieses insbesondere durch Deiche oder Dämme vor Hochwasser geschützt wird. Um die hierfür benötigten Flächen zu sichern, sieht § 9 Abs. 1 Nr. 16 BauGB vor, dass die Gemeinde die Grundstücke im Bebauungsplan als Flächen für Hochwasserschutzanlagen festsetzen kann. Allerdings haben dann die Eigentümer der Grundstücke gem. § 40 Abs. 1 Nr. 13 BauGB gegen die Gemeinde grundsätzlich[567] einen Anspruch auf Entschädigung, sofern ihnen durch die Festsetzung ein Vermögensnachteil entsteht.

---

566 Eine Entschädigung kommt, selbst wenn eine Nutzung nicht aufgenommen wurde, auch nach Ablauf der Sieben-Jahres-Frist in Betracht,
- wenn der Eigentümer an der Verwirklichung der Nutzung vor Ablauf der Frist durch eine Veränderungssperre oder eine befristete Zurückstellung gehindert wurde (§ 42 Abs. 5 BauGB) und er deshalb sein Vorhaben nicht mehr verwirklichen konnte.
- wenn vor Ablauf der sieben Jahre auf den Antrag des Bauherrn eine Baugenehmigung bzw. ein Vorbescheid, der die bodenrechtliche Zulässigkeit feststellte, erteilt wurde und der Eigentümer das Vorhaben wegen der Aufhebung bzw. Änderung des Bebauungsplans nicht mehr verwirklichen kann bzw. dessen Verwirklichung wirtschaftlich unzumutbar wurde (§ 42 Abs. 6 BauGB).
- Anträge i.S.d. § 42 Abs. 8 BauGB rechtswidrig abgelehnt wurden und das Rechtsmittelgericht zum Ergebnis kommt, dass die Genehmigung nur deshalb nicht erteilt werden darf, weil sich zwischenzeitlich die dem Antrag zugrunde liegende Rechtslage durch den Bebauungsplan geändert habe und
- wenn in unzulässiger Weise die Entscheidung über den Bauantrag bzw. den Vorbescheid hinausgezögert wurde und deshalb dem Antrag nicht mehr entsprochen werden kann (§ 42 Abs. 7 S. 2 BauGB).

In diesen Fällen besteht ein Anspruch auf Entschädigung allerdings nur dann, wenn der Eigentümer belegen kann, dass er bereit und in der Lage gewesen wäre, das beabsichtigte Vorhaben zu verwirklichen (vgl. hierzu § 42 Abs. 8 BauGB). Insoweit wird – so die Fachkommission „Städtebau" der ARGEBAU (s. hierzu FN. 162) Nr. 3.1.4.5 – der Eigentümer darzulegen haben, dass er trotz des Überschwemmungsrisikos seinen Bauwunsch verwirklicht hätte und ihm hierfür auch entsprechende Finanzierungsmittel zur Verfügung standen.

567 Eine Entschädigung scheidet beispielsweise dann aus, wenn die Festsetzung der Durchführung der Interessen des Eigentümers oder der Erfüllung einer ihm obliegenden Rechtspflicht dient; § 40 Abs. 1 S. 2 BauGB.

Dieser bestimmt sich nach Maßgabe der Absätze 2 und 3 des § 40 BauGB, wobei, wie gerade § 40 Abs. 3 S. 2 BauGB entnommen werden kann, die Entschädigung grundsätzlich durch Übernahme des Grundstücks[568] erfolgt. Sofern die Beteiligten keine Einigung über den Preis des zu übernehmenden Grundstücks erzielen, steht dem Eigentümer des Grundstücks gem. § 43 Abs. 1 S. 2 BauGB das Recht zu, die Entziehung des Eigentums bei der Enteignungsbehörde zu beantragen. Im Rahmen dieses Verfahrens sind gem. § 43 Abs. 1 S. 3 BauGB die Vorschriften über die Enteignung entsprechend anzuwenden[569].

Inhaltlich hat das Verfahren zum Ziel zu klären, zu welchen Konditionen, d.h. in welcher Höhe, eine Entschädigungszahlung zu erfolgen hat. Als Vorgabe an diese Entscheidung bestimmt § 93 Abs. 2 BauGB, dass Entschädigung sowohl für den durch die Enteignung eintretenden Rechtsverlust als auch für andere durch die Enteignung eintretenden Rechtsverluste gewährt wird. Ersterer bemisst sich – so § 95 Abs. 1 BauGB – durch den Verkehrswert (§ 194 BauGB) des zu enteignenden Grundstücks. Dieser wiederum wird durch den Preis bestimmt, der in dem Zeitpunkt, auf den sich die Ermittlung bezieht, im gewöhnlichen Geschäftsverkehr nach den rechtlichen Gegebenheiten und tatsächlichen Eigenschaften, der sonstigen Beschaffenheit und der Lage des Grundstücks ohne Rücksicht auf ungewöhnliche oder persönliche Verhältnisse zu erzielen wäre.

Sofern die Gemeinde für ein bisher mit einem Wohngebäude bebaubares Grundstück[570] zukünftig vorsieht, dass auf diesem Grundstück nur noch Hochwasserschutzanlagen errichtet werden können, dann ist als Preisbemessungszeitpunkt grundsätzlich die Qualität als Wohnbauland der Entscheidung zugrunde zu legen[571].

Allerdings gilt dies nur für den Regelfall. Gem. § 95 Abs. 2 Nr. 7 BauGB bleiben bei der Festsetzung der Entschädigung Bodenwerte unberücksichtigt, die nicht zu berücksichtigen wären, wenn der Eigentümer eine Entschädigung in den Fällen der §§ 40–42 BauGB geltend machen würde. Die Reduktionsklausel des § 95 Abs. 2 Nr. 7 BauGB, auf den eben auch § 43 Abs. 1 S. 3 BauGB verweist, erfasst zum einen den Ausschlusstatbestand des § 43 Abs. 4 BauGB. Hiernach sind Bodenwerte nicht zu entschädigen, wenn die bisherigen Nutzungsoptionen nicht die allgemeinen Anforderungen an gesunde Wohn- und Arbeitsverhältnisse zu erfüllen vermögen bzw. die Sicherheit der auf dem Grundstück oder im umliegenden

568 Vgl. *Battis*, in: Battis/Krautzberger/Löhr, § 31 BauGB Rdn. 12.

569 *Battis*, in: Battis/ Krautzberger/ Löhr, § 43 BauGB Rdn. 2, weist zutreffend darauf hin, dass dann gewissermaßen ein Enteignungsverfahren mit umgekehrten Vorzeichen durchzuführen sei. D.h., das Verfahren wird von dem zu Enteignenden und nicht wie üblich von dem Begünstigten mit dem Ziel verfolgt, diesem das Eigentum einzuräumen und ihm im Gegenzug die dafür zu zahlende Entschädigung aufzuerlegen.

570 Zur Zulässigkeit einer fremdnützigen Überplanung ist auf die Ausführungen in Abschnitt 2 unter D. III. 3. c) aa) (2) zu verweisen.

571 Vgl. *Bielenberg/Runkel*, in: Ernst/Zinkahn/Bielenberg, § 43 BauGB Rdn. 20–21.

Gebiet wohnenden oder arbeitenden Menschen nicht gewährleistet werden kann. Zum anderen erfasst § 95 Abs. 2 Nr. 7 BauGB auch die sog. Reduktions- und Harmonisierungsklauseln des Planungsschadensrechts und damit die Absätze 2 und 3 des § 42 BauGB. Letzteres ist zwar lange umstritten gewesen[572], zumindest für die Praxis wurde dies durch den Bundesgerichtshof aber in diesem Sinne entschieden[573].

I. § 43 Abs. 4 Nr. 1 BauGB

Gem. § 43 Abs. 4 Nr. 1 BauGB sind Bodenwerte nicht zu entschädigen, soweit sie darauf beruhen, dass die zulässige Nutzung auf dem Grundstück den allgemeinen Anforderungen an gesunde Wohn- und Arbeitsverhältnisse oder an die Sicherheit der auf dem Grundstück oder im umliegenden Gebiet wohnenden oder arbeitenden Menschen nicht entspricht.

§ 43 Abs. 1 Nr. 1 BauGB, der im besonderen Ausdruck der Sozialpflichtigkeit des Eigentums ist, gilt zwar grundsätzlich für alle planungsschadensrechtlichen Tatbestände. Allerdings ist der Anwendungsbereich für den Vollzug dieser Norm, zumindest soweit die in dieser Vorschrift vorausgesetzten städtebaulichen Missstände auf Überschwemmungen zurückzuführen sind, von untergeordneter Bedeutung. Zumeist wird eine Entschädigung bereits aus anderen Gründen ausscheiden:

Einem Antrag auf Erteilung einer Baugenehmigung darf nur entsprochen werden, wenn neben den bauplanungsrechtlichen Voraussetzungen auch die Erschließung gesichert ist. Nach der hier vertretenen Auffassung zählen zu den Erschließungsanlagen i.S.d. § 123 Abs. 2 BauGB ebenso diejenigen baulichen Hochwasserschutzeinrichtungen, die notwendig sind, dem Baugrundstück seine Baureife zu vermitteln. Sofern nicht absehbar ist, dass im Zeitpunkt der prognostizierten Realisierung des Bauvorhabens die notwendigen Deiche gebaut sind, dann fehlt es an der zwingend erforderlichen Erschließung. Ein Antrag auf Erteilung einer Baugenehmigung wäre deshalb zwingend abzulehnen. Die Änderung des Bebauungsplans ist damit nicht kausal für den Wertverlust, den der Betroffene erleidet.

Sofern der – wirksame – Bebauungsplan die Hochwasserproblematik sachgerecht gelöst hat, kann nicht mehr davon ausgegangen werden, dass städtebauliche Missstände i.S.d. § 43 Abs. 4 Nr. 1 BauGB drohen, da anderenfalls dem Gebot der Konfliktbewältigung nicht Genüge getan wäre. Sollte der ursprüngliche Bebauungsplan dagegen unwirksam sein, beurteilt sich die planungsrechtliche Beurteilung nach §§ 34 bzw. 35 BauGB. Auch auf der Grundlage dieser beiden Vorschriften könnte eine Baugenehmigung nicht erteilt werden. Wird ein Baugrundstück in einem Maße überschwemmt, dass städtebauliche Missstände i.S.d. § 43 Abs. 4 Nr. 1

---

572 Vgl. hierzu *Battis*, in: Battis/Krautzberger/Löhr, § 95 BauGB Rdn. 10.

573 Vgl. BGH v. 6.5.1999 – III ZR 171/98 –, DVBl. 1999, 1282, 1283; BGH v. 11.7.2002 – III ZR 160/01 –, BauR 2002, 1686, 1688.

BauGB entstehen können, müsste im Innenbereich eine Baugenehmigung wegen Verstoßes gegen § 34 Abs. 1 S. 2 BauGB abgelehnt werden. Im Außenbereich würde die Erteilung einer Baugenehmigung ausscheiden, weil dem Vorhaben öffentliche Belange entgegenstehen bzw., sofern das Vorhaben nicht gem. § 35 Abs. 1 BauGB privilegiert ist, dieses öffentliche Belange beeinträchtigt[574].

Dementsprechend kann § 43 Abs. 4 Nr. 1 BauGB im Wesentlichen nur für den seltenen Fall entscheidend zur Anwendung gelangen, wenn es der Gemeinde nicht möglich gewesen ist, die Hochwasserproblematik zu erkennen und der Bebauungsplan – trotz des faktisch bestehenden Schadensrisikos – deshalb wirksam ist. Für diesen Fall kann die Anwendung dieser Norm aber zur Konsequenz haben, dass die Entschädigung von Bodenwerten ausgeschlossen sein kann[575].

II. § 95 Abs. 2 Nr. 7 BauGB i.V.m. § 42 Abs. 2 und 3 BauGB

Mit Ablauf von sieben Jahren, nach denen erstmalig in zulässiger Weise von einer baurechtlichen Nutzungsoption Gebrauch gemacht hätte werden können, entfällt der Schutz für nicht ausgeübte Nutzungsmöglichkeiten[576]. Das Gesetz sieht zwar einige Ausnahmetatbestände vor, wie z.B. § 42 Abs. 3 BauGB, sofern diese aber nicht greifen, scheidet eine Entschädigung für nicht aufgenommene Nutzungen aus.

Auf § 95 Abs. 2 Nr. 7 BauGB übertragen, hätte dies zur Konsequenz, dass auch bei der Berechnung der Enteignungsentschädigung zulässige, aber nicht ausgeübte Nutzungsmöglichkeiten, auf die länger als sieben Jahre ein Anspruch bestand, außer Betracht bleiben müssen[577], selbst wenn die bisherigen Nutzungsoptionen durch einen Bebauungsplan tatsächlich eingeschränkt werden[578]. D.h., eine wegen Zeitablaufs entschädigungslose Herabzonung setzt sich im Enteignungsverfahren insoweit fort, als für diese Grundstücke im Falle einer Enteignung nur noch der nach § 44 Abs. 3 BauGB zu berechnende Wert zugrunde zu legen ist[579].

Eine stringente Umsetzung dieser Vorgaben begegnet aber verfassungsrechtlichen Bedenken. So hebt der Bundesgerichtshof[580] zutreffend hervor, dass im Falle einer ausschließlich fremdnützigen und damit eigentumsverdrängenden Planung diese Berechnungsweise mit Art. 14 GG und dem allgemeinen Gleichheitssatz nicht vereinbar sei. So verbiete gerade der Gesichtspunkt der Gleichbehandlung bzw. der Lastengleichheit als unverzichtbares Element einer Enteig-

---

574 Bezüglich der Detailfragen zu §§ 34 und 35 BauGB ist auf den Abschnitt 1 unter B. II. 2. und 3. zu verweisen.

575 Vgl. hierzu ARGEBAU 3.1.4.5 (s. hierzu FN. 162).

576 Vgl. *Schieferdecker*, in: Hoppe/Bönker/Grotefels, § 8 Rdn. 19.

577 Vgl. *Dirnberger*, BayGTZeitung 2004, 208, 211.

578 Vgl. *Schmidt-Aßmann*, in: Ernst/Zinkahn/Bielenberg, § 95 BauGB Rdn. 101g.

579 Vgl. *Schmidt-Aßmann*, in: Ernst/Zinkahn/Bielenberg, § 95 BauGB Rdn. 101g.

580 Vgl. BGH v. 6.5.1999 – III ZR 174/98 –, DVBl. 1999, 1282, 1284.

nungsentschädigung eine wertmäßige Benachteiligung desjenigen, der im Hinblick auf eigentumsverdrängende Planungen nach § 40 Abs. 1 BauGB enteignet werde, gegenüber demjenigen, der sein Grundstück nach einer Planänderung ohne eigentumsverdrängende Festsetzungen behalten könne. Mit anderen Worten, sofern die Planänderung nicht alle in gleicher Weise berührt, bedarf es einer verfassungskonformen Auslegung der Frist des § 42 Abs. 2 BauGB. Dies gebiete, so der Bundesgerichtshof, dass, selbst wenn die Sieben-Jahres-Frist bereits verstrichen sei, der Betroffene auf der Grundlage der im Plangebiet noch allgemein verbliebenen – gegebenenfalls auch baulichen – Nutzung zu entschädigen sei. D.h., er hat sich zwar eine allgemeine Herabzonung des Gebiets entgegenhalten zu lassen; darüber hinausgehende Sonderopfer habe er dagegen nicht zu erbringen. Aus diesem Grunde sei die Fristenregelung nicht anzuwenden.

Dem Bundesgerichtshof kann zwar zugestimmt werden, wenn er verfassungsrechtliche Bedenken an den Entschädigungsregeln aufwirft, jedenfalls soweit diese sich auf eigentumsverdrängende fremdnützige Planungen erstrecken. Angesichts des eindeutigen Gesetzeswortlauts der einschlägigen Vorschriften steht den Gerichten aber nicht der Weg offen, diese Bedenken entgegen dem eindeutigen Gesetzeswortlaut im Wege einer verfassungskonformen Auslegung zu lösen[581].

Im Zusammenhang mit dem sog. erweiterten Bestandsschutz hat das Bundesverwaltungsgericht mit Urteil vom 12. März 1998[582] betont, dass es ausschließlich Sache des Gesetzgebers sei, Inhalt und Schranken des Eigentums i.S.d. Art. 14 Abs. 1 S. 2 GG auszugestalten. Das Bundesverwaltungsgericht weist zwar ebenfalls darauf hin, dass verfassungsrechtliche Defizite nicht zwingend zur Unwirksamkeit der jeweiligen Norm führen müssen. Dies sei aber nur dann nicht der Fall, wenn sich die Bedenken entweder im Wege der Auslegung oder durch eine Analogie ausräumen lassen[583]. Im Umkehrschluss hat dies zur Konsequenz, dass der Bundesgerichtshof zur Anrufung des Bundesverfassungsgerichts nach Art. 100 GG verpflichtet ist, wenn keine dieser beiden Möglichkeiten zum Ziel führt[584]. Aufgrund der von *Berkemann*[585] geäußerten Bedenken an der Vorgehensweise des Bundesgerichtshofs setzte sich dieser im Jahre 2002[586]

581 Vgl. hierzu auch *Dirnberger*, BayGTZeitung 2004, 208, 211.

582 Vgl. BVerwG v. 12.3.1998 – 4 C 10.97 –, BVerwGE 106, 228, 234: Aus diesem Grunde gab das BVerwG anlässlich dieser Entscheidung ausdrücklich seine bisherige Auffassung auf, wonach sich auch unmittelbar aus Art. 14 GG ein Anspruch auf Erteilung einer Baugenehmigung ergeben könne, selbst wenn das Vorhaben auf der Grundlage der einfachgesetzlichen Regelungen nicht genehmigungsfähig wäre.

583 Vgl. BVerwG v. 12.3.1998 – 4 C 10.97 –, BVerwGE 106, 228, 234; BVerfG v. 12.2.1992 – 1 BvL 21/88 –, BVerfGE 85, 329, 333.

584 Vgl. BVerfG v. 6.4.1989 – 2 BvL 8/87 –, BVerfGE 80, 59, 65.

585 Vgl. Anmerkung *Berkemann*, DVBl. 1999, 1285, 1288; vgl. zwischenzeitlich hierzu auch *Dirnberger*, BayGTZeitung 2004, 208, 211.

586 Vgl. BGH v. 11.7.2002 – III ZR 160/01 –, BauR 2002, 1686, 1688.

zwar – wenn auch nur „lapidar“ – mit dieser Fragestellung auseinander. Angesichts des eindeutigen Wortlauts der gesetzlichen Regelung und dem klar konzipierten Regelungszusammenhang der §§ 40, 43 Abs. 3 S. 2, 42 Abs. 3, 95 Abs. 2 Nr. 7 BauGB hätte sich das Gericht aber nicht darauf beschränken dürfen, schlicht zu behaupten, dass „weder der Wortlaut der maßgeblichen gesetzlichen Vorschriften noch der Zweck, den der Gesetzgeber mit seiner Regelung verfolgt hat [...], einer einschränkenden Anwendung der Vorschriften [...] entgegensteht“. *Dirnberger*[587] zieht hieraus zwar den Schluss, dass den Gemeinden anzuraten sei, dass sie bei Entzug von Baurecht – wenn irgend möglich – Festsetzungen vermeiden, die einen Übernahmeanspruch aus § 40 BauGB auslösen können oder gar eine Enteignung durch die Gemeinde vorbereiten. Allerdings besteht hierfür, zumindest wenn die Gemeinde an ihrer Planungskonzeption festhalten möchte, nur wenig Spielraum, zumal fremdnützige eigentumsverdrängende Planungen auf der Ebene des Bebauungsplans nur unter sehr engen Voraussetzungen möglich sind.

[587] Vgl. *Dirnberger*, BayGTZeitung 2004, 208, 211.

Literaturverzeichnis

Battis, Ulrich/ Krautzberger, Michael/ Löhr, Rolf-Peter: Baugesetzbuch – BauGB –, 9. Aufl., München 2005 (zit.: Bearbeiter, in: Battis/ Krautzberger/ Löhr)

Beyer, Stefanie: Amtspflichtwidrige Bauleitplanung in überschwemmungsgefährdeten Gebieten, NWVBl. 2004, S. 48 ff.

Bielenberg, Walter/ Runkel, Peter/ Spannowsky, Willy: Raumordnungs- und Landesplanungsrecht des Bundes und der Länder, Kommentar und Textsammlung, Loseblattsammlung, Band 2, Berlin 2005 (zit.: Bearbeiter, in: Bielenberg/ Runkel/ Spannowsky)

Blasberg, Daniela: Gesetzgebungskompetenz des Bundes im Hochwasserschutz, NWVBl. 2005, S. 205 ff.

Bosch, Edgar/ Schmidt, Jörg: Praktische Einführung in das verwaltungsgerichtliche Verfahren, 7. Aufl., Stuttgart 2001

Bröll, Helmut/ Jäde, Henning: Das neue Baugesetzbuch im Bild – Praxisbezogene Kommentierung des aktuellen Bauplanungsrechts BauGB, BauNVO, PlanzV, Kissing: Loseblattsammlung, Stand Dezember 2005

Brügelmann, Hermann: Baugesetzbuch, Band 1, Loseblattsammlung, Stuttgart 2005 (zit.: Bearbeiter, in: Brügelmann)

Corell, Cathrin: Schaffung und Bewahrung von Retentionsraum zum Zwecke des Hochwasserschutzes, UPR 1996, S. 246 ff.

Czychowski, Manfred/ Reinhardt, Michael: Wasserhaushaltsgesetz unter Berücksichtigung der Landeswassergesetze, Kommentar, 8. Aufl., München 2003

Dirnberger, Franz: Entschädigungsfalle Bebauungsplan, BayGTZeitung 2004, S. 208 ff.

– Öffentliches Baurecht in der Gemeinde, München 2005 (zit.: Dirnberger)

Driehaus, Hans-Joachim: Erschließungs- und Ausbaubeiträge, 6. Aufl., München 2001

Drost, Ulrich: Das Wasserrecht in Bayern, Loseblattsammlung, Band 1, Stuttgart 2005 (zit.: Drost, Band 1); Band 2, Stuttgart 2005 (zit.: Drost, Band 2)

Dürr, Hansjochen (Hrsg.)/ *König, Helmut*: Baurecht – Bauplanungsrecht, Bauordnungsrecht, gerichtlicher Rechtsschutz, 4. Aufl., München 2000

Engel, Thomas: Hochwasserschutz und Bauleitplanung, KommPraxis-BY 2004, S. 249 ff.

Ernst, Werner / Zinkahn, Willy / Bielenberg, Walter (Hrsg.): Baugesetzbuch, Loseblatt-Kommentar, München, Stand April 2005 (zitiert: Bearbeiter, in: Ernst/ Zinkahn/ Bielenberg

Fickert, Hans Carl/ Fieseler, Herbert: Baunutzungsverordnung. Kommentar unter besonderer Berücksichtigung des deutschen und gemeinschaftlichen Umweltschutzes mit ergänzenden Rechts- und Verwaltungsvorschriften, 9. Aufl., Stuttgart, Berlin, Köln 1998 (zitiert: Fickert/ Fieseler, BauNVO)

Gassner, Erich/ Bendomir-Kahlo, Gabriele/ Schmidt-Räntsch, Annette/ Schmidt-Räntsch, Jürgen: Bundesnaturschutzgesetz, Kommentar, 2. Aufl., München 2003 (zit.: Bearbeiter, in: Gassner/ Bendomir-Kahlo/ Schmidt-Räntsch)

Gelzer, Konrad/ Bracher, Christian-Dietrich/ Reidt, Olaf: Bauplanungsrecht, 7. Aufl., Berlin 2004 (zit.: Bearbeiter, in: Gelzer/ Bracher/ Reidt)

Graf, Dennis: Rechtliche Anforderungen an den Inhalt und die Regelungstiefe der Darstellungen im Flächennutzungsplan, BauR 2004, S. 1552 ff.

Heigl, Ludwig/ Hosch, Rüdiger (Begr.): Raumordnung und Landesplanung in Bayern. Kommentar und Vorschriftensammlung. Fortgeführt von Ulrich Höhnberg. Loseblattsammlung, München 2003

Hofmann-Hoeppel, Jochen: Die Verdichtung der gemeindlichen Erschließungslast zur Erschließungspflicht, BauR 1993, 520 ff.

Hoppe, Werner: Die Abwägung im EAG Bau nach Maßgabe des § 1 VII BauGB 2004 – Unter Berücksichtigung von § 2 Abs. III, IV BauGB 2004, NVwZ 2004, S. 903 ff.

Hoppe, Werner/ Bönker, Christian/ Grotefels, Susan: Öffentliches Baurecht, 3. Aufl., München 2004 (zit.: Bearbeiter, in: Hoppe/ Bönker/ Grotefels)

Jäde, Henning/ Dirnberger, Franz/ Bauer, Karl/ Weiß, Josef: Die neue Bayerische Bauordnung, Kommentar mit Durchführungsvorschriften und Materialien, Loseblattsammlung, Berlin 2006 (zit.: Bearbeiter, in: Jäde/ Dirnberger/ Bauer/ Weiß)

Jäde, Henning/ Dirnberger, Franz/ Weiß, Josef: BauGB BauNVO, 2. Aufl. München 1999 (zit.: Bearbeiter, in: Jäde/ Dirnberger/ Weiß, 2. Aufl.)

– BauGB BauNVO, 4. Aufl., München 2005 (zit.: Bearbeiter, in: Jäde/ Dirnberger/ Weiß, 3. Aufl.)

Jarass, Hans D./ Pieroth, Bodo: Grundgesetz für die Bundesrepublik Deutschland, 6. Aufl., München 2002 (zit.: Bearbeiter, in: Jarass/ Pieroth)

Jekel, Heide: Das Gesetz zur Verbesserung des vorbeugenden Hochwasserschutzes, ZUR 2005, S. 393 ff.

Knemeyer, Franz-Ludwig: Polizei- und Ordnungsrecht, 10. Aufl., München 2004

Knopp, Günther-Michael/ Hermann, Martin: Wasserrecht und Immissionsschutzrecht in Bayern, München 2006 (zit.: Bearbeiter, in: Knopp/ Hermann)

Knopp, Günther-Michael/ Schröder, Friedrich: Wasserrecht, München 2001

Koch, Hans-Joachim/ Hendler, Reinhard: Baurecht, Raumordnungs- und Landesplanungsrecht, 4. Aufl., Hamburg/ Trier 2004 (zit.: Bearbeiter, in: Koch/ Hendler)

Kopp, Ferdinand/ Ramsauer, Ulrich: Verwaltungsverfahrensgesetz, Kommentar, 9. Aufl., München 2005

Kopp, Ferdinand/ Schenke, Wolf-Rüdiger: Verwaltungsgerichtsordnung, Kommentar, 13. Aufl., München 2003

Kotulla, Michael: Das Gesetz zur Verbesserung des vorbeugenden Hochwasserschutzes, NVwZ 2006, S. 129 ff.

Kuschnerus, Ulrich: Der sachgerechte Bebauungsplan, 3. Aufl., Bonn 2004 (zit.: Kuschnerus, Der sachgerechte Bebauungsplan)

– Das zulässige Bauvorhaben. Handreichungen zum Bauplanungsrecht, 6. Aufl., Bonn 2001 (zit.: Kuschnerus, Das zulässige Bauvorhaben)

Landmann, Robert von/ Rohmer, Gustav/ Umweltrecht, Kommentar, Band I, Loseblattsammlung, München 2006 (zit.: Bearbeiter, in: Landmann/ Rohmer)

Ludyga, Hans-Joachim/ Hesse, Cornelia: Erschließungsbeitrag, Loseblattausgabe, Heidelberg, München, Berlin, Stand: September 2003

Lüers, Hartwig: Baurechtliche Instrumente des Hochwasserschutzes, UPR 1996, 241 ff.

März, Stephan: Überschwemmungsgebiete und Baurecht, KommPraxis-BY 2001, S. 244 ff.

Mitschang, Stephan: Der Flächennutzungsplan, 1. Aufl., Meckenheim 2003

Moench, Christoph: Die Planungspflicht der Gemeinde, DVBl. 2005, S. 676 ff.

Münch, Ingo von/ Kunig, Philip (Hrsg.): Grundgesetzkommentar, Band 2, Art. 20–69, 5. Aufl., München 2001 (zit.: Bearbeiter, in: von Münch/ Kunig)

Quaas, Michael: Neustrukturierung der Planerhaltungsbestimmungen in §§ 214 ff. BauGB, BauR 2004, S. 1541 ff.

Schmid, Hugo: Haftung für Überschwemmungsschäden, VersR 1995, 1269 ff.

Schrödter, Hans: Baugesetzbuch, Kommentar, 6. Aufl., München 1998 (zit.: Bearbeiter, in: Schrödter)

Schwarzer, Herbert/ König, Helmut: Bayerische Bauordnung, Kommentar, 3. Aufl., München 2000

Schwier, Volker: Handbuch der Bebauungsplan-Festsetzungen, München 2002

Sieder, Frank/ Zeitler, Herbert: Bayerisches Wassergesetz und Bayerisches Gesetz zur Ausführung des Abwasserabgabengesetzes, Loseblattsammlung, Stand: Dezember 2004, München 2004 (zit.: Bearbeiter, in: Sieder/ Zeitler, § 32 WHG a.F.)

– Stand: 1.7.2005, München 2006 (zit.: Bearbeiter, in: Sieder/ Zeitler)

Sieder, Frank/ Zeitler, Herbert/ Dahme, Heinz: Wasserhaushaltsgesetz Abwasserabgabengesetz, Loseblattsammlung, November 2001 (zit.: Bearbeiter, in: Sieder/ Zeitler/ Dahme, § 32 WHG a.F.)

– Wasserhaushaltsgesetz Abwasserabgabengesetz, Loseblattsammlung, München 2005 (zit.: Bearbeiter, in: Sieder/ Zeitler/ Dahme)

Simon, Alfons/ Busse, Jürgen: Bayerische Bauordnung, Band I, Kommentar, Loseblattsammlung, München 2006 (zit.: Bearbeiter, in: Simon/ Busse)

Spieß, Gerhard: Bauleitplanung nach dem In-Kraft-Treten des EAG-Bau, BayGTZeitung 2004, S. 478 ff.

Staupe, Jürgen: Rechtsfragen im Zusammenhang mit der Flutkatastrophe, NJ 2002, S. 505 ff.

Steiner, Udo (Hrsg.): Besonderes Verwaltungsrecht, 7. Aufl., Heidelberg 2003 (zit.: Bearbeiter, in: Steiner, Raumordnung- und Landesplanungsrecht)

Stollmann, Frank: Öffentliches Baurecht, 3. Aufl., München 2005

Stüer, Bernhard: Hochwasserschutz im Spannungsverhältnis zum übrigen Fachplanungsrecht, Raumordnungsrecht und zur Bauleitplanung, NuR 2004, S. 415 ff.

– Planungshoheit und Planungspflicht in der Abwägungs- und Rechtsschutzpyramide. Gemeindliche Belange in der interkommunalen Abstimmung und in der Fachplanung, NVwZ 2004, 814, 814

– Handbuch des Bau- und Fachplanungsrechts, 3. Aufl., München 2005 (zit.: Stüer, Handbuch des Bau- und Fachplanungsrechts)

– Städtebaurecht: Bauleitplanung – Rechtsprechungsbericht 2003/04, DVBl. 2005, S. 461 ff.

– Der Bebauungsplan – Städtebaurecht in der Praxis, 3. Aufl., München 2006 (zit.: Stüer, Der Bebauungsplan)

Tremml, Bernd/ Karger, Michael: Der Amtshaftungsprozess Amtshaftung Notarhaftung Europarecht, 2. Aufl., München 2004

Weyreuther, Felix: Über die Erforderlichkeit von Bebauungsplänen, DVBl. 1981, 369 ff.

FSC
www.fsc.org
MIX
Papier | Fördert
gute Waldnutzung
FSC® C083411

Kolibri 360 GmbH
Ferdinand-Jühlke-Straße 7
99095 Erfurt, Deutschland
produktsicherheit@kolibri360.de

Druck:
CPI Druckdienstleistungen GmbH
im Auftrag der
Kolibri 360 GmbH
Ferdinand-Jühlke-Str. 7
99095 Erfurt